贵州省科技计划项目

"贵州草地资源管理与高效利用创新能力建设"(黔科合服企[2022]004)

"贵州优质饲草秸秆资源利用关键技术研究与示范"（黔科合支撑[2021]一般179）

常见牧草
青贮调制及青贮菌筛选
鉴定研究

陈才俊 王子苑 王小利·主编

辽宁大学出版社｜沈阳
Liaoning University Press

图书在版编目（CIP）数据

　　常见牧草青贮调制及青贮菌筛选鉴定研究/陈才俊，
王子苑，王小利主编. --沈阳：辽宁大学出版社，
2024.6
　　ISBN 978-7-5698-1554-2

　　Ⅰ.①常… Ⅱ.①陈…②王…③王… Ⅲ.①牧草—
青贮饲料—研究 Ⅳ.①S816.5

中国国家版本馆 CIP 数据核字（2024）第 073708 号

常见牧草青贮调制及青贮菌筛选鉴定研究
CHANGJIAN MUCAO QINGZHU TIAOZHI JI QINGZHUJUN SHAIXUAN JIANDING YANJIU

出 版 者：辽宁大学出版社有限责任公司
　　　　　　（地址：沈阳市皇姑区崇山中路 66 号　　邮政编码：110036）
印 刷 者：鞍山新民进电脑印刷有限公司
发 行 者：辽宁大学出版社有限责任公司
幅面尺寸：170mm×240mm
印　　张：16.75
字　　数：250 千字
出版时间：2024 年 6 月第 1 版
印刷时间：2024 年 6 月第 1 次印刷
责任编辑：于盈盈
封面设计：高梦琦
责任校对：夏明明

书　　号：ISBN 978-7-5698-1554-2
定　　价：68.00 元

联系电话：024-86864613
邮购热线：024-86830665
网　　址：http://press.lnu.edu.cn

编 委 会

主　　编　陈才俊　王子苑　王小利
副 主 编　何淑敏　陈彦伶　刘凤丹
　　　　　舒健虹　李世歌　曾禄玉

作者单位
贵州省草业研究所
贵州省德江县农业农村局

前　言

　　青贮饲料是将新鲜的青绿饲料切短、压实装入密封容器内，经微生物发酵制成的一种具有芳香气味、柔软多汁、营养丰富的饲料。青贮饲料在世界各国都有悠久的发展史，在公元1000—1500年的油画中就记载着古埃及人采用青贮的方法保存饲料，之后青贮技术传播到地中海沿岸。19世纪中后期，欧美国家开始推广应用青贮饲料。随着全球牛羊产业的迅猛发展，天然牧草早已不能满足生产需要，优质粗饲料资源则更为稀缺。

　　"十三五"以来，国家大力推行粮改饲，草食畜牧业呈现集约化、现代化发展趋势。随着畜牧业的发展，畜禽对饲草的需求不断增加，青贮饲料的调制技术也较传统方式有较大的改进，青贮原料已从新鲜的青绿饲料发展到农作物的秸秆，从夏秋季过剩的牧草到专门种植青贮原料，如青贮玉米；青贮方法从常规青贮发展到低水分青贮以及添加糖蜜、谷物、糟渣等物料的特种青贮；青贮添加剂从单一添加到酶菌制剂联用；青贮设备向大型密封式的青贮塔发展，装料与取料已实行机械化。青贮技术由于良好的贮存效果，在保证给家畜均衡供应青绿多汁饲料的同时，还扩大饲料资源，缓解了季节更替带来的饲料资源不足的问题。目前，青贮饲料已成为反刍动物日粮中粗饲料的重要来源。

　　本书根据课题组取得的阶段性学术成果整理而成，采用文献概论与专题研究相结合的形式，分别从青贮饲料的研究现状、外源物料的分类及其利用、青贮添加剂研究现状、禾本科与豆科牧草混合青贮研究进展，以及青贮对反刍动物瘤胃内生态的影响、青贮菌的筛选与应用等多个方面进行了详细总结，研究成果不仅可以为合理化、科学化利用和改善青贮饲料提供借鉴，而且能直接指导青贮饲料的生产加工，进而为青贮饲料的有效开发利用提供科学依据。

由于编者经验不足和水平有限，书中难免存在不足之处，敬请读者批评指正！

编　者

2023 年 12 月

目 录

第一章 青贮饲料的研究现状

第一节 青贮调制及其原理

一、青贮调制

青贮是一种能提高牲畜饲料营养价值和适口性的重要贮存技术，其特点是能使青绿饲料得到有效的长期保存，有效保留牧草的营养成分，是一种经济便捷的加工方式。（张国立等，1996）其加工过程主要是将青贮原料截短、切碎、揉丝、压实，然后将处理后的加工产物放置在适宜的青贮容器中密封保存，加工产物在厌氧环境中通过一系列复杂的生化反应变成青贮饲料。（刘建新等，1999）

二、发酵原理

青贮发酵过程中，各种微生物附着在加工后的青贮原料上并进行生长和繁殖代谢。发酵初期，植物细胞未完全死亡，还在进行呼吸代谢，与酵母菌、霉菌等好氧型腐败菌共同消耗残余氧气并分解利用原料中的可溶性糖和蛋白质。这个时期伴随着大量能量的产生和释放。当氧气消耗完全时，好氧型微生物逐渐停止代谢活动，此时乳酸菌和丁酸菌等厌氧型微生物开始活动繁殖，乳酸菌通过消耗可溶性糖产生大量的乳酸和少量乙酸，pH 值开始下降。由于丁酸菌不耐酸，其代谢活动被抑制，生长繁殖被限制，乳酸菌逐渐成为优势菌群，继续代谢产生大量的乳酸，pH 值开始迅速下降。当 pH 值小于 3.8 时，优势菌群乳酸菌的活性也开始受到抑制，青贮饲料中的微生物逐渐处于稳定状态，故而青贮体系内的营养物质得以长期保存。（李剑楠，2014）

第二节　常见的青贮牧草

单贮主要是指仅选用一种饲草原料制作而成的青贮。目前，常用作单贮的饲料为禾本科牧草和豆科牧草两大类。常用于制作青贮的禾本科牧草主要包含全株玉米、甜高粱、皇竹草、甜象草、高丹草、苏丹草、多花黑麦草等，而豆科牧草主要包括全株大豆、箭筈豌豆、花生秧、紫花苜蓿等，其中以全株玉米作为青贮原料为牲畜提供饲料的方式应用最为广泛。（李争艳等，2023；孙秀雯等，2023；郑林峰等，2023）禾本科牧草由于糖分含量高、茎秆多汁、适口性好，青贮的品质比较好，因而用来作为单贮十分常见。而豆科牧草由于蛋白质含量高、水溶性碳水化合物含量低、缓冲能高、含水量低，单独青贮时 pH 较高，在青贮过程中容易腐败变质，单独青贮时较难成功，因而很少进行单贮，一般与禾本科牧草混贮或添加其他物质进行青贮，以提高其青贮成功率。（赵苗苗等，2015）

一、全株玉米青贮

玉米青贮是把整个玉米植株全部收割下来，经切碎、铡切、压实等处理后，放置在密闭环境中，经过乳酸菌发酵，青贮体系 pH 值降低到 3.8 以下后，抑制各种有害菌的活动使得全株玉米青贮饲料得以长期保存，最终得到优质的全株玉米青贮饲料。全株玉米青贮饲料散发酸香气味，经过乳酸菌发酵后的饲料柔软多汁、营养丰富，具有较好的适口性，是喂养牲畜的优质粗饲料，是牛、羊等家畜的重要饲料。（郑林峰等，2023）玉米青贮在管理得当的情况下可以长时间保存，保存期可达 3～4 年，甚至长达 20 年不变质，随时取用，可为反刍动物提供优质粗饲料，并全年平衡供应。

二、苜蓿青贮

苜蓿是豆科，属多年生草本植物，主产于我国黑龙江、甘肃、内蒙古、宁夏和新疆等地区，适宜在相对砂性的土壤或盐碱土上生长。苜蓿等豆科类牧草不仅含有各种营养物质，而且粗蛋白、粗脂肪和可消化纤维的含量较高，对牲畜的生长发育和繁殖都十分重要。苜蓿以干草的方式储存营养物质损失较大，适口性和消化率均显著下降，使用青贮的方式储存可以减少养分的损失，适口性和消化率均明显提升并能长期保存，可为牛、羊等家畜提供优质饲料。（段代祥等，2023）

三、高粱青贮

高粱是高粱属一年生高大型禾本科植物，杆粗壮，喜温，适应性强，抗旱抗涝耐贫瘠。高粱的光合作用强，单位面积的生物产量比青贮玉米高，且其水溶性碳水化合物含量高、叶片柔软，在青贮发酵初期能快速引起无氧发酵，是一种重要的饲料作物，广泛用于青贮生产。（郭艳萍等，2010）同属高粱属的甜高粱，又称"北方甘蔗"，也是高粱属理想的青贮原料之一，为禾本科一年生植物，杆粗壮，高2~4米，多汁，味甜，具有抗旱耐涝耐盐碱且光合作用效率高等优良特征，对生长的环境条件要求不太严格，对土壤的适应能力强，在全球大多数半干旱地区都可以生长。（Li等，2023）鲜刈的甜高粱含有毒的生氰糖苷和抗营养物质单宁，青贮后可有效减少甜高粱中这类物质的含量。使用甜高粱青贮可以替代部分传统饲草饲料，缓解粗饲料资源短缺的问题。（赵杰等，2023）

四、小麦青贮

小麦在中国南北各地广为栽培，为一年或越年生草本植物。在奶牛饲养发达的国家，将小麦作为青贮原料加工为青贮饲料的方法已被大规模使用。这是由于奶牛采食青贮小麦，其泌乳量会得到一定提高。（孙浩等，2022）研究证实，全株小麦青贮饲料比黑麦草青贮饲料的饲用价值更高。使用小麦作为青贮原料可以减少收获籽粒后麦秸的焚烧，从而减少秸秆焚烧导致的空气污染和降低处理秸秆的成本。一般在5月初收割小麦进行青贮，可缓解南方优质饲草资源短缺问题。

五、象草青贮

象草是禾本科多年生高大型草本植物，其适应性强，耐寒、耐高温，作为牧草具有高产、适口性好、营养价值较一般植物高等优点，是我国南方地区家畜的青绿饲料。（荣辉等，2012；郭刚，2017）与用全株玉米等原料调制青贮相比，象草在青贮过程中压实较困难，具有较高的空气浸透性，青贮时空气较难排除，所以单独青贮时较难成功，一般利用青贮添加剂来改善象草的青贮发酵品质。大量研究表明，青贮添加剂会显著改善象草青贮的品质。（荣辉等，2013；赵苗苗等，2015；李莉等，2021）

六、构树青贮

构树是一种桑科构树属的木本植物，其适应性、抗逆性、抗污染性均较强，在我国被广泛种植，南至云南、广西，北至内蒙古、大连，均有生长。构树营养成分丰富，其粗蛋白含量高达20%～30%，粗灰分约占12.19%～19.10%，粗脂肪约占3.20%～13.11%，还含有赖氨酸、亮氨酸等多种氨基酸及天然活性物质。用构树作饲料喂养家畜，能够提高动物的消化率和抵抗力，是一种优质的高蛋白非常规饲草。（蒋辉等，2023）直接刈割鲜饲是其中最简单的方法，但是构树的纤维含量较高，且含有抗营养物质，叶片中蛋白质分子结构复杂，因而其适口性较差，家畜消化率也较低。制作成干料能提高构树的利用效率，利于饲料的保存和长距离运输，但是干料的制作受环境影响较大且复杂。相比于干料，对构树进行青贮，一方面可以降低单宁等抗营养因子的含量，促进纤维的降解，改善构树的适口性；另一方面，环境对青贮发酵的影响较小，使饲料便于保存和运输，尤其可以缓解冬季青绿饲料供应不足的问题。

（左鑫等，2018；林炎丽，2019；王世博，2020；李玲等，2020；韩帅琪等，2023）

第三节　影响青贮品质的因素

一、青贮原料的收获期

青贮原料的收获期是影响青贮发酵及其品质好坏的主要因素之一。一般豆科类牧草收获期为花蕾期；禾本科牧草收获期则从孕穗期至抽穗初期皆可；由于大麦、小麦等全株麦类饲料作物在乳熟末期至蜡熟早期可消化营养物质产量最高，因而这一时期是麦类饲料作物的最佳收获期，用其作为青贮原料发酵出来的青贮品质最佳。（Nadeau，2007）

研究表明，多花黑麦草在孕穗期的含水量较高，青贮较难成功；而其抽穗期和开花期的含水量明显降低，抽穗期粗蛋白、水溶性碳水化合物、干物质体外消化率等的数值最优，因而使用抽穗期的多花黑麦草作为制作青贮的原料最佳，得到的青贮品质较其他生长期好。（张文洁等，2016）

不仅青贮原料的收获期对青贮发酵及其品质有所影响，青贮原料在同一天内不同时间点收获也可能影响它的青贮发酵，进而对其品质产生影响。有研究表明，对在同一天的不同时间收获的象草、杂交狼尾草和多花黑麦草进行青贮发酵发现，杂交狼尾草和多花黑麦草在中午收获时青贮发酵的品质最好，上午和下午收获的次之，象草则是在上午收获的青贮发酵品质优于中午和下午收获的。（徐杨，2012）

二、含水量

青贮原料中适宜的含水量是保证青贮发酵品质的重要条件，适宜的含水量可为乳酸菌正常的生长活动提供条件。一般来说，青贮原料的含水量在 60%～70% 较为适宜，过低或过高的含水量均会影响青贮原料发酵的品质。(张德玉等，2007) 原料水分含量过低，会直接抑制微生物的发酵，并且在青贮时难以将青贮原料压实，使得原料间的空气滞留较多，为霉菌和有害微生物的大量繁殖提供适宜条件，导致饲料发霉变质，威胁畜禽安全。(刘建新等，1999) 水分含量过高会稀释饲料中的水溶性碳水化合物，并且加工过程中渗出液的流失会导致营养成分的流失，尤其是水溶性碳水化合物的流失。使用水分含量过高的青贮原料虽然利于加工时压实，但是水溶性碳水化合物含量不足会促进酪酸菌的活动，引发丁酸发酵，丁酸的浓度增加导致青贮的品质降低，同时高含水量还会促进有害微生物的生长，如促进梭状芽孢杆菌的生长，导致乳酸的含量降低，pH 值升高，丁酸及氨态氮含量升高，使青贮的品质变差。另外，水分含量过高还会影响青贮体系中微生物的数量，进而影响青贮发酵速率。同时，青贮原料的含水量过高会影响青贮的运输，大大增加青贮的运输成本。(Muck 等，1991) 因此，在青贮制作过程中控制好含水量是十分必要的。采用水分含量较高的原料制作青贮时，可以采用晾晒（萎蔫）、与水分含量较低的饲料混合青贮等方法降低青贮体系的含水量。水分含量过低时，可以采用喷水、掺水等方法提高青贮体系的含水量。

三、水溶性碳水化合物

乳酸菌发酵需要水溶性碳水化合物作为其发酵底物，主要包括葡萄糖、果糖、蔗糖等。青贮原料中水溶性碳水化合物的含量直接决定了青贮效果的好坏。一般情况下，青贮成功所需的青贮原料鲜样中水溶性碳水化合物的最低含量为 25～35g/kg。水溶性碳水化合物含量较低时，乳酸产生不足，青贮原料的 pH 值降低幅度较小，不仅不能有效抑制有害微生物的繁殖，还会促进丁酸发酵，导致青贮饲料的品质变差；而水溶性碳水化合物含量较高时，则不仅能促进乳酸的发酵，还能抑制丁酸的发酵，保证青贮发酵效果及品质。因此，在制作青贮时，选用的青贮原料中水溶性碳水化合物的含量

不能过低。（李鑫琴等，2022）

豆科牧草中水溶性碳水化合物含量较低，单独青贮较为困难，因而一般会与禾本科牧草混贮，或者在豆科牧草中添加玉米粉、糖蜜等物质增加其水溶性碳水化合物的含量，从而降低单独青贮的难度。（黄秋连等，2020；郭晖，2021）

四、缓冲能

青贮中的缓冲能是指青贮原料抵抗 pH 值变化的能力，是影响青贮饲料调制成功的关键因素之一。（Playne 等，2010）饲料中的有机酸盐离子、无机酸盐离子是饲料缓冲能最重要的影响因子，有机酸盐离子包括苹果酸、柠檬酸和喹啉酸等，无机酸盐离子包括磷酸盐、硫酸盐、硝酸盐和氯化物等盐离子。这些物质的共同作用是调节青贮过程中 pH 值的下降速度。（李鑫琴等，2022）有研究指出，饲料蛋白也具有缓冲作用，其缓冲作用约占 10%～20%。这有可能是豆科植物缓冲能高于禾本科植物的主要原因。有研究指出，在相同条件下，缓冲能低的原料 pH 值下降更快，青贮更容易成功，如禾本科牧草比豆科牧草的缓冲能小，因而比豆科牧草更易青贮。（葛剑等，2014）

五、乳酸菌

青贮原料通过发酵成为优质的青贮饲料的必要条件之一是青贮原料表面要附着足够的乳酸菌。乳酸菌是青贮发酵的主要微生物，一般情况下，青贮原料中的乳酸菌少于 10^5 cfu/g 时就会影响青贮的发酵品质。（刘秦华等，2009；申成利等，2012）另外，植物本身也决定了乳酸菌的数量和种类。研究表明，植物种类对乳酸菌的影响大于好氧细菌、酵母菌和霉菌，在低温环境下生长的植物表面乳酸菌的数量比在高温环境下生长的植物要多。（田静等，2021）使用不同茬次的植物青贮发现，第二、第三茬收割的原料比第一茬的乳酸菌数量多。（陈鑫珠等，2021）大量的研究证明，用乳酸菌作为青贮添加剂可以提高青贮的发酵品质。

六、有氧稳定性

有氧稳定性是指青贮饲料在开封后与空气接触的过程中，中心温度超过环境温度 2℃时需要的时间，以此可评价饲料是否具有良好的贮藏能力。若青贮饲料的有氧稳定性低，则青贮饲料开封后，由于其厌氧环境被破坏，随着青贮饲料与氧气接触，它易发生二次发酵，不仅会损失营养物质，而且有害微生物开始生长繁殖，进而导致饲料腐败变质。有氧稳定性高能够保障青贮饲料不易发生好气性败坏，使得青贮饲料可以长期保存，能够减少饲料中霉菌和毒素的含量，使饲料更安全。（刘逸超等，2023）

七、温度

青贮原料处于密闭环境时，由于植物仍会利用残留的空气进行呼吸作用，而植物细胞的呼吸作用会与可溶性碳水化合物氧化，这一过程会伴随热量的释放，使得青贮发酵体系内的温度上升，温度的改变会影响乳酸菌的活性，乳酸菌的最佳生长繁殖温度为 20～30℃。若青贮发酵过程中温度过高，乳酸菌的活动会被抑制，而丁酸菌会利用水溶性碳水化合物进行发酵，产生大量的丁酸、氨等，从而导致青贮失败。要想青贮成功，需要使青贮体系的温度达到40℃，而有添加剂存在时，温度达到 20～40℃即可青贮成功。温度过低时，如小于 15℃，青贮发酵也会失败，这是因为温度过低时乳酸菌的活性被抑制，青贮原料无法发酵。（秦丽萍等，2013；李茂等，2014；吴庆宇等，2022）

八、其他影响因素

青贮原料密度和饲料切碎长度都会影响青贮发酵的品质。提高青贮原料密度是防止青贮饲料好氧变质和降低其干物质损失率的重要措施；饲料切碎长度会影响青贮的密度、渗出液的产生、发酵的速度及利用过程中的损失程度。

第二章　外源物料的分类及其利用研究进展

外源物料（非常规饲料）指的是在青贮的制作过程中，为提高青贮的品质而添加除添加剂外的物质。比如，中草药、果渣、酒糟、植物精油等。

第一节　外源物料的分类

一、中草药营养特性及应用

我国中草药资源十分丰富，应用在畜牧生产上的中草药有一千多种，常用的有两百多种。（徐文龙，2009）中草药含有丰富的氨基酸、维生素、微量元素及各种生物活性物质等，可以弥补动物日粮营养不足等问题。研究表明，将冷蒿等中草药添加到饲料中能显著增加羔羊的体重，将苦参添加到猪饲料中也能显著增加猪的体重。（王秀满等，2002；恩克奥恩等，2012）同时，中草药具有药用价值。中草药含有的生物碱、活性益生菌、抗菌肽等物质能预防动物疾病，增强动物抵抗力，提高其抗病性。中草药来源于植物、动物及其产品，具有绿色天然的特性。当前，为预防和治疗动物疾病，在养殖过程中会频繁使用大量抗生素，抗生素的滥用会使动物出现抗药性。而中草药作为一种天然的外源物料，具有安全可靠性，中草药的各种活性成分可以调节动物机体的平衡，增强动物的免疫功能。（宋相杰，2017）研究证明，中草药中的多糖、黄酮类化合物等生物有效成分可以促进脾等免疫器官的发育以及抗体的产生，增强动物的免疫功能。（王福传等，2001）总之，中草药可以很好地提高动物机体的免疫能力，促进新陈代谢，提高生产性能。

中草药具有的生物活性可以为乳酸菌的生长提供生长因子，利于乳酸菌的生长繁殖，抑制大肠杆菌等不良微生物的活性。研究发现，两歧双歧杆菌和嗜酸乳杆菌在五味子、枸杞、地黄的作用下能得到进一步生长，且促生作用随着这些中草药的浓度增大而增强。这是由于五味子、枸杞、地黄含有的多糖成分对乳酸菌起到双歧因子的作用，因此对双歧杆菌具有促生作用。（李平兰等，2003）鱼腥草、金银花和青蒿能促进植物乳杆菌的生长繁殖，黄连、板蓝根则抑制植物乳杆菌的生长。（王成涛等，2004）生地黄中含有地黄寡糖与多种醇类物质，这些物质可以促进保加利亚乳杆菌的生长。（李锋涛，2008）连翘中含有连翘酚、皂苷等，这些成分具有抑菌作用，可以抑制大肠杆菌、双歧杆菌和嗜酸乳杆菌的活性。（史正文等，2023）由于中草药中的生物活性成分的不同，其对微生物的作用也不同，因而将中草药添加到单贮中时，要选择适宜的中草药种类及用量。

二、果渣营养特性及应用

果渣是指植物的果实在经过压榨提取其汁液或油分之后所余下的固态部分，包括果皮、果肉、果籽、果梗等。水果在加工过程中会产生较多的果渣，其是一类可开发利用的废弃资源。（李巨秀等，2002）近年来，将果渣开发成饲料而加以利用的方式增多，将果渣添加到青贮中，既能缓解果渣填埋造成的环境污染、降低填埋成本，又能增加畜禽养殖的饲料来源。目前，主要用果渣来生产饲料，即直接使用或制作成果渣干粉、鲜渣青贮及利用微生物发酵技术生产菌体蛋白饲料。（田航飞等，2022）采用发酵果渣饲喂家畜既避免了果渣资源的浪费，又为畜禽的饲喂提供了非常规的绿色饲料。而在畜禽的日粮中添加适量的发酵果渣可以改善畜禽幼体的肠胃功能，增强其肠胃的消化吸收能力，还能增加成年畜禽的采食量和日增重。目前，我国水果中种植面积及产量位列前三的是柑橘、苹果和葡萄，深加工后产生的果渣量大，具有较好的适口性，经发酵后，果渣中的蛋白质、氨基酸含量和益生菌活性会显著提高，抗营养因子的含量减少，提高了其饲料化利用率。（王海微等，2013；田志梅等，2019）此外，有相关研究将甘蔗、沙棘果作为发酵原料，也有将刺梨果渣作为添加物料和青贮原料共同发酵的研究。（郑玮才等，2019）

研究发现，不同果渣中粗蛋白质、粗纤维、粗脂肪、钙、磷等营养物质及矿物质元素的含量有所不同。（田航飞等，2022）葡萄渣中含有较多的磷、钾和铁，用作饲料时有利于动物骨骼系统的发育。（冯昕炜等，2012；杨晓阳，2017）苹果渣中粗灰分和钙的含量较少，粗纤维含量较高，适宜饲喂反刍家畜。此外，苹果渣中有大量的苹果多酚，能有效清除畜禽体内的自由基，从而预防畜禽衰老过程中的病症。（靳文广等，2018；李元新等，2020）柑橘渣中粗纤维含量与其他果渣相比较少，因而柑橘渣比其他果渣的适口性更好。（易文凯等，2010）沙棘渣中的粗脂肪和粗蛋白质含量较高，饲用价值高，硒含量也高，可以提高畜禽的免疫力。（王艳华等，2020）甘蔗渣中粗脂肪及磷含量少，适口性差，但粗纤维含量最多，有利于缓解畜禽便秘。（葛影影等，2021）此外，果渣中还含有不饱和脂肪酸、有机酸、黄酮类化合物、多种维生素及天然色素等活性物质，对畜禽的生理调节、免疫、生长繁殖或抗氧化等方面都能起到积极作用，果渣饲料在畜禽饲养中的应用潜力巨大。（张铎，2022）果渣经不同处理成为畜牧饲料，包括干粉、鲜渣青贮及微生物发酵产生菌体蛋白饲料等。尽管新鲜的果渣带有果香味，可提高饲料的适口性和味道，但是其存放时间短，蛋白质和氨基酸含量较低，粗纤维含量较高，且单宁含量较高会抑制微生物的生长活动，进而影响畜禽对营养物质的吸收。（齐永强等，2020）将鲜果渣使用碱中和后再做粉碎处理制成果渣干粉，便于贮存和运输，但这种处理方式的成本较高，而且果渣干粉易发生霉变，其粗蛋白、真蛋白及一些微量元素含量又偏低，因而一般果渣仅作为饲料添加物质。果渣青贮发酵是将晾晒或挤压水分后的鲜果渣压实堆在密闭环境内，使其在厌氧条件下发酵。（Foiklang 等，2016）其优点在于既可以保持果渣良好的适口性，又能改善其营养成分的含量，但果渣青贮时要严格规范青贮技术，避免产生有毒物质，影响青贮品质。（杨丽等，2023）

三、酒糟营养特性及应用

酒糟是米、麦及高粱等作物经过酿酒后产生的固体残渣，是酒产业的主要副产物。根据酿酒原料来源的不同可以将酒糟分为白酒糟、啤酒糟、青稞酒糟、米酒糟和葡萄酒糟等。（李茂雅等，2022）近年来，随着酒产业的发展，酒糟的产量大幅升高，我国每年的酒糟产排量超过 2000 万吨。酒糟具有营养物质丰富、价格低廉等优点，因而将其作为一种非常规饲料具有很好的经济价值，而且酒糟的再利用降低了酒糟处理的成本，对环境十分友好。（陶雪等，2023）

酒糟营养物质丰富，含有氨基酸、维生素、酶类、各种有机酸和脂肪等，能为微生物生长提供所需的物质，而且其提供的营养成分与动物生长所需高度契合。目前，酒糟饲料化利用主要有四种方式：直接饲喂、干燥饲喂、微生物发酵以及制成混合青贮。尽管酒糟可以直接作为饲料使用，但酒糟中的酒精含量可能会导致动物中毒，并且有的酒糟中含有谷物类纤维，会造成家畜消化不良，需要进行发酵以降低谷物纤维对家畜造成的不良影响。使用鲜酒糟与玉米秸秆进行青贮，不仅明显改善了酒糟的饲用价值和贮藏效果，也提升了玉米秸秆的利用率。（王霞等，2023）

酒糟直接饲喂具有操作简单、成本低等优点，但酒糟中粗纤维含量较高，适口性差，并且鲜酒糟中水分和糖的含量也较高，易发生霉变，使得鲜酒糟难以长期贮藏并对动物产生危害。干燥饲喂解决了鲜酒糟含水量较高、不易贮藏等问题，但处理酒糟的工艺复杂，并且大大增加了饲喂成本。微生物发酵酒糟是通过乳酸菌、芽孢杆菌、酵母菌等微生物分解酒糟中的淀粉等营养物质，并生成脂肪酸、酶类、生物活性物质等。（李茂雅等，2022）通过发酵可以提高酒糟的饲用价值、蛋白质含量及适口性，减少抗营养因子，使蛋白质饲料更安全。制成混合青贮则不仅有效地提高了饲料品质，而且延长了酒糟的贮藏时间。研究表明，在青贮中添加酒糟能提高水溶性碳水化合物和乳酸的含量，促进中性洗涤纤维、酸性洗涤纤维的降解，抑制蛋白质降解，明显改善青贮质量。（陈冬梅等，2021）

四、植物精油营养特性及应用

植物精油是一种从植物中随水蒸气蒸馏出来的油状液体，存在于植物体的大多数部位，如花、果实、叶及种子等部位，通常具有强烈的气味。近年来，随着各类提取技术和精油成分鉴定技术层出不穷，越来越多植物精油的化学成分被提取出来。植物精油的化学组分依据含量的多少、发挥作用的不同被分为四大类。精油中最重要的一类香气成分为萜烯类化合物，是从植物体内提取的精油中含量占比最大的成分；芳香族化合物在植物精油中发挥的作用及含量均位于第二位；作用效果较差且含量较低的第三大类化合物是脂肪族化合物；大蒜、生姜等具有特殊刺激气味的植物大多含有抑菌作用的含氮含硫类化合物。（孙剑峰，2023）

植物精油具有较强的广谱抑菌作用，应用到青贮中可抑制青贮原料中腐败微生物等有害微生物的繁殖，延长青贮饲料的保存时间。（李文茹等，2013）牛至精油添加到牛、羊饲料中能起到抗生素的作用，抑制多种有害菌，如霉菌、大肠杆菌的生长繁殖，使饲料不易变质。（宋淑珍等，2022）花椒精油、丁香精油和薄荷精油等多种精油对霉菌具有抑制作用，而且不同的植物精油抑制霉菌的效果不同，起主要抑菌作用的化学成分也不同。（代安娜等，2022）肉桂精油、丁香精油等植物精油可有效抑制青霉和黑曲霉的生长，添加到饲料中，饲料的保存时间虽然没有明显延长，但饲料发生霉变时，霉菌数量相对较少，霉变面积减少。（邬本成等，2013）山苍子精油、肉桂精油和生姜精油对霉菌也有一定的抑制作用，但抑制效果不同，肉桂精油的抑菌效果最好。（余行等，2020）当前，天然植物产物在青贮抑菌方面的应用受到重视。研究表明，将植物精油添加到青贮饲料中，的确能抑制青贮原料表面附着的有害微生物的生长繁殖，进而改善青贮的品质。在羊草青贮中添加孜然精油，羊草青贮的营养成分发生明显的变化，干物质、粗蛋白含量均显著提高。（徐生阳等，2021）在苜蓿青贮中添加孜然精油会抑制苜蓿青贮菌群中有害微生物的生长繁殖，青贮发酵品质得到改善。不同植物精油对不同青贮饲料的影响也不同。孜然精油可以影响全株玉米青贮的中性洗涤纤维含量，添加的孜然精油越多，青贮中性洗涤纤维含量越低。（卢冬亚等，2019）孜然精油可减少青贮原料的干物质损失和降低其发酵体系的 pH 值。百里香精油可抑制蛋白的分解，保留其营养成分（夏光辉等，2022）。砂仁精油可以显著降低紫花苜蓿青贮的 pH 值，提高乳酸及粗蛋白含量。（陈德奎等，2021）

第二节　中草药对不同比例的多花黑麦草与紫花苜蓿混贮品质的影响

多花黑麦草（*Lolium multiflorum Lamk.*）属于禾本科牧草，具有鲜嫩多汁、碳水化合物含量高等特点。紫花苜蓿（*Medicago sativa L.*）是典型的豆科牧草，其适口性好、蛋白质含量高。二者在贵州地区均被广泛种植和利用。然而，在气温低、湿度大、耕地少、冬季饲草供应不足的贵州山区，相较于将牧草调制成干草，青贮更有利于应对冬季饲料短缺以及牧草养分损失的问题。特别是将黑麦草和苜蓿混合青贮，不仅能解决苜蓿可溶性糖（WSC）含量少、缓冲能高、不易单独青贮的问题，而且能提高青贮黑麦草的营养含量，从而使二者可以较好地发挥各自的营养特点。

中草药应用在我国已有上千年的历史，现代药理学逐渐验证了中草药及其活性成分在抗炎、抑菌、抗癌及抗病毒等方面的药理作用。（马瑾煜等，2020；曹瑞华，2020；谢士敏和周长征，2020）随着科学的发展，中草药的药用价值逐渐被应用于农业生产。孙齐英（2010）通过研究发现，在奶牛饲粮中添加 100 g/d 中草药添加剂

（石膏、芦根、夏枯草、甘草）可以增加奶牛的产奶量、乳成分以及血清中的免疫球蛋白。司春灿等人（2020）采用不同中草药配方（当归、益母草、山楂、何首乌、黄芪）饲喂三黄鸡，发现中草药添加剂组三黄鸡的体重、半净膛重以及胸肌重等指标显著高于对照组。李新媛等人（2008）将主要成分为黄芪、当归、党参、甘草、通草、王不留行的复方中草药饲料添加剂成倍数关系添加到荷斯坦奶牛的饲粮中，发现随着添加量的增加，奶牛产奶量明显提高，同时发现中草药添加剂对防治奶牛隐型乳腺炎有一定的积极作用。可见，中草药在提高动物生产性能、免疫力和防治多种疾病方面有一定功效。我国是最早将中草药作为防霉、抗霉剂应用于食品、农产品及饲料的国家，许多中草药，尤其是挥发油含量较高的中草药具有较强的杀菌抑菌活性。（王海威等，2017）近年来，针对丁香、肉桂、蒲公英和陈皮的抗霉菌方面的研究指出：丁香酚能显著抑制黄曲霉和禾谷镰刀菌的生长，对脱氧雪腐镰刀菌烯醇的积累有很好的抑制作用。（袁媛等，2013）肉桂的乙醇提取物能较强抑制肉中常见的腐败菌和致病菌（林红强等，2018），肉桂油对串珠镰刀菌的抑菌活性与其有效成分肉桂醛的浓度呈正比。蒲公英的 75% 乙醇提取物对黄曲霉、大肠杆菌、沙门氏菌和金黄色葡萄球菌的抗菌性要优于金银花。（青杰超等，2018）易于在陈皮药材上生长的黑曲霉能较强抑制黄曲霉的生长，同时对黄曲霉毒素具有降解作用，对黄曲霉毒素 B_1 降解率达 90% 以上。（张鑫等，2017；施翠娥和蒋立科，2009）

目前，关于中草药添加剂在黑麦草和苜蓿混合青贮的研究尚未见报道，笔者以多花黑麦草和紫花苜蓿为原料，分析不同混合比例和不同添加剂水平对混合青贮营养成分及发酵品质的影响，旨在筛选适宜的混合青贮方案，以期为进一步开发中草药饲料添加剂资源提供技术支持和依据。

一、材料与方法

（一）试验材料

试验在贵州省独山县贵州省草业研究所试验基地进行，于 2019

年 4 月 17 日全株刈割青贮原料"钻石 T"多花黑麦草（孕穗期）和"维多利亚"紫花苜蓿（开花期），中草药添加剂采用丁香、肉桂、蒲公英和陈皮等比混合。

（二）试验设计

试验采用两因素交叉试验设计，A 因素为多花黑麦草和紫花苜蓿混合比例，设 4 个混合比例（0∶100、20∶80、80∶20、100∶0），B 因素为复方中草药添加剂，设 3 个添加水平（0.5%、1%、2%），见表 2-1。试验共设 12 个处理，每个处理设 3 个时间点和 3 次重复。

表 2-1 试验设计

分组	多花黑麦草/%	紫花苜蓿/%	中草药/%
0.5%L1M0	100	0	0.5%
1.0%L1M0	100	0	1.0%
2.0%L1M0	100	0	2.0%
0.5%L1M4	20	80	0.5%
1.0%L1M4	20	80	1.0%
2.0%L1M4	20	80	2.0%
0.5%L4M1	80	20	0.5%
1.0%L4M1	80	20	1.0%
2.0%L4M1	80	20	2.0%
0.5%L0M4	0	100	0.5%
1.0%L0M4	0	100	1.0%
2.0%L0M4	0	100	2.0%

（三）青贮调制

将鲜刈青贮原料晾晒 2~4 h，使两种牧草的含水率达到 65%，再用揉丝机切碎至 2~3 cm，按设计比例称样混合并分别添加对应比例的中草药，充分混匀后装入真空袋密封保存于干燥的地面。在 5 d、30 d、45 d 后开封采集样品，进行感官评定和理化指标测定。

（四）测定指标

感官评定参考德国农业协会（DLG）青贮质量感官评分标准，对青贮饲料的气味、结构和色泽进行综合评分。按照烘干恒重法、索氏提取法和凯氏定氮法分别测定干物质（DM）和粗蛋白（CP）含量，采用 Van Soest 法测定酸性洗涤纤维（ADF）和中性洗涤纤维（NDF）；取青贮样品 20 g，加入 180 mL 蒸馏水，用组织捣碎机均匀捣碎，先用四层纱布过滤再用定性滤纸过滤，用 pH 计测定滤液 pH 值；用液相色谱法测定青贮中的乳酸（LA）、乙酸（AA）、丙酸（PA）和丁酸（BA）；采用"苯酚-次氯酸钠"比色法测定氨态氮（NH_3-N）。

（五）数据处理

用 Excel 2007 和 SPSS 18.0 软件对试验数据进行统计分析，结果以"平均数±标准差"表示，多重比较采用 Duncan 法，以 $P<0.05$ 作为差异显著性判断标准。

二、结果分析

（一）不同处理混合青贮饲料的感官评定

如表 2-2 所示，对 3 个发酵时间点采集的青贮饲料进行感官评定。气味方面，除混合比例 L0M1 的 3 个处理组在整个发酵过程中有微弱的丁酸嗅味外，其余处理组在不同时间点下的不同处理均有明显的面包香味和浓郁的中草药芳香味。从结构和色泽来看，多花黑麦草和紫花苜蓿混合比例为 100∶0 和 80∶20 的处理组色泽与原材料相似，烘干后呈淡黄褐色，茎叶结构保存良好，无发霉腐败现象；而混合比例为 0∶100 和 20∶80 的处理组色泽呈现出黄褐色，略有变色，茎叶结构虽保持良好，但用力捏会有少量渗出液往下滴。整体情况分析：多花黑麦草单独青贮或者与紫花苜蓿以 80∶20 比例混贮效果较好，不同时间点的感官评分均能达到优良等级；相同混合比例条件下，青贮饲料的感官评分随中草药添加剂的增加而提高。

表 2—2			不同混合比例和添加剂水平对青贮感官评定的影响					%
处理	总分		等级	处理	总分			等级
	15 d	30 d	45 d			15 d	30 d	45 d
0.5%L1M0	18	18	18	优良	0.5%L4M1	18	18	19	优良
1.0%L1M0	18	19	19	优良	1.0%L4M1	18	19	19	优良
2.0%L1M0	19	19	20	优良	2.0%L4M1	19	19	19	优良
0.5%L1M4	16	17	17	优良	0.5%L0M1	15	15	14	尚好
1.0%L1M4	17	17	17	优良	1.0%L0M1	15	15	15	尚好
2.0%L1M4	17	18	18	优良	2.0%L0M1	15	15	15	尚好

（二）不同处理混合青贮饲料的化学成分

由表 2—3 可以看出，在主效应分析中，混合比例因素对青贮饲料不同处理组以及不同时间点 DM、CP、NDF 和 ADF 含量的影响达到极显著水平（$P<0.01$）；添加剂因素对发酵 30 d 的 DM 和 45 d 的 DM 和 CP 含量的影响达到极显著水平（$P<0.01$），对发酵 15 d 的 DM、CP 和 NDF 含量的影响达到显著水平（$P<0.05$），而其余指标差异不显著（$P>0.05$）。在交互作用方面，两因素对所测指标均无显著影响，说明在两因素中，混合比例是影响青贮饲料化学成分改变的主要原因。

在相同添加剂水平条件下，随着紫花苜蓿比例的升高，青贮饲料中 DM、CP、NDF 和 ADF 含量极显著增加（$P<0.01$）。在相同混合比例条件下，DM 和 CP 含量随着添加剂水平的升高而显著增加（$P<0.05$），而 NDF 和 ADF 含量呈下降趋势，除在个别发酵时间点 NDF 含量的组间差异达到显著水平（$P<0.05$）外，其余时间点添加剂水平对 NDF 和 ADF 含量的影响均差异不显著（$P>0.05$）。此外，随着发酵时间的推移，青贮饲料中的 DM、CP、NDF 和 ADF 含量显著下降（$P<0.05$）。

表2-3　不同混合比例和添加剂水平对青贮化学成分的影响

处理组	15d				30d			
	DM/%	CP/%	NDF/%	ADF/%	DM/%	CP/%	NDF/%	ADF/%
0.5%L1M0	24.18 ± 0.38^a	13.88 ± 0.69^a	43.76 ± 2.68^{ab}	27.76 ± 1.35^{abc}	23.14 ± 0.10^a	13.82 ± 0.55^a	42.60 ± 0.69^{ab}	26.66 ± 0.87^{abc}
1.0%L1M0	24.16 ± 0.37^a	13.93 ± 0.52^a	43.68 ± 2.10^{ab}	26.33 ± 0.95^a	23.93 ± 0.28^a	14.08 ± 0.50^a	41.96 ± 2.38^{ab}	26.07 ± 0.59^{ab}
2.0%L1M0	24.82 ± 0.66^a	14.15 ± 0.67^a	42.02 ± 2.53^b	25.76 ± 1.01^a	24.26 ± 0.08^a	14.27 ± 0.36^a	41.41 ± 3.17^a	25.37 ± 0.90^a
0.5%L1M4	29.88 ± 0.06^{bc}	16.80 ± 0.33^{cd}	48.97 ± 1.35^d	30.96 ± 1.96^{de}	30.11 ± 0.18^c	17.98 ± 0.37^{cd}	47.78 ± 1.25^{de}	28.67 ± 2.58^{cd}
1.0%L1M4	30.53 ± 0.25^c	17.75 ± 0.44^{de}	48.92 ± 1.24^{de}	29.73 ± 0.93^{cd}	30.22 ± 0.92^c	18.83 ± 0.90^{de}	47.55 ± 0.97^{de}	28.83 ± 1.43^{cd}
2.0%L1M4	30.80 ± 0.21^c	18.66 ± 0.72^{ef}	47.61 ± 0.92^{cd}	29.27 ± 1.32^{bcd}	30.79 ± 1.75^c	20.01 ± 1.14^{ef}	46.25 ± 1.12^{cd}	28.05 ± 0.67^{bc}
0.5%L4M1	27.50 ± 0.29^b	15.01 ± 0.82^{ab}	46.04 ± 1.42^{bc}	26.91 ± 1.35^{ab}	27.45 ± 0.33^b	16.35 ± 0.59^b	45.08 ± 1.29^c	26.33 ± 1.73^{ab}
1.0%L4M1	30.72 ± 0.21^c	15.25 ± 0.76^{ab}	44.48 ± 1.01^{ab}	26.46 ± 0.92^a	29.81 ± 1.17^c	16.38 ± 0.44^b	44.26 ± 1.23^{bc}	26.06 ± 1.07^{ab}
2.0%L4M1	31.41 ± 3.37^c	15.99 ± 0.65^{bc}	44.32 ± 2.59^{ab}	25.31 ± 1.15^a	29.94 ± 0.09^c	16.74 ± 0.92^{bc}	44.16 ± 2.11^{bc}	24.98 ± 1.42^a
0.5%L0M1	31.37 ± 0.03^c	19.88 ± 1.60^{fg}	53.00 ± 1.43^f	33.18 ± 2.59^e	31.06 ± 0.41^d	20.19 ± 1.50^f	51.51 ± 1.14^f	32.31 ± 1.36^e
1.0%L0M1	34.87 ± 0.88^d	20.01 ± 0.39^g	51.01 ± 1.14^{ef}	32.38 ± 2.42^e	34.11 ± 0.14^d	20.23 ± 1.41^f	50.76 ± 1.01^f	31.78 ± 1.89^e
2.0%L0M1	35.99 ± 1.11^d	20.32 ± 1.61^g	49.19 ± 0.87^g	32.29 ± 2.05^e	34.57 ± 1.01^d	20.48 ± 0.67^f	49.22 ± 0.76^{ef}	30.47 ± 1.61^{de}
主效应分析								
混合比例	＊＊	＊＊	＊＊	＊＊	＊＊	＊＊	＊＊	＊＊
添加剂	＊	＊	＊	＊	＊＊	＊	NS	NS
交互作用	NS	NS	NS	NS	NS	NS	NS	NS

注：同列数据肩标不同小写字母表示差异显著（$P<0.05$），＊＊表示 $P<0.01$，＊表示 $P<0.05$。

表 2－3　　　　不同混合比例和添加剂水平对青贮化学成分的影响　　　续表

处理组	45d			
	DM/%	CP/%	NDF/%	ADF/%
0.5%L1M0	21.45±2.19ᵃ	12.24±0.24ᵃ	41.96±1.24ᵇᶜ	25.44±0.37ᵇ
1.0%L1M0	22.55±0.11ᵃ	13.71±0.64ᵃ	41.11±1.12ᵃᵇ	24.97±0.90ᵃᵇ
2.0%L1M0	23.03±0.33ᵃ	14.12±0.54ᵃ	38.93±2.17ᵇ	24.64±1.17ᵃᵇ
0.5%L1M4	27.78±0.32ᵇᶜ	16.97±0.41ᵉ	46.44±0.80ᵈ	28.14±0.80ᶜ
1.0%L1M4	27.90±0.40ᵇᶜ	17.96±0.47ᶠ	46.36±1.32ᵈ	27.90±1.85ᶜ
2.0%L1M4	28.87±0.20ᶜᵈ	18.01±1.17ᶠ	46.19±0.79ᵈ	27.67±0.47ᶜ
0.5%L4M1	25.67±0.46ᵇ	14.70±0.54ᶜ	43.42±1.62ᶜ	25.75±0.79ᵇ
1.0%L4M1	26.14±1.75ᵇ	15.09±0.56ᶜᵈ	43.28±1.35ᶜ	25.40±1.01ᵇ
2.0%L4M1	27.79±0.29ᵇᶜ	15.74±0.75ᵈ	43.01±0.48ᶜ	23.39±1.75ᵃ
0.5%L0M1	30.52±0.44ᵈᵉ	19.07±0.30ᵍ	52.50±1.02ᶠ	30.95±0.91ᵈ
1.0%L0M1	31.88±0.32ᵉ	19.85±0.72ᵍʰ	50.26±0.97ᵉ	29.89±2.12ᵈ
2.0%L0M1	32.81±2.03ᵉ	20.40±0.84ʰ	48.70±1.37ᵉ	30.40±0.91ᵈ
主效应分析				
混合比例	＊＊	＊＊	＊＊	＊＊
添加剂	＊	＊＊	NS	NS
交互作用	NS	NS	NS	NS

（三）不同处理混合青贮饲料的发酵指标

由表 2－4 可以看出，在主效应分析中，混合比例因素对青贮饲料不同处理组以及不同时间点 pH 值、LA、AA 和 PA 含量的影响达到极显著水平（$P<0.01$）；添加剂因素和两因素间的交互作用仅对少数时间点的发酵指标有显著影响（$P<0.05$）。总体来说，影响混合青贮饲料发酵品质的主要因素是混合比例的不同。进一步分析来看，在相同添加剂水平条件下，随着紫花苜蓿比例的升高，处理组 pH 值、AA 和 PA 含量极显著升高（$P<0.01$），而 LA 含量极显著下降（$P<0.01$），其中多花黑麦草和紫花苜蓿混合比例为 80∶20 时，LA 含量较其他混合比例处理组高，而 PA 含量则相反。在混合比例相同的条件下，添加剂水平为 0.5% 和 1.0% 的处理组 pH 值、AA 和 PA 含量较 2.0% 添加剂水平的处理组显著降低（$P<0.05$）；相反，0.5% 和 1.0% 处理组的 LA 含量与 2.0% 处理组相比略有上升。随着发酵时间的延长，青贮饲料 pH 值呈现先下降后升高的动态变化，在发酵 30 d 获得最低值，而 LA 含量变化趋势与 pH 值相反。

表2-4　不同混合比例和添加剂水平对青贮发酵指标的影响

处理组	15d pH	15d LA/%	15d AA/%	15d PA/%	30d pH	30d LA/%	30d AA/%	30d PA/%
0.5%L1M0	4.59 ± 0.04^{ab}	2.75 ± 0.28^{bc}	0.92 ± 0.21^{a}	0.09 ± 0.00^{a}	4.24 ± 0.01^{a}	3.95 ± 0.94^{cde}	0.91 ± 0.05^{ab}	0.08 ± 0.02^{ab}
1.0%L1M0	4.57 ± 0.01^{a}	3.42 ± 0.29^{cd}	0.74 ± 0.10^{a}	0.08 ± 0.01^{a}	4.22 ± 0.17^{a}	4.08 ± 0.23^{def}	0.78 ± 0.15^{ab}	0.07 ± 0.01^{a}
2.0%L1M0	4.66 ± 0.05^{abc}	2.49 ± 0.38^{ab}	0.94 ± 0.04^{a}	0.12 ± 0.05^{ab}	4.26 ± 0.03^{a}	3.74 ± 1.08^{bcd}	1.07 ± 0.26^{abc}	0.11 ± 0.04^{abc}
0.5%L1M4	4.80 ± 0.02^{de}	2.34 ± 0.63^{ab}	0.96 ± 0.23^{a}	0.13 ± 0.03^{ab}	4.44 ± 0.02^{bcd}	2.89 ± 0.61^{abc}	0.88 ± 0.06^{ab}	0.17 ± 0.02^{cd}
1.0%L1M4	4.67 ± 0.11^{abc}	2.45 ± 0.46^{ab}	0.87 ± 0.25^{a}	0.10 ± 0.01^{a}	4.43 ± 0.01^{bcd}	3.10 ± 0.69^{abcd}	0.68 ± 0.16^{a}	0.16 ± 0.03^{bcd}
2.0%L1M4	4.87 ± 0.01^{ef}	1.98 ± 0.62^{ab}	1.09 ± 0.27^{ab}	0.19 ± 0.06^{b}	4.47 ± 0.06^{cd}	2.43 ± 0.18^{a}	1.05 ± 0.18^{abc}	0.21 ± 0.07^{d}
0.5%L4M1	4.69 ± 0.01^{bc}	4.14 ± 0.37^{de}	1.24 ± 0.58^{abc}	0.08 ± 0.02^{a}	4.34 ± 0.01^{abc}	4.88 ± 0.24^{f}	1.18 ± 0.03^{bc}	0.09 ± 0.01^{abc}
1.0%L4M1	4.71 ± 0.01^{c}	4.44 ± 0.31^{e}	1.15 ± 0.21^{abc}	0.08 ± 0.01^{a}	4.33 ± 0.02^{abc}	4.99 ± 0.67^{f}	0.81 ± 0.07^{ab}	0.08 ± 0.01^{a}
2.0%L4M1	4.73 ± 0.01^{cd}	3.27 ± 0.79^{c}	1.61 ± 0.36^{cde}	0.10 ± 0.02^{a}	4.32 ± 0.01^{ab}	4.54 ± 0.21^{ef}	1.48 ± 0.05^{cd}	0.15 ± 0.04^{abc}
0.5%L0M1	4.94 ± 0.04^{fg}	1.96 ± 0.31^{ab}	1.68 ± 0.34^{de}	0.30 ± 0.07^{c}	4.51 ± 0.02^{d}	2.68 ± 0.15^{ab}	1.44 ± 0.03^{cd}	0.34 ± 0.04^{e}
1.0%L0M1	4.92 ± 0.01^{fg}	2.16 ± 0.13^{ab}	1.56 ± 0.38^{bcd}	0.28 ± 0.05^{c}	4.44 ± 0.01^{bcd}	2.93 ± 0.09^{abc}	1.14 ± 0.08^{abc}	0.29 ± 0.06^{e}
2.0%L0M1	5.01 ± 0.03^{g}	1.74 ± 0.38^{ab}	1.81 ± 0.31^{e}	0.32 ± 0.13^{c}	4.56 ± 0.01^{d}	2.10 ± 0.65^{d}	1.61 ± 0.06^{d}	0.43 ± 0.05^{f}
主效应分析								
混合比例	**	**	**	**	**	**	**	**
添加剂	*	**	NS	NS	NS	NS	**	NS
交互作用	NS	NS	NS	NS	NS	NS	NS	*

注：同列数据肩标不同小写字母表示差异显著（$P<0.05$），**表示$P<0.01$，*表示$P<0.05$。

表 2-4　　　不同混合比例和添加剂水平对青贮发酵指标的影响　　续表

处理组	45d			
	LA/%	AA/%	PA/%	
0.5%L1M0	4.61±0.03^b	3.27±0.50^{cd}	1.65±0.04^{cd}	0.08±0.02^a
1.0%L1M0	4.55±0.01^a	3.56±0.35^{cd}	1.09±0.17^{ab}	0.07±0.01^a
2.0%L1M0	4.65±0.01^b	3.04±0.29^{bcd}	2.12±0.16^{ef}	0.11±0.01^{ab}
0.5%L1M4	4.76±0.03^{cd}	2.96±0.81^{bc}	0.97±0.03^a	0.16±0.01^b
1.0%L1M4	4.75±0.01^{cd}	3.10±0.47^{bcd}	1.01±0.21^a	0.14±0.03^{ab}
2.0%L1M4	4.81±0.01^d	2.65±0.34^{bc}	1.07±0.16^{ab}	0.17±0.02^b
0.5%L4M1	4.62±0.04^b	3.95±0.66^d	1.14±0.36^{ab}	0.08±0.02^a
1.0%L4M1	4.60±0.01^b	4.85±0.63^e	1.10±0.10^{ab}	0.08±0.01^a
2.0%L4M1	4.63±0.03^b	3.90±0.74^d	1.42±0.19^{bc}	0.17±0.01^b
0.5%L0M1	4.73±0.04^c	2.23±0.40^{ab}	1.91±0.39^{de}	0.35±0.07^c
1.0%L0M1	4.72±0.02^c	2.89±0.40^{bc}	1.53±0.36^c	0.34±0.08^c
2.0%L0M1	4.74±0.01^c	1.69±0.59^a	2.33±0.11^f	0.42±0.02^d
主效应分析				
混合比例	＊＊	＊＊	＊＊	＊＊
添加剂	NS	＊	＊＊	NS
交互作用	＊	NS	＊＊	NS

（四）不同处理混合青贮饲料的 NH_3-N/TN 和 RFV 值

从表 2-5 主效应分析中可以看出，混合比例和添加剂两因素交互作用对 NH_3-N/TN 和 RFV 值无显著影响（$P>0.05$），而混合比例因素对不同处理组和时间点的 NH_3-N/TN 和 RFV 值的影响达差异极显著水平（$P<0.01$），添加剂因素仅对少数指标有显著影响（$P<0.05$）。在相同添加剂比例条件下，随着紫花苜蓿含量的增加，NH_3-N/TN 线性升高，而 RFV 值逐渐下降；在相同混合比例下，NH_3-N/TN 随着添加剂水平的增加而下降，以 1.0% 和 2.0% 添加组最低，RFV 值在添加剂水平为 0.5% 和 1.0% 的处理组较 2.0% 处理组稍高。此外，所有处理组的青贮饲料随着发酵时间的延长，NH_3-N/TN 和 RFV 值逐渐上升，均在发酵 45 d 时达到最大值。

表 2—5　不同混合比例和添加剂水平对青贮 NH_3-N/TN 和 RFV 值的影响

处理组	15d		30d		45d	
	$NH_3-N/TN\%$	RFV	$NH_3-N/TN\%$	RFV	$NH_3-N/TN\%$	RFV
0.5%L1M0	3.50±0.28ab	146.76±9.67de	4.70±0.59ab	151.01±2.94fg	5.02±0.16a	154.67±6.35e
1.0%L1M0	3.48±0.25ab	151.80±9.24e	4.64±1.06ab	152.44±8.56fg	4.94±0.48a	157.22±3.88ef
2.0%L1M0	3.13±0.26a	142.65±5.69de	4.61±0.76ab	153.64±10.23g	4.90±0.26a	161.68±8.39f
0.5%L1M4	4.59±0.41c	129.17±3.34c	5.99±0.31c	139.97±6.15cd	6.51±1.51bc	134.54±1.72c
1.0%L1M4	4.28±0.55bc	125.08±4.16c	5.18±1.11bc	129.99±1.91bc	5.95±1.56ab	135.64±2.53c
2.0%L1M4	3.99±0.44bc	123.12±3.85bc	4.82±0.26ab	130.62±3.82bc	5.70±0.42ab	134.48±3.77c
0.5%L4M1	4.04±0.75bc	144.77±4.82de	4.76±0.24ab	145.99±2.14efg	5.97±0.54ab	152.86±2.55de
1.0%L4M1	3.93±0.65abc	142.95±8.50de	4.70±0.23ab	141.60±2.36de	5.68±0.34ab	148.10±5.19d
2.0%L4M1	3.76±0.64ab	138.07±3.79d	4.02±0.34a	144.36±8.36ef	5.31±0.66ab	148.18±4.73d
0.5%L0M1	6.62±0.62e	120.47±4.96abc	7.59±0.46d	123.16±1.01ab	8.73±0.31d	125.34±0.97b
1.0%L0M1	6.23±0.53e	114.99±2.91ab	7.18±0.50d	117.61±4.68a	8.30±0.47d	119.94±1.87ab
2.0%L0M1	5.43±0.31d	111.91±2.49a	7.16±0.54d	115.15±3.65a	7.56±1.49cd	115.58±2.11a
主效应分析						
混合比例	＊＊	＊＊	＊＊	＊＊	＊＊	＊＊
添加剂	＊＊	＊	＊	NS	NS	NS
交互作用	NS	NS	NS	NS	NS	NS

注：同列数据肩标不同小写字母表示差异显著（$P＜0.05$），＊＊表示 $P＜0.01$，＊表示 $P＜0.05$。

三、讨论

（一）多花黑麦草和紫花苜蓿营养特性对青贮饲料品质的影响

本试验中，除了单独青贮紫花苜蓿的处理组感官评分较低外，其余混合比例的处理组感官评定均为优良等级，特别是多花黑麦草和紫花苜蓿混合比例为 80∶20 的处理组能获得较优的感官评定。这与刘秦华等人（2013）研究结果类似。然而，张丁华等人（2019）的研究表明，多花黑麦草和紫花苜蓿以 55∶45 的比例混合青贮效果最好，崔鑫等人（2015）的研究结果表明，60％多花黑麦草与 40％紫花苜蓿混合青贮可取得较好的发酵品质。多花黑麦草和紫花苜蓿是典型的禾本科和豆科牧草，二者表现出截然不同的营养特性，多花黑麦草具有低蛋白、高 WSC、高水分的特点，紫花苜蓿具有高蛋白、低 WSC、低水分的特点。总体分析来看，二者混合要以多花黑麦草的占比稍高为主，这样不仅能提高混合青贮饲料 WSC 含量，促进乳酸生成，使 pH 值快速下降以达到青贮饲料发酵的理想状态，而且 CP 含量是多花黑麦草 2～3 倍的紫花苜蓿可为混合青贮饲料提供更多的瘤胃蛋白。（崔鑫等，2015）可见，二者混合青贮有利于饲草营养结构的优化。

（二）混合比例和中草药添加剂对混合青贮饲料化学成分的影响

适宜的水分是保证乳酸菌正常活动的重要条件，CP 含量是衡量饲草营养价值高低的重要指标。本试验中，青贮饲料的 DM、CP 含量随着紫花苜蓿含量的增加而升高。这与牧草原料的营养特性有关，多花黑麦草和紫花苜蓿的混合比例为 80∶20 时可获得较高的营养价值。在相同混合比例条件下，随着中草药添加剂水平的升高，混合青贮饲料中 DM 和 CP 含量有上升的趋势，分析原因可能是中草药添加剂具有营养性和药物性双重功效（程方方，2012），其通常含有蛋白质、脂肪、糖类、矿物质等营养成分，虽然添加到青贮饲料中水平较低，但可起到一定的营养作用以提升青贮饲料中 DM 和 CP 含量。同时，中草药含有的挥发油具有较强抑制梭菌、腐败菌和霉菌等有害微生物繁殖的作用，少量添加能有效降低微生物对营养物质的消耗。有研究发现，单独使用丁香或肉桂精油能有效抑制霉菌的生成，二者联合使用能够对枯草杆菌、黑曲霉起到协同增效作用（顾仁勇等，2008）。

NDF 和 ADF 是用来反映纤维质量的有效指标。有研究表明，NDF 含量与家畜采食量呈负相关，而 ADF 含量与饲草消化率呈负相关。（黄晓辉等，2013）在混合比例相同的条件下，本试验处理组 NDF 和 ADF 含量随中草药添加剂水平的升高有下降趋势，尤其是发酵 15 d 的 2.0% L0M1 处理组，NDF 和 ADF 含量较 0.5% 添加剂组分别下降 7.19% 和 2.68%。这可能是因为中草药添加剂能更好促进细胞壁的酶解和酸解，从而降解原料中的木质素、纤维素和半纤维素（Whiter 等，2001），其中机理需要进一步研究阐明。此外，各处理组的化学成分随青贮时间呈现出下降趋势，该结果与闻爱友等人（2011）、许兰娇等人（2019）的研究结论基本一致。

（三）混合比例和中草药添加剂对混合青贮饲料发酵品质的影响

根据本试验结果可知，多花黑麦草和紫花苜蓿混合比例为 80：20 时，不同时间点的 LA 含量和 LA/AA 值分别高于 3% 和 2：1，PA 含量则低于 0.4%，满足优质青贮饲料的评定要求。（张养东等，2016）随着中草药添加剂水平的升高，处理组 pH 值、AA 和 PA 含量明显下降，LA 含量逐渐升高，添加剂水平在 1.0% 时能获得较低的 pH 值和较高的 LA 含量，从而提高青贮饲料的发酵品质。王雁（2012）研究中草药添加剂对紫花苜蓿青贮品质的影响，发现复合中草药添加剂可以促进苜蓿青贮中乳酸菌的生长，显著提高 LA 含量和 LA/AA 比值，降低 pH 值和 AA 含量。这与本研究结果一致。众多研究发现，大部分温补类中草药中的活性物质有促进乳酸菌生长的作用，而大多数清热解毒类中草药有抑制乳酸菌生长的作用。（王成涛等，2004；杨君等，2008；李平兰等，2003）本试验中采用的丁香和肉桂属于温补类，有效成分以多糖、有机酸为主，可以为乳酸菌的生长提供营养物质，在短时间内使乳酸菌占据发酵的主导地位，从而降低 pH 值；蒲公英和陈皮属于清热解毒类，主要活性成分是黄酮类化合物和植物甾醇类化合物，能够清除自由基、抗氧化，可以起到抗菌抑菌等生物作用。（白瑞，2016；吕俊华等，2002）因此，本研究中 4 味中草药的相互作用不仅促进了乳酸发酵，还抑制了有害微生物的活动。然而，添加 2.0% 中草药的处理组 pH 值比其他添加剂水平处理组 pH 值高，LA 含量则较低，原因可能是添加剂水平过高抑制了乳酸菌发酵，并且中草药的活性成分极其复杂，复合种类和添加剂水平的不同都将影响整个青贮发酵过程，其作用机制还需进一步探讨。

NH_3-N/TN 是反映青贮饲料中蛋白质降解程度的指标，其值越大说明蛋白质降解得越多，间接影响动物采食量的下降。（高月娥等，2016）本试验中，随着紫花苜蓿混合比例的增加，NH_3-N/TN 的数值明显升高，发酵 30 d L0M1 处理组的 NH_3-N/TN 值比 L4M1 处理组高 52.76%～78.11%，说明紫花苜蓿单独青贮时乳酸菌不能正常大量繁殖，导致 pH 值不能降到 4.2 左右，促使腐败菌、酪酸菌等生成，青贮饲料发酵品质降低。这与葛剑等人（2015）的研究结果类似，因而通常使用添加剂来克服紫花苜蓿在青贮过程中 WSC 较低、缓冲能高的问题。（钟书等，2017）RFV 值是运用 ADF 和 NDF 来衡量牧草采食量和能量价值的一个指数（魏海燕等，2019），RFV 值的高低与牧草营养价值呈正比。本研究中，中草药 0.5% 和 1.0% 添加组 RFV 值较 2.0% 添加组高，并且随着发酵时间的延长，各处理组 RFV 值逐渐升高，均达 100% 以上，说明添加中草药青贮饲料的相对饲用价值有所提高。

四、结论

本试验条件下，除单独青贮紫花苜蓿外，多花黑麦草和紫花苜蓿的混合均能获得品质较优的青贮饲料，且添加中草药能不同程度地改善混合青贮的品质。从综合感官评定、化学成分和发酵品质来看，多花黑麦草与紫花苜蓿混合比例为 80：20，中草药添加剂水平在 0.5%～1.0% 时，青贮饲料的营养成分较高，发酵品质优良，青贮效果最佳。

第三节　添加无籽刺梨渣对多花木蓝青贮蛋白质降解的影响

多花木蓝（*Indigofera amblyantha* Craib）为豆科木蓝属饲用灌木（韦兴迪等，2021），广泛分布于热带和亚热带地区。多花木蓝丰产性能好，营养价值高，粗蛋白质含量在19%左右，具有分枝能力强、适应性强、利用年限长等优点（罗天琼等，2016），且嫩枝期适口性好（施爱玲，2018），是一种优质的豆科灌木饲用植物。但是，与多数豆科牧草一样，在青贮过程中，其蛋白水解酶和微生物的作用使60%左右的蛋白物质转化为不同形式的非蛋白氮（NPN）（丁天宇，2017），而NPN不能被家畜有效利用，且蛋白质降解产生胺类会使反刍动物的干物质采食量减少（郭旭生等，2005）。可见，青贮过程中蛋白质的大幅度分解是影响青贮饲料营养价值和利用价值的一个重要因素。（刘晓燕等，2021）

无籽刺梨（*Rosa sterilis* S. D. Shi）是蔷薇科蔷薇属植物，在我国主要分布于贵州、四川、云南等地。近年来，无籽刺梨在贵州省的种植比例增加，其在深加工过程中会产生40%～50%的果渣（夏洁等，2020）。据统计，贵州省每年可产生1.5万吨各类刺梨果渣（周禹佳和樊卫国，2021），大部分被直接丢弃，没有得到高效利用（潘雄等，2021）。研究表明，刺梨渣中含有丰富的酚类化合物、黄酮类化合物、有机酸和超氧化物歧化酶等多种活性成分。（张丹等，2016；谢国芳等，2017；曾荣妹等，2018）其中，有机酸主要为苹果酸、乳酸、柠檬酸和草酸等（付阳洋等，2020），而酚类化合物中单宁的含量约占0.6%～2.2%，单宁和有机酸能够抑制青贮过程中的蛋白质降解和杂菌增殖（韩雪林等，2021；柯文灿，2015；李旭娇，2018）。刺梨渣水分含量高，并含大量的单宁和粗纤维，直接用作饲粮有一定制约，将刺梨渣开发为青贮饲料的添加剂或辅料较为理想。本研究以刺梨渣为添加剂发酵多花木蓝，利用其单宁、有机酸等化学成分抑制蛋白质降解，为提高饲草青贮效果和蛋白质保存率提供支撑，对促进豆科灌木资源利用和缓解我国草地畜牧业优质蛋白质饲料不足有重要意义。

一、材料与方法

（一）试验材料

供试多花木蓝于务川县桃符杂交构树产业孵化园内种植，植株高度约 40 cm 时刈割，留茬高度 5 cm，用小型粉碎机粉碎后备用。刺梨渣原料采集于贵州省六枝特区的金刺梨加工企业生产果汁后的渣滓，自然干燥后保存备用。两种原料的营养成分见表 2—6。

表 2—6　　多花木蓝和无籽刺梨渣原料的营养成分（干物质基础）　　%

项目	干物质	粗蛋白质	中性洗涤纤维	酸性洗涤纤维	可溶性碳水化合物
多花木蓝	32.04	16.12	68.98	47.92	2.22
无籽刺梨渣	25.78	4..44	66.93	44.72	3.37

（二）试验设计

试验设置 1 个对照组和 3 个处理组，对照组为 100%多花木蓝（CK），处理组按添加刺梨渣的比例不同分为 CLA 组（5%刺梨渣＋95%多花木蓝）、CLB 组（10%刺梨渣＋90%多花木蓝）和 CLC 组（20%刺梨渣＋80%多花木蓝），每组 12 个重复，刺梨渣与多花木蓝混合均匀后取样 100 g 于容量为 100 mL 的 PVC 管中充分压实后密封发酵，于发酵 5 d、15 d、30 d、40 d 时分别取样，每次取样 3 个重复，立即置于－80℃冰箱内保存备用。

（三）测定指标和方法

1. 营养品质

于发酵 40 d 时称取 100 mL 青贮样品，参照《饲料分析及饲料质量检测技术》，采用烘干恒重法测定干物质（DM）含量；采用 Van Soest 法测定中性洗涤纤维（ADF）和酸性洗涤纤维（NDF）含量；可溶性碳水化合物（WSC）含量采用蒽酮-硫酸比色法测定。

（向阳等，2021）

2. 发酵品质

于发酵 40 d 时取样，称取青贮样品 20 g，加入 180 mL 蒸馏水，涡旋振荡混匀并用纱布过滤获取浸提液，使用 pH 测定仪测定 pH 值。乳酸和挥发性脂肪酸（VFA）含量使用高效液相色谱法测定。（曹庆云等，2006；白杰等，2016）

3. 氮组分

分别于发酵 5 d、15 d、30 d、40 d 时取样，每次取样 3 个重复，测定其氮组分指标。氨态氮（NH_3-N）含量采用苯酚-次氯酸钠法测定；总氮（TN）含量用全自动定氮仪进行测定；非蛋白质氮（NPN）含量采用凯氏定氮法测定氮含量，游离氨基酸（FAA-N）含量采用茚三酮-硫酸肼比色法测定。肽氮（Peptide-N）含量根据公式 Peptide-N＝NPN-（FAA-N＋NH_3-N）进行计算。

4. 酶活性

分别于发酵 5 d、15 d、30 d、40 d 时取样，每次取样 3 个重复，采用分光光度法测定羧基肽酶、氨基肽酶以及酸性蛋白降解酶的活性。

（四）数据分析

采用 SPSS 22.0 的单因素方差（One-Way ANOVA）过程进行方差分析，采用 Duncan 法进行多重比较，结果采用"平均值±标准差"表示，以 $P < 0.05$ 作为差异显著性判断标准。

二、结果分析

（一）刺梨渣对多花木蓝青贮营养成分含量的影响

与 CK 相比，CLA 组、CLB 组和 CLC 组均显著提高了 DM 和 WSC 含量（$P < 0.05$），其中 DM 含量最高的为 CLC 组，即 20％刺梨渣添加组，WSC 含量最高的为 CLB 组，各处理组间 DM 及 WSC 的含量差异不显著（$P > 0.05$）；CLA 组、CLB 组和 CLC 组与对照组相比 CP 含量有所下降，CLC 组的 CP 含量显著低于其他组（$P < 0.05$）；CK 组的 NDF 含量显著高于 CLC 组（$P < 0.05$）；CK 组和

CLB组的 ADF 含量显著高于 CLA 组（$P<0.05$）；其他各组间差异不显著（$P>0.05$），详见表 2—7。

表 2—7　刺梨渣对多花木蓝发酵 40 d 时营养成分含量的影响（干物质基础）

处理组	DM/%	CP/%	NDF/%	ADF/%	WSC/%
CK	35.83±0.69[B]	14.74±1.35[A]	62.90±1.67[A]	42.63±1.70[A]	2.06±0.26[B]
CLA	41.23±0.22[A]	13.09±0.88[A]	55.72±8.37[AB]	34.67±3.52[B]	3.61±0.78[A]
CLB	41.36±1.55[A]	13.13±0.95[A]	58.02±4.47[AB]	43.30±6.01[A]	4.66±0.43[A]
CLC	44.15±1.29[A]	11.32±0.69[B]	53.14±1.63[B]	38.87±0.76[AB]	4.45±1.11[A]

注：同列数据肩标大写字母不同表示差异显著（$P<0.05$），含相同大写字母或无肩标表示差异不显著（$P>0.05$）。ND 表示未检出。

（二）刺梨渣对多花木蓝青贮发酵品质的影响

与 CK 组相比，随着刺梨渣的添加比例提高，发酵 40 d 时的 pH 值呈先升高后降低的趋势，CLA 组的 pH 值最高，CLC 组的 pH 值最低，且 CLA 组的 pH 值显著高于其他各组（$P<0.05$），CK 组和 CLB 组显著高于 CLC 组（$P<0.05$）；CLC 组的乳酸含量最高，且分别比 CK 组和 CLA 组高 17.83% 和 25.66%（$P<0.05$）；仅 CK 组和 CLA 组检测到丙酸，丁酸则在 CLA 组、CLB 组和 CLC 组三组中均未检出；其他各组间差异均不显著（$P>0.05$）；与 CK 组相比，发酵 40 d 时 CLA 组和 CLC 组 NH_3-N/TN 值显著降低（$P<0.05$），且 CLC 组 NH_3-N/TN 值最低，详见表 2—8。

表 2—8　刺梨渣对多花木蓝青贮 40 d 时 pH 值及发酵品质的影响（干物质基础）

处理组	pH	乳酸/(g/kg)	乙酸/(g/kg)	丙酸/(g/kg)	丁酸/(g/kg)	氨态氮/总氮
CK	4.23±0.03[B]	34.16±1.46[B]	24.87±1.40	0.95±0.04[A]	0.13±0.02	0.068±0.013[A]

处理组	pH	乳酸/(g/kg)	乙酸/(g/kg)	丙酸/(g/kg)	丁酸/(g/kg)	氨态氮/总氮
CLA	4.57±0.07^A	32.03±1.91^B	24.91±1.07	0.24±0.24^B	ND	0.052±0.296^B
CLB	4.26±0.26^B	37.84±1.71^{AB}	23.56±1.55	ND	ND	0.066±0.012^A
CLC	3.88±0.04^C	40.25±1.53^A	21.71±1.62	ND	ND	0.024±0.016^B

（三）刺梨渣对多花木蓝青贮氮组分变化的影响

刺梨渣添加量及发酵时间对多花木兰青贮过程中氮组分的变化有显著影响（$P<0.05$）。横向比较，各处理组 NPN 含量均以发酵40 d 时最高，CK 组和 CLC 组 40 d 时的 NPN 含量显著高于 5 d、15 d 和 30 d 时（$P<0.05$）；CK 组发酵 30 d 时的 NH$_3$-N 含量显著高于 5 d、15 d 和 40 d 时（$P<0.05$），CLB 组 40 d 时的 NH$_3$-N 含量显著高于 5 d 和 15 d 时（$P<0.05$）；CK 组和 CLA 组发酵 30 d 时的 FAA-N 含量显著高于 CLC 组（$P<0.05$）；CK 组和 CLC 组发酵40 d 时的 Peptide-N 含量显著高于其他发酵阶段（$P<0.05$），CLA组 40 d 时的 Peptide-N 含量显著高于 15 d 和 30 d 时（$P<0.05$），CLB 组 40 d 时的 Peptide-N 含量显著高于 30 d 时（$P<0.05$）。

纵向比较，NPN 含量仅在发酵 5 d、40 d 时存在统计学差异，发酵 5 d 时，CLA 组的 NPN 含量显著高于 CK 组和 CLC 组（$P<0.05$），CLB 组显著高于 CK 组（$P<0.05$），发酵 40 d 时，CK 组显著高于 CLB 组和 CLC 组（$P<0.05$）；CK 组的 NH$_3$-N 含量在发酵15 d、30 d 和 40 d 时均显著高于处理组（$P<0.05$）；CK 组的 FAA-N 含量在发酵 5 d、15 d 时显著高于 CLB 和 CLC 组（$P<0.05$）；发酵 5 d 时，CLA 组的 Peptide-N 含量显著高于 CK 组和 CLC 组（$P<0.05$），发酵进行到 30 d 时，CLA 和 CLC 组的 Peptide-N 含量均显

著高于 CK 组（$P < 0.05$），而 CK 组的 Peptide-N 含量则在发酵 40 d 时显著高于 CLB 组（$P < 0.05$），详见表 2—9。

表 2—9　　　　刺梨渣对多花木蓝青贮氮组分的影响

处理组	青贮时间			
	5d	15d	30d	40d
NPN/ (g/kg)				
CK	30.93±1.71^{Cb}	66.94±35.39^b	45.64±9.93^b	221.90±45.41^{Aa}
CLA	119.10±32.94^{Aab}	77.21±16.43^b	86.23±32.17^b	169.87±47.99^{ABa}
CLB	80.20±24.68^{ABab}	75.29±13.37^{ab}	62.43±18.51^b	101.63±18.07^{Ba}
CLC	62.68±7.27^{BCb}	60.05±14.91^b	87.48±22.80^b	139.33±18.72^{Ba}
NH₃-N/ (g/kg)				
CK	8.17±2.45^c	12.22±2.42^{Ab}	19.48±0.33^{Aa}	14.91±2.40^{Ab}
CLA	7.09±2.15	5.13±2.70^B	8.25±3.72^B	8.06±2.26^B
CLB	3.19±1.29^b	3.39±0.06^{Bb}	4.89±2.24^{Bab}	6.53±0.26^{BCa}
CLC	5.40±16.70	3.20±1.60^B	6.65±7.45^B	3.29±2.09^C
FAA-N/ (g/kg)				
CK	7.50±0.43^{Ab}	8.01±1.13^{Aab}	9.22±0.45^{Aa}	7.52±0.65^b
CLA	6.47±1.13^{AB}	6.78±0.64^{AB}	7.19±0.64^B	6.17±0.37
CLB	5.28±0.11^{BCb}	5.91±0.62^{BCab}	6.88±0.77^{Ba}	5.74±1.15^{ab}
CLC	4.63±0.70^C	4.66±0.66^c	5.42±0.96^C	6.25±1.31

续表

处理组	青贮时间			
	5d	15d	30d	40d
Peptide-N/ (g/kg)				
CK	15.26±3.61^{Cb}	46.72±34.23^{b}	16.94±9.85^{Bb}	199.48±44.76^{Aa}
CLA	105.54±35.28^{Aab}	65.29±19.31^{b}	70.78±29.76^{Ab}	155.64±49.47^{ABa}
CLB	71.72±24.51^{ABab}	65.99±12.91^{ab}	50.66±18.17^{ABb}	89.36±17.27^{Ba}
CLC	42.65±14.91^{BCb}	52.19±13.93^{b}	75.42±25.04^{Ab}	129.78±19.51^{ABa}

注：同行数据小写字母完全不同表示差异显著（$P<0.05$），含相同小写字母或无肩标表示差异不显著（$P>0.05$）。

（四）刺梨渣对多花木蓝青贮酶活性变化的影响

横向比较，CK 组在发酵 15 d 和 30 d 时的羧基肽酶活性显著高于 5 d 时（$P<0.05$），CLA 组发酵 40 d 时的羧基肽酶活性显著高于 15 d 时（$P<0.05$）；CLA 组发酵 5 d 时的氨基肽酶活性显著高于 30 d 时（$P<0.05$），CLB 组发酵 15 d 时的氨基肽酶活性显著高于 5 d 时和 40 d 时（$P<0.05$）。

纵向对比，发酵 5 d 时，CLA 组、CLB 组和 CLC 组的羧基肽酶活性显著高于 CK 组（$P<0.05$），发酵 15 d 时，CK 组和 CLC 组的羧基肽酶活性显著高于 CLA 组（$P<0.05$）；发酵 30 d 时，CLC 组的酸性蛋白酶活性显著高于 CLB 组（$P<0.05$）；发酵 5 d 时，CLA 和 CLC 组的氨基肽酶活性显著高于 CK 组和 CLB 组（$P<0.05$），发酵 15 d 时，CLB 组和 CLC 组的氨基肽酶活性显著高于 CK 组和 CLA 组（$P<0.05$），详见表 2-10。

表 2－10　刺梨渣对多花木蓝青贮酶活性变化的影响（单位：U/g 鲜重）

处理组	青贮时间			
	5d	15d	30d	40d
酸性蛋白酶				
CK	0.94±0.12	0.86±0.22	0.95±0.09[AB]	0.87±0.16
CLA	0.95±0.08	0.90±0.08	0.86±0.12[AB]	0.87±0.06
CLB	0.95±0.16	0.88±0.09	0.84±0.04[B]	0.81±0.04
CLC	1.00±0.04	1.01±0.16	1.02±0.07[A]	0.88±0.11
羧基肽酶				
CK	1.05±0.48[Bb]	1.72±0.23[Aa]	1.87±0.13[a]	1.44±0.23[ab]
CLA	1.56±0.15[Aab]	1.12±0.44[Bb]	1.30±0.14[ab]	1.59±0.09[a]
CLB	1.94±0.15[A]	1.38±0.39[AB]	1.72±0.18	1.74±0.34
CLC	1.73±0.26[A]	1.75±0.18[A]	1.52±0.63	1.66±0.12
氨基肽酶				
CK	4.13±0.47[B]	4.09±0.19[B]	4.26±0.10	4.22±0.32
CLA	4.87±0.27[Aa]	4.08±0.45[Bab]	3.99±0.45[b]	4.19±0.57[ab]
CLB	4.03±0.08[Bb]	4.74±0.32[Aa]	4.40±0.13[ab]	4.10±0.46[b]
CLC	4.98±0.20[A]	4.70±0.25[A]	4.32±0.32	3.97±1.19

注：同列数据肩标大写字母完全不同表示差异显著（$P<0.05$），含相同大写字母或无肩标表示差异不显著（$P>0.05$）；同行数据小写字母完全不同表示差异显著（$P<0.05$），含相同小写字母或无肩标表示差异不显著（$P>0.05$）。

三、讨论

（一）刺梨渣对多花木蓝青贮营养成分的影响

青贮营养水平是衡量青贮饲料品质的重要指标。DM 是青贮发酵启动的关键，WSC 是青贮的发酵底物。在青贮过程中，植物细胞

的呼吸作用与微生物发酵造成青贮原料中 DM 的损失。(Santos 等,
2015)本研究中,添加刺梨渣提高了多花木蓝青贮中的 DM 和 WSC
含量,DM 含量以 20% 刺梨渣添加组最高,CLB 组的 WSC 含量最
高,说明添加刺梨渣为多花木蓝青贮提供了额外的发酵底物。这与
艾琪等人(2020)和郭睿等人(2021)通过添加残次苹果发酵物增
加稻草青贮的 DM 和 WSC 含量的结果一致。本研究中,添加 20%
刺梨渣时粗蛋白质含量显著降低,这与刺梨渣的粗蛋白质含量低于
多花木蓝有关。原料中纤维含量越高,青贮发酵越难,青贮饲料适
口性越差(向阳等,2021)。本研究中,刺梨渣有降低多花木蓝青贮
饲料 NDF 和 ADF 含量的趋势,说明添加刺梨渣有助于对多花木蓝
的进一步利用。

(二)刺梨渣添加量对多花木蓝青贮发酵品质的影响

pH 值是决定青贮发酵品质的重要因素之一。pH 值在发酵初期
快速下降能有效抑制有害微生物的增殖,并通过抑制蛋白水解酶活
性来减少蛋白质损失。本研究中,多花木蓝青贮发酵 40 d 时的 pH
值随刺梨渣添加比例增加总体呈下降趋势,且以添加 20% 刺梨渣时
最低,这与刺梨果实中含有苹果酸、乳酸、柠檬酸等多种有机酸有
关。(付阳洋等,2020)同时,添加刺梨渣为青贮发酵提供了更多的
发酵底物,能促进乳酸快速产生,从而使 pH 值降低,低 pH 值环境
抑制腐败菌、梭菌等杂菌的增殖,且能抑制植物蛋白酶的活性,有
利于减少蛋白质降解。(Kung 等,2018)本研究结果显示,随着多
花木蓝青贮中刺梨渣添加比例的提高,发酵 40 d 时的乳酸含量逐渐
增加,乙酸含量有下降趋势,除 CLA 组在发酵 40 d 时检测到少量
丙酸外,CLB 组和 CLC 组均未检测到丙酸和丁酸,表明添加刺梨渣
能够改善多花木蓝青贮发酵品质。这可能是刺梨渣中的单宁和有机
酸共同作用的结果。

NH_3-N/TN 反映青贮过程的蛋白质降解程度,比值越低表示青
贮品质越好。(韩雪林等,2021)本研究中,添加刺梨渣使多花木蓝
发酵 40d 时 NH_3-N/TN 的比值逐渐降低,且以添加 20% 刺梨渣发
酵 40 d 时的比值最低,进一步说明刺梨渣能够抑制多花木蓝青贮过

程中蛋白质的降解。

（三）刺梨渣对多花木蓝青贮氮组分变化的影响

青贮过程中牧草蛋白质的降解几乎是必然的，降解导致 NPN 含量升高，NPN 不仅造成真蛋白损失，而且组成 NPN 的 NH_3-N、FAA-N 和 Peptide-N 影响家畜对饲料中蛋白质的利用。本研究中，随着发酵时间延长，对照组的 NPN 含量由发酵 5 d 时的 30.93 g/kg 增加到发酵 40 d 时的 221.9 g/kg，增加了 6.17 倍，表明在多花木蓝青贮过程中，大量蛋白质降解为 NPN。这与对苜蓿、构树等豆科牧草青贮的研究结果相似。（吴长荣等，2021；谢小来等，2021；王坚等，2020）发酵 40 d 时，相比于对照组，10％和 20％刺梨渣添加组的 NPN 含量均显著降低，说明添加一定比例的刺梨渣能有效减少多花木蓝青贮过程中的蛋白质降解。董文成等人（2020）的研究表明，在苜蓿青贮中分别添加 3 个品种的葡萄渣显著降低了发酵 60 d 时的 NPN 和 NH_3-N 含量。这与本研究结果一致，可能是因为刺梨渣中的单宁在酸性条件下能与蛋白质结合形成蛋白质-酚化合物，阻止蛋白质被降解。（任建存，2021）

青贮中大量 NH_3-N 的生成会影响青贮品质。本研究中，添加刺梨渣有效抑制了 NH_3-N 的生成，且其生成量在发酵末期与刺梨渣添加比例呈负相关。这可能是由于单宁能够抑制游离的氨基酸脱氨基，减少 NH_3-N 的生成。（谢小来等，2021）青贮中的 NH_3-N 主要来源于微生物和植物蛋白酶的降解作用（He 等，2020），也有研究称青贮中的 NH_3-N 主要是微生物作用的结果，而非植物蛋白酶活动（徐智明等，2015）。FAA-N 是青贮发酵早期植物蛋白酶水解蛋白质的产物，在青贮发酵后期，微生物蛋白酶逐渐代替植物蛋白酶的作用，从而产生更多 FAA-N。（吉国强等，2020）本研究中，在青贮前 30 d，各组 FAA-N 含量随发酵进程逐渐增加，与对照组相比，添加刺梨渣有效减少了 FAA-N 的产生。这可能是因为刺梨渣组的 pH 值较对照组的 pH 值低，抑制了植物蛋白酶活性。这与 Li 等人（2016）得出的低 pH 值环境使蛋白质水解产生的 FAA-N 减少的结果一致。

与 FAA-N 相同，Peptide-N 也是在发酵前期在植物蛋白酶的作用下由蛋白质水解而来，但随后因微生物增殖对肽的需要而下降，发酵后期又因微生物蛋白酶的降解作用而升高。本试验中，青贮过程中以 Peptide-N 形式存在的氮含量最多，说明在多花木蓝青贮发酵过程中蛋白质降解主要受植物蛋白酶影响，且与 CK 组相比，CLA 组、CLB 组和 CLC 组在发酵前 30 d 时 Peptide-N 含量较高，5 d 和 30 d 时差异显著，发酵 40 d 时 Peptide-N 含量低于 CK 组。这可能是由于植物蛋白酶活性低，即使在良好的青贮条件下也不能引起更大程度的蛋白质水解。

（四）刺梨渣对多花木蓝青贮酶活性变化的影响

植物蛋白酶对细胞内的蛋白质循环和降解有作用。牧草青贮时，蛋白质水解酶由于机械损伤或厌氧环境造成细胞破裂而被释放，将真蛋白降解为短链肽和游离氨基酸。（王坚等，2020）青贮过程中的蛋白质降解是植物蛋白酶和微生物酶共同作用引起的（郝薇，2015），植物蛋白酶的活性受温度、pH 值和添加剂等多种因素影响，而单宁对植物酶和微生物酶都有广泛的抑制作用（石长波等，2022）。有研究表明，酸性蛋白水解酶和羧基肽酶在整个青贮过程中均对植物蛋白的降解起到了重要作用，而氨基肽酶只在构树青贮的前 7 d 对植物蛋白的降解起作用。（吴长荣等，2021）本研究中，酸性蛋白酶和羧基肽酶的活性仅在较小范围内波动，未发现添加刺梨渣对多花木蓝青贮植物蛋白酶活性的作用规律。这与董文成等人（2020）的研究结果不同，可能是试验材料、青贮温度或刺梨渣中的单宁结构差异导致的。同时，刺梨渣可能并非主要通过抑制植物蛋白酶活性来减少青贮蛋白质的降解，但本研究未跟踪测定青贮早期的植物蛋白酶活性动态变化，因而相关推测有待进一步研究。

四、结论

添加刺梨渣有助于提高多花木蓝青贮营养成分含量和发酵品质，并能有效减少多花木蓝青贮过程中的蛋白质降解，但未对植物蛋白酶活性造成显著影响。通过综合分析可知，在多花木蓝青贮过程中添加 20％刺梨渣的效果最佳。

第四节　添加不同物料对象草营养价值和品质的影响

白酒糟是白酒酿造后的副产物。酿酒业是贵州的主要产业之一，据报道，2020 年贵州白酒产量位居全国第六，年产量为 26.62 万千升。因此，白酒糟是贵州常见的、富余的非常规饲料原料。白酒糟富含粗蛋白（CP）和可溶性碳水化合物（WSC），与饲草混合青贮可明显提高干物质含量以及 CP、WSC 含量，显著降低 pH 值（Xian 等，2016），但白酒糟中的稻壳纤维木质素含量较高，难以被动物消化吸收，导致其利用率下降。

乳酸菌改善青贮效果主要表现为能有效扩大青贮原料中的乳酸菌群体，促进乳酸的大量形成，从而加快发酵速度。（张志飞等，2021）毛翠等人（2020）指出，在全株玉米中添加乳酸菌有利于发酵前期 pH 值的快速下降，乳酸含量随添加量的增加而线性增加，进而减少干物质损失。荣辉等人（2013）认为，当饲草 WSC 含量不足时，单独添加乳酸菌并不能显著提高乳酸含量和乳酸/乙酸值，对改善青贮品质作用不大。玉米粉的高 WSC 含量不仅可为乳酸菌发酵提供充足底物，还可调节高水分饲草的含水量，进而提高青贮发酵品质。（续元申和晁洪雨，2016）

象草（*Pennisetum purpureum Schumach*）是狼尾草属多年生草本植物，具有高产、适应性强、利用期长等特点，是我国南方养牛业青饲料的重要来源。（陈宝书，2001）刈割的象草可青饲，也可调制成干草或青贮。在多雨湿冷的南方，调制干草的难度较大，且不易存储。同时，冬季过低的气温使象草生长缓慢，甚至停止生长，导致新鲜象草供应不足。在高产的夏秋季采用青贮的方法将象草贮存起来，不仅解决了季节性草料匮乏的问题，还能在一定程度上提高饲草的营养品质。(何晓涛等，2021)李孟伟等人（2019）认为，象草单独青贮品质不高，与尿素、玉米粉、豆粕和麦麸等物料混合青贮能明显提升象草的青贮品质。目前，关于添加白酒糟、玉米粉和乳酸菌对象草混合青贮的营养价值和发酵品质的影响的研究较少。基于此，本试验研究不同原料组合在不同发酵时间点对象草青贮营养价值和发酵品质的影响的变化规律，通过隶属函数评价法选出最适宜的搭配组合，以期为象草在青贮饲料生产中的应用提供理论依据。

一、材料与方法

（一）试验材料

试验所用象草种植于贵州省黔南州罗甸县，生长株高达1.2 m，分蘖期刈割。酒糟和玉米粉均购于罗甸县农贸市场，酒糟为玉米型白酒糟，玉米粉为当地玉米粒粉碎制成。青贮原料营养成分见表2－11。乳酸菌制剂来自台湾亚芯生物科技有限公司，活菌数≥$1×10^{11}$ cfu/g。青贮真空袋为19丝PE材质，规格约为30 cm×70 cm。

表 2－11　　　　　青贮前原料营养成分

项目	象草	白酒糟	玉米粉
干物质 DM/% FW	15.50	36.74	88.72
粗蛋白 CP/% DM	16.7	35.05	9.98
中性洗涤纤维 NDF/% DM	43.39	22.83	20.95
酸性洗涤纤维 ADF/% DM	36.93	17.55	6.04
可溶性碳水化合物 WSC/（mg/g DM）	23.60	57.56	45.04
粗脂肪 EE/% DM	1.74	5.97	3.58

注：FW 为鲜重，DM 为干物质。

（二）试验设计

试验采用完全随机设计，设 1 个对照组和 5 个处理组，对照组为象草单独青贮（CK），处理组以象草鲜重为基础，分别添加白酒糟、玉米粉和乳酸菌，具体试验设计见表 2－12。每个处理组设 4 个发酵时间点，各时间点 3 个重复。

表 2－12　　　　　　　　　　试验设计

组别	乳酸菌添加量 （mL/kg FW）	白酒糟添加量/ % FW	玉米粉添加量/ % FW
CK	0.00	0.00	0.00
NL	4.00	0.00	0.00
ND	0.00	20.00	0.00
NDL	4.00	20.00	0.00
NDC	0.00	20.00	5.00
NDCL	4.00	20.00	5.00

（三）试验方法

1. 青贮原料制备

将刈割后的象草用揉丝机铡至 2～3 cm，然后将其和白酒糟晾晒至用手抓取用力捏指缝间有水分但不下滴的程度，此时青贮原料含水量在 70% 左右。按照试验设计，以"先粗后细"的原则混匀各类青贮原料，而后将配制好的乳酸菌剂用压力喷壶均匀喷洒在原料上，并彻底混匀。随后将各处理样品分别称取 1.5 kg 分装于真空袋内密封，置于室温下保存。

2. 样品采集

分别在发酵 5 d、13 d、30 d 和 45 d 时打开真空袋，利用"四分法"对样品进行分离，各真空袋分别采集青贮样品 220 g，20 g 用于提取滤液测定发酵品质，另 200 g 先 105℃ 杀青 15 min 再 65℃ 烘至恒重，以 40 目粉碎后装入自封袋用于测定常规营养指标。

（四）测定指标与方法

1. 感官评定

依据德国农业协会（DLG）评分标准（张子仪，2000），从嗅味（0～14分）、结构（0～4分）、色泽（0～2分）3个方面对青贮饲料进行感官评定，最后综合3项分数进行等级评定：20～16分为Ⅰ级，优良；15～10分为Ⅱ级，尚好；9～5分为Ⅲ级，中等；4～0分为Ⅳ级，腐败。

2. 营养成分的测定

参照《饲料分析及饲料质量检测技术》（张丽英，2007），干物质（DM）采用烘箱干燥法，粗蛋白质（CP）采用凯氏定氮法，粗脂肪（EE）采用索氏浸提法，中性洗涤纤维（NDF）和酸性洗涤纤维（ADF）采用范式洗涤法测定。相对饲喂价值（RFV）计算公式：$RFV = 120/NDF \times (88.9 - 0.779 \times ADF)/1.29$（Rohweder 等，1978）。

3. 发酵指标的测定

称取20 g青贮样品加入180 mL蒸馏水，捣碎机搅碎后用4层纱布和定性滤纸过滤，所得滤液一部分采用德图 Testo 206-pH1 型测量仪测定 pH 值，另一部分采用高效液相色谱法测定乳酸（LA）、乙酸（AA）、丙酸（PA）和丁酸（BA）含量。可溶性碳水化合物（WSC）采用蒽酮-硫酸比色法（Owens 等，1999）测定。费氏评分（FS）计算公式：$FS = 220 + (2 \times \%DM - 15) - (40 \times pH)$。

4. 有氧稳定性的测定

在发酵45 d时开袋，将拓尔为 Inversible T-105 型电子温度计的探针放置于青贮袋中心，每4 h记录一次各样品的中心温度。青贮饲料接触空气后中心温度高出外界温度2℃时记录的时间，即为有氧稳定性时间。（张凡凡等，2021）

（五）数据分析

使用 Excel 2007 对数据进行整理，而后采用 SPSS 18.0 进行方差分析，多重比较用 Duncan 法，试验结果以"平均数±标准差"表示，以 $P < 0.05$ 作为差异显著性判断标准。

采用隶属函数评价法计算不同处理组青贮饲料的隶属函数值，根据数值大小进行发酵品质综合排序，具体公式为：

$$U_{in} = (X_{in} - X_{i\min}) / (X_{imax} - X_{i\min})；U'_{in} = 1 - U_{in}$$

式中，U_{in} 为第 n 个样品第 i 个正相关指标的隶属函数值；X_{in} 为第 n 个样品第 i 个指标的原始数据；$X_{i\min}$、X_{imax} 分别为样品组中第 i 个指标的最小值和最大值；U'_{in} 为第 n 个样品第 i 个负相关指标的隶属函数值。

二、结果分析

（一）发酵时间和不同处理对青贮饲料感官评价的影响

由表 2—13 可知，添加乳酸菌、白酒糟和玉米粉均提高了象草青贮饲料的感官品质，与 CK 组相比，其余处理组均有明显的芳香果味和良好的茎叶结构。CK 组在发酵 45 d 时虽有微弱的丁酸味，但茎叶结构保持良好，故等级为尚好。混合青贮组随着发酵时间的延长，感官分值均维持在 19～20 分，等级为优良。

表 2—13　发酵时间和不同处理对青贮饲料感官评价的影响

组别	5 d		13 d		30 d		45 d		平均值
	分值	等级	分值	等级	分值	等级	分值	等级	
CK	16	I	17	I	16	I	15	II	16
NL	17	I	17	I	17	I	17	I	17
ND	19	I	19	I	20	I	20	I	19.5
NDL	20	I	20	I	20	I	20	I	20
NDC	19	I	19	I	20	I	20	I	19.5
NDCL	20	I	20	I	20	I	20	I	20

（二）发酵时间和不同处理对青贮饲料营养成分含量的影响

如表 2—14 所示，与 CK 组相比，添加乳酸菌、白酒糟和玉米粉均显著提高了处理组的 DM、EE 含量以及 RFV 数值（$P < 0.05$）。各处理组 DM 含量随发酵时间的推移有缓慢下降的趋势，其中 CK

组不同时间点之间的差异达显著水平（$P<0.05$）。各处理组 RFV
值随发酵天数的延长呈现上升趋势，其中 NDC 组不同时间点之间的
差异达显著水平（$P<0.05$）。各组 EE 含量随发酵时间的延长逐渐
升高，均在发酵 30 d 时达到最大值，但各发酵时间点之间差异不显
著（$P>0.05$）。

　　与 CK 组和 NL 组相比，添加白酒糟和乳酸菌能显著提高混合
青贮饲料的 CP 含量（$P<0.05$），其中 NDL 组数值最大。除 CK 组
的 CP 含量在发酵 5 d 时为最大值以外，其余处理组的 CP 含量均在
13 d 时获得最大值，而后缓慢下降。添加乳酸菌、白酒糟和玉米粉
显著降低了处理组的 NDF 和 ADF 含量（$P<0.05$），并且随着发酵
时间的延长，各组 NDF 和 ADF 含量存在上下波动趋势，其中 NDF
含量最小值多出现在发酵 45 d 时。发酵时间对各组的 ADF 和 EE 含
量无显著影响（$P>0.05$），但 EE 含量随发酵时间的延长总体呈现
上升趋势。

表 2-14　　发酵时间和不同处理对青贮饲料营养
成分含量的影响（干物质基础）　　　　　%

项目	组别	5 d	13 d	30 d	45 d	平均值
DM	CK	32.58 ± 0.71^{cA}	31.74 ± 0.71^{cAB}	30.71 ± 1.21^{bB}	30.51 ± 0.80^{aB}	31.38 ± 1.15^{e}
	NL	32.64 ± 0.57^{c}	32.70 ± 0.48^{c}	31.65 ± 0.81^{b}	31.42 ± 0.98^{b}	32.10 ± 0.87^{d}
	ND	34.21 ± 0.73^{b}	34.19 ± 0.99^{b}	34.09 ± 0.87^{a}	33.78 ± 0.58^{a}	34.07 ± 0.71^{c}
	NDL	35.32 ± 0.57^{ab}	35.42 ± 0.57^{ab}	35.05 ± 1.16^{a}	34.77 ± 0.91^{a}	35.14 ± 0.76^{ab}
	NDC	34.92 ± 0.89^{ab}	34.75 ± 0.35^{ab}	34.66 ± 0.54^{a}	34.28 ± 0.83^{a}	34.65 ± 0.64^{bc}
	NDCL	35.97 ± 1.25^{a}	35.60 ± 0.74^{a}	35.27 ± 1.09^{a}	35.16 ± 0.76^{a}	35.51 ± 0.91^{a}
CP	CK	17.55 ± 0.44^{cA}	17.27 ± 0.31^{dA}	16.89 ± 0.25^{cAB}	16.30 ± 0.24^{dB}	17.00 ± 0.56^{e}
	NL	16.43 ± 0.90^{cA}	17.42 ± 0.38^{dA}	17.31 ± 0.63^{cA}	15.24 ± 0.39^{dB}	16.60 ± 1.05^{e}
	ND	19.72 ± 0.30^{bA}	19.82 ± 0.90^{cA}	17.52 ± 0.50^{cB}	18.07 ± 0.46^{cB}	18.78 ± 1.16^{d}
	NDL	21.48 ± 0.64^{aAB}	22.63 ± 0.81^{aA}	20.52 ± 0.97^{aB}	20.88 ± 0.64^{aAB}	21.38 ± 1.07^{a}
	NDC	19.92 ± 0.83^{b}	20.10 ± 0.58^{bc}	18.89 ± 0.90^{b}	19.49 ± 0.97^{b}	19.60 ± 0.86^{c}
	NDCL	20.51 ± 0.94^{ab}	20.97 ± 0.36^{b}	20.52 ± 0.89^{a}	19.90 ± 0.67^{ab}	20.48 ± 0.75^{b}

续表

项目	组别	5 d	13 d	30 d	45 d	平均值
NDF	CK	64.96±2.31[a]	63.90±1.05[a]	64.45±0.99[a]	63.02±1.05[a]	64.08±1.46[a]
	NL	58.71±2.57[b]	58.01±2.69[bc]	58.22±3.15[bc]	56.91±2.24[bc]	57.96±2.39[c]
	ND	62.33±0.69[a]	60.66±1.02[b]	60.16±1.73[ab]	60.51±3.08[ab]	60.92±1.82[b]
	NDL	56.48±0.45[b]	56.60±1.15[c]	56.96±1.60[bcd]	55.97±1.37[c]	56.50±1.10[cd]
	NDC	56.28±1.78[b]	54.97±1.72[cd]	54.54±0.87[cd]	54.02±1.60[cd]	54.95±1.57[d]
	NDCL	53.11±0.99[d]	53.10±2.16[d]	52.52±5.35[d]	51.85±2.82[d]	52.64±2.82[e]
ADF	CK	41.10±0.24[a]	40.92±1.17[a]	40.92±1.29[a]	41.14±1.38[a]	41.02±0.96[a]
	NL	39.47±1.84[a]	38.80±1.58[ab]	40.14±0.92[a]	39.40±1.06[b]	39.45±1.29[ab]
	ND	38.32±2.55[ab]	37.69±2.53[ab]	37.73±1.17[b]	37.53±0.65[c]	37.82±1.66[b]
	NDL	32.78±3.06[b]	32.37±3.24[b]	32.10±1.15[c]	32.43±1.20[d]	32.42±2.04[c]
	NDC	35.64±5.02[ab]	35.30±5.25[ab]	29.63±0.67[d]	29.21±0.24[e]	32.44±4.44[c]
	NDCL	28.72±0.69[c]	25.50±4.53[c]	29.18±0.52[d]	26.19±3.17[f]	27.40±2.90[d]
EE	CK	1.10±0.27[d]	1.42±0.23[d]	1.82±0.07[d]	1.76±0.11[d]	1.53±0.34[d]
	NL	1.69±0.15[c]	1.81±0.02[c]	1.87±0.18[d]	1.86±0.08[d]	1.81±0.13[d]
	ND	1.99±0.21[bc]	2.13±0.15[b]	2.57±0.04[c]	2.56±0.13[c]	2.31±0.30[c]
	NDL	2.04±0.10[b]	2.14±0.08[b]	2.94±0.12[b]	2.76±0.14[b]	2.47±0.42[bc]
	NDC	2.36±0.10[a]	2.38±0.13[ab]	3.01±0.15[a]	3.01±0.07[a]	2.69±0.31[ab]
	NDCL	2.40±0.07[a]	2.43±0.12[a]	3.40±0.14[a]	3.18±0.08[a]	2.86±0.47[a]
RFV	CK	81.52±2.76[d]	83.04±2.63[d]	82.33±2.38[c]	83.94±2.54[d]	82.71±2.39[c]
	NL	92.20±2.47[c]	94.17±3.16[bc]	92.23±4.11[c]	95.27±4.82[c]	93.47±3.48[c]
	ND	88.12±2.00[c]	91.29±2.26[c]	92.06±2.85[c]	91.83±4.21[c]	90.83±3.02[c]
	NDL	104.38±4.62[b]	104.69±4.53[b]	104.43±4.25[b]	105.83±4.16[b]	104.83±3.80[b]
	NDC	101.01±4.36[bB]	104.07±9.14[bAB]	112.28±2.26[abA]	113.97±3.41[aA]	107.83±7.34[b]
	NDCL	119.98±3.70[a]	121.11±8.61[a]	118.01±11.96[a]	119.57±5.97[a]	119.67±7.06[a]

注：同列数据肩标不同小写字母表示差异显著（$P<0.05$），同行数据肩标不同大写字母表示差异显著（$P<0.05$）。

（三）发酵时间和不同处理对青贮饲料发酵指标的影响

如表 2-15 可知，添加乳酸菌、白酒糟和玉米粉的处理组在不同时间点的 pH 值均显著低于 CK 组（$P<0.05$），pH 最低值多出现在 NDL 组和 NDCL 组。各组 pH 值随发酵时间的延长先下降，在 30 d 时达到最低，而后在发酵 45 d 时升高。各组不同时间点之间的

差异达显著水平（$P < 0.05$）。

与 CK 组相比，处理组的 FS、LA 和 AA 含量均显著升高（$P < 0.05$），添加乳酸菌能显著提高处理组的 FS、LA 和 AA 含量（$P < 0.05$）。随着发酵时间的延长，FS 缓慢下降，而 LA 和 AA 含量总体升高，各组 LA 含量在发酵 45 d 时达到最大值，而 FS 和 AA 含量在发酵 30 d 时达峰值。各组均未检测到 PA 和 BA 含量。

添加白酒糟和玉米粉的 NDC 组、NDCL 组的 WSC 含量显著高于其余处理组（$P < 0.05$），其中 NDCL 组的 WSC 含量最高，CK 组含量最低；除 ND 组以外，CK 组和 NDC 组添加乳酸菌后均显著提升了 WSC 含量（$P < 0.05$）；各组 WSC 含量随发酵时间的推移逐渐下降，NDL 组和 NDCL 组不同时间点之间的差异达显著水平（$P < 0.05$）。

表 2－15 发酵时间和不同处理对青贮饲料发酵指标的影响 　　%

项目	组别	5 d	13 d	30 d	45 d	平均值
pH	CK	4.53±0.02[aB]	4.47±0.04[aC]	4.42±0.01[aD]	4.75±0.02[aA]	4.54±0.13[a]
	NL	4.33±0.03[cB]	4.32±0.01[bB]	4.27±0.02[bC]	4.74±0.01[aA]	4.41±0.20[ab]
	ND	4.41±0.02[bA]	4.27±0.02[cC]	4.07±0.01[cD]	4.38±0.01[eB]	4.28±0.14[bc]
	NDL	4.12±0.02[dB]	4.06±0.02[eC]	3.97±0.05[dD]	4.54±0.02[dA]	4.17±0.23[c]
	NDC	4.34±0.03[cB]	4.28±0.01[cC]	3.96±0.04[dD]	4.57±0.01[cA]	4.29±0.23[bc]
	NDCL	4.12±0.02[dB]	4.11±0.01[dB]	3.96±0.01[dC]	4.62±0.01[bA]	4.21±0.26[c]
LA/ (mg/mL)	CK	0.85±0.10[bC]	1.20±0.05[dB]	1.14±0.08[eB]	1.46±0.10[fA]	1.16±0.24[c]
	NL	1.05±0.05[bC]	1.37±0.01[dB]	1.48±0.07[dB]	1.88±0.03[eA]	1.44±0.32[bc]
	ND	0.89±0.05[bC]	1.68±0.03[cB]	2.64±0.09[bA]	2.58±0.08[dA]	1.95±0.77[ab]
	NDL	1.78±0.11[aC]	1.91±0.14[bC]	2.91±0.03[aB]	3.61±0.04[aA]	2.55±0.80[a]
	NDC	1.02±0.04[bD]	1.22±0.06[dC]	2.10±0.09[cB]	3.16±0.02[cA]	1.87±0.91[abc]
	NDCL	1.59±0.09[aD]	2.37±0.09[aC]	2.74±0.08[abB]	3.39±0.02[bA]	2.52±0.70[a]
AA/ (mg/mL)	CK	0.16±0.01[dB]	0.17±0.01[dB]	0.34±0.05[cA]	0.26±0.04[cA]	0.23±0.08[b]
	NL	0.23±0.02[cB]	0.27±0.01[cAB]	0.34±0.06[cA]	0.28±0.03[cAB]	0.28±0.05[b]
	ND	0.23±0.01[cB]	0.31±0.01[cA]	0.37±0.02[cA]	0.26±0.06[cB]	0.29±0.06[b]
	NDL	0.33±0.01[bB]	0.45±0.07[abB]	0.76±0.06[aA]	0.62±0.07[aA]	0.54±0.18[a]
	NDC	0.39±0.01[aB]	0.41±0.01[bB]	0.56±0.04[bA]	0.46±0.01[bA]	0.46±0.07[a]
	NDCL	0.41±0.01[aB]	0.53±0.04[aB]	0.88±0.08[aA]	0.47±0.04[bB]	0.57±0.20[a]

续表

项目	组别	5 d	13 d	30 d	45 d	平均值
WSC/(mg/g)	CK	21.46±1.86^d	21.25±1.18^d	19.20±1.35^d	18.19±1.67^d	20.03±1.95^e
	NL	23.52±2.22^d	22.79±3.20^d	21.97±1.93^d	20.14±1.87^d	22.11±2.41^e
	ND	33.90±3.38^c	33.16±3.79^c	33.63±2.91^b	30.13±3.02^c	32.71±3.22^c
	NDL	32.43±3.00^{cA}	30.86±1.21^{cAB}	28.62±2.47^{cAB}	26.73±1.97^{cB}	29.66±2.97^d
	NDC	56.13±3.59^b	54.34±2.05^b	53.52±2.84^a	53.20±1.81^b	54.30±2.56^b
	NDCL	66.25±3.65^{aA}	65.60±4.53^{aA}	56.33±3.68^{aB}	57.35±3.27^{aB}	61.38±5.77^a
FS	CK	88.97±0.88^{dA}	89.54±3.00^{dA}	89.49±2.20^{dA}	76.29±1.82^{cB}	86.07±6.17^b
	NL	97.21±0.50^{cA}	97.74±0.71^{cA}	97.64±1.05^{cA}	77.84±1.96^{cB}	92.61±8.96^b
	ND	96.89±1.69^{cB}	102.58±1.51^{bA}	110.51±2.35^{bA}	97.50±1.48^{aB}	101.87±5.90^a
	NDL	110.71±0.88^{aB}	113.44±1.72^{aAB}	116.17±3.85^{aA}	93.07±2.39^{bC}	108.35±9.66^a
	NDC	101.10±1.70^{bB}	103.17±1.27^{bB}	115.79±1.63^{aA}	90.39±1.44^{bC}	102.74±9.33^a
	NDCL	112.15±2.92^{aB}	111.79±1.73^{aB}	117.00±2.40^{aA}	90.89±1.23^{bC}	107.83±10.90^a

注：同列数据肩标不同小写字母表示差异显著（$P<0.05$），同行数据肩标不同大写字母表示差异显著（$P<0.05$）。

（四）不同处理对青贮饲料有氧稳定性的影响

如图2-1所示，与CK组相比，添加乳酸菌、酒糟和玉米粉能显著延长青贮饲料暴露在有氧环境下温度升高的时间，其中ND组、NDL组、NDC组和NDCL组有氧暴露时间均大于200 h。

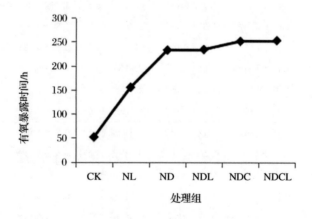

图2-1　不同处理对青贮饲料有氧稳定性的影响

（五）不同处理组对青贮饲料发酵品质的综合价值排序

对具有差异的 13 项指标进行模糊数学平均隶属函数分析，综合评价不同处理组青贮饲料的发酵品质并排序。以 DM、CP、EE、LA、AA、WSC、RFV、FS、有氧稳定性和感官评价为正相关指标，NDF、ADF 和 pH 值为负相关指标，计算各组 13 项指标的平均隶属函数值，平均值越大综合价值越高。如表 2－16 所示，各组综合价值排序由高到低依次为：NDCL 组（0.977）＞NDL 组（0.812）＞NDC 组（0.746）＞ND 组（0.512）＞NL 组（0.241）＞CK 组（0.006）。

表 2－16　　　　　隶属函数分析及综合价值排序

项目	CK	NL	ND	NDL	NDC	NDCL
DM	0.000	0.174	0.649	0.909	0.791	1.000
CP	0.084	0.000	0.457	1.000	0.628	0.812
NDF	0.000	0.535	0.277	0.663	0.798	1.000
ADF	0.000	0.115	0.235	0.631	0.629	1.000
EE	0.000	0.211	0.589	0.712	0.875	1.000
pH	0.000	0.353	0.708	1.000	0.688	0.915
LA	0.000	0.203	0.567	1.000	0.512	0.979
AA	0.000	0.139	0.172	0.904	0.658	1.000
WSC	0.000	0.050	0.307	0.233	0.829	1.000
RFV	0.000	0.291	0.220	0.599	0.680	1.000
FS	0.000	0.293	0.701	1.000	0.748	0.977
有氧稳定性	0.000	0.515	0.899	0.906	0.992	1.000
感官评价	0.000	0.250	0.875	1.000	0.875	1.000
平均值	0.006	0.241	0.512	0.812	0.746	0.977
排序	6	5	4	2	3	1

三、讨论

(一) 发酵时间和不同处理对青贮饲料感官评价的影响

象草含水率较高，单独青贮易导致原料压实结块，促使有害细菌，如酪酸菌、梭状芽孢杆菌大量繁殖，将葡萄糖和乳酸分解成具有臭味的丁酸，使得青贮饲料发臭变黏（王成章，2003），饲料养分也随挤压后流失的细胞汁液而损失。本研究通过添加白酒糟和玉米粉吸附了象草多余的水分，从而提高青贮饲料的感官评分，主要表现为芳香味浓郁，色泽与原料相似，并且随发酵时间的延长，混合青贮饲料的感官品质能维持良好的状态。本试验中，单独添加乳酸菌并不能有效改善青贮饲料的感官品质，原因在于象草含糖量较少，即便额外添加了乳酸菌，也没有足够数量的可溶性糖分供菌体利用产生乳酸。因此，原料中适当的含糖量是调制优质青贮饲料的关键。

(二) 发酵时间和不同处理对青贮饲料营养成分的影响

本试验中，与 CK 组相比，添加白酒糟、玉米粉和乳酸菌能不同程度地提高青贮饲料的 DM、CP 和 EE 含量，降低 NDF 和 ADF 含量，明显改善青贮饲料的营养价值。赵晶云等人（2020）在牧草大豆中添加了不同比例的玉米粉，均提高了青贮饲料的 DM 含量，使 NDF、ADF 含量显著下降，其中以添加 8% 玉米粉的效果为佳。Xian 等人（2016）的研究表明，在稻草中添加酒糟能明显提高青贮饲料的 DM 和 CP 含量，显著降低 NDF 含量。易政宏等人（2023）认为，添加玉米粉可以改善巨菌草青贮饲料的感官品质，并提高青贮饲料中厚壁菌门乳杆菌属和明串珠菌属的相对丰度。王鸿泽等人（2014）的研究表明，复合添加玉米粉和乳酸菌能提高青贮饲料的 CP、DM 含量，降低 NDF、ADF 以及酸性木质素含量。以上研究结果均与本试验一致，营养品质的改善得益于白酒糟和玉米粉较低的 NDF 和 ADF 含量，以及白酒糟丰富的营养成分。一般认为，NDF 和 ADF 是反映粗饲料品质优劣的有效指标，二者含量的高低与反刍动物消化降解粗纤维的能力呈负相关（魏晨等，2019），而 RFV 则是 NDF 和 ADF 的综合反映，其值越高表明饲用价值越大，当数值大于 100 时，说明粗饲料消化利用率整体较好（周娟娟等，2016；王郝为等，2018）。本研究中，单独青贮象草的 CK 组 RFV 值最低，数值范围为 81~84，添加物料的不同组合能不同程度地提升 RFV 值，其中 NDCL 组的 RFV 数值最高，说明白酒糟、玉米粉和乳酸菌的共同组合能显著提高象草青贮饲料的饲用价值。同时，乳酸菌的添加最大限度地促进了有机酸对细胞壁可消化组分的降解，特别是对半纤维素的降解。（Hristov 等，2020）

随着发酵时间的延长，各处理组 DM 含量缓慢下降，说明干物质在整个发酵过程中逐渐损失。这与魏晓斌等人（2019）的研究结果一致。除 CK 组外，各处理组的 CP 含量均在发酵 13 d 时达最大值，而后逐渐降低。卢强等人（2021）的试验结果也表明，苜蓿青贮饲料 CP 含量随发酵天数的增加总体呈现下降趋势，在发酵 15 d 时 CP 含量最高，该结果与本研究相一致。这可能是由于发酵前 15 d 正是乳酸菌快速繁殖阶段，微生物的合成作用使得 CP 含量在总量上有所增加，但随着青贮发酵的延续，乳酸菌不再占主导地位，肠球菌属和泛菌属等厌氧菌会消耗营养物质来促进自身繁殖，导致大量营养物质出现损耗。此外，各处理组 NDF 和 ADF 含量随着发酵时间的延长出现上下波动的现象，这与王志敬等人（2019）和胡炜东等人（2022）的研究结果一致，可能是整个青贮发酵过程中微生物发酵损失与纤维素、半纤维素共同作用的结果。

（三）发酵时间和不同处理对青贮饲料发酵指标的影响

白酒糟和玉米粉均是 WSC 含量较高的营养性添加剂，二者组合能有效提高原材料的可溶性糖分，进一步为乳酸菌发酵提供充足底物，促进乳酸的大量生成，使 pH 值快速下降到 4.2 以抑制有害菌的生长，可见乳酸的发酵程度决定着青贮饲料的发酵品质。本研究中，添加白酒糟、玉米粉和乳酸菌均显著提高了青贮饲料的 LA、AA、WSC 含量和 FS 值，使 pH 值大幅度下降。张晓庆等人（2015）在麻叶荨麻中添加 20% 玉米粉，将 DM 含量提高到 31%，其混贮饲料的 LA 含量几乎是单独青贮的 3 倍，pH 值快速下降，明显改善了青贮发酵过程。本试验中，单独添加乳酸菌时提高象草青贮饲料发酵品质的效果不佳，说明发酵底物的缺乏对青贮发酵品质的影响远大于乳酸菌的添加，与孙蓉等人（2023）的研究结果相一致。任海伟等人（2020）将白酒糟和菊芋渣以 1.2∶1 和 1∶1.5 的比例发酵，能获得较高的 WSC 含量，发酵过程中的 pH 值、LA 含量和 NH_3-N 含量均处于优良青贮品质范围，其中以 1.2∶1 比例混合发酵 30 d 的青贮饲料为佳。谢华德等人（2021）的研究也表明添加乳酸菌和啤酒糟的象草青贮饲料发酵良好，与本试验结果相似。

乳酸菌均能在适量水分、碳水化合物和缺氧条件下快速生长繁殖并生成乳酸，乳酸的大量积累使得青贮饲料酸度增大，表现为 pH 值下降。蒋红琴（2016）认为，在甜高粱秆酒糟与麸皮混合青贮过程中添加乳酸菌，可以有效降低青贮饲料的 pH 值，增加 LA、AA 含量，提高 FS 值，从而有效抑制有害微生物的繁殖，该研究结果与本研究一致。试验中，未添加乳酸菌的青贮饲料的 pH 值明显高于添加了乳酸菌的处理组，LA 和 AA 含量也比添加乳酸菌的混贮组低。FS 是评估青贮饲料发酵质量的标准之一。添加乳酸菌能明显提高混合青贮饲料的 FS 值，优质青贮饲料的分值需高于 80 分（姜富贵等，2019）。乳酸菌与白酒糟和玉米粉的组合添加能明显改善青贮饲料的发酵品质，其中 NDCL 组的效果最佳。

随着发酵时间的延长，各处理组 WSC 含量逐渐下降，原因是厌氧条件下 WSC 是乳酸菌的主要发酵底物，乳酸菌会优先将 WSC 作为自身的能量来源以产生大量乳酸。这与申瑞瑞等人（2019）的结论一致。本试验中，发酵前 30 d 除 CK 组以外，其他处理组 LA 和 AA 含量均较初期有显著升高，而后进入发酵稳定期，增势趋于平缓。通常情况下，青贮发酵初期主要以同型乳酸菌发酵为主，导致乳酸大量生成，发酵后期以异型乳酸菌为主导，不仅产生乳酸，还会生成乙酸、甘露醇和 CO_2 等（马晓宇等，2019），但异型发酵产酸能力远不如同型发酵，降低 pH 值的效果也不佳。因此，试验中各处理组 pH 值随发酵时间的延长呈现出"下降—升高"的动态变化，在发酵 30 d 时能获得最低值。

（四）发酵时间和不同处理对青贮饲料有氧稳定性的影响

有氧稳定性是指青贮饲料暴露在空气中保持新鲜和酸度的能力。青贮袋开封后，饲料与空气接触，原有的厌氧环境被打破，霉菌、酵母菌和其他好氧细菌在有氧环境下开始活跃，发生有氧腐败，饲料中心温度随即升高。（刘振阳等，2017）目前，商用乳酸菌制剂以兼性异型发酵乳酸菌为主，可以产生乳酸和挥发性脂肪酸，抑制好氧菌的生长。（张志飞等，2021）普遍认为，乙酸具有抗真菌和霉菌的特性，在改善青贮饲料有氧稳定性方面有很好的效果。李海萍等人（2022）通过研究发现，一种新型乳酸菌 *Lactobacillus parafarraginis* ZH1 高产乙酸、苯甲酸和十六烷酸，可显著抑制青贮饲料的好氧变质，明显提高燕麦青贮料的有氧稳定性。本试验中，添加乳酸菌、白酒糟和玉米粉的处理组乙酸含量较对照组明显提高，从而获得了较高的有氧稳定性。苗芳等人（2017）的研究表明，异型乳酸菌单独或复合接种全株玉米，改善青贮饲料有氧稳定性的效果比两种同型乳酸菌复合接种时好。

四、结论

在象草中添加乳酸菌、白酒糟和玉米粉能有效改善青贮饲料的营养价值，提高发酵品质和有氧稳定性，最优组合为象草＋20％酒糟＋5％玉米粉＋4 mL/kg 乳酸菌，其次是象草＋20％酒糟＋4 mL/kg 乳酸菌。

第三章 青贮添加剂研究现状

第一节 青贮添加剂

McDonald（1991）的研究表明，常规青贮时，青贮原料必须满足以下4个条件：一是含有适量以水溶性碳水化合物形式存在的发酵基质；二是干物质的含量在200 g/kg以上；三是具有较低的缓冲能；四是具有一种理想的物理结构，即这种结构能使青贮原料在青贮窖里更容易被压实。当青贮饲料不满足以上4个条件时，需要添加青贮添加剂，以确保青贮发酵的品质。

距今上百年前，青贮添加剂就被应用至青贮过程中，目的是提高青贮的发酵品质，主要原因是青贮发酵的整个过程十分复杂，并且在实际生产中很难达到获得优质青贮原料的理想条件，所以需要将添加剂添加到青贮原料中，使青贮原料在非理想条件下也能变为理想的青贮饲料。其主要在以下几个方面发挥作用：一是促进有益微生物的发酵，抑制发酵体系中有害微生物的生长繁殖，如好氧微生物和不良厌氧微生物，避免其过多消耗青贮中的营养成分；二是可以防止青贮在发酵过程中发生霉败变质，保留其营养价值。

一、添加剂的概念

为使青贮品质得以改善并在青贮发酵过程中起作用而加入的物质，被称作青贮添加剂。其具有抑菌防腐、改善风味和提高饲料营养价值等作用。

二、添加剂的种类

青贮添加剂的种类从最初的无机酸等单一种类发展至今已有上百种。根据添加剂对青贮发酵的影响，青贮添加剂可分为以下几类：青贮发酵促进剂、青贮发酵抑制剂、营养添加剂等（McDonald等，1991；Kung等，2003）。

（一）青贮发酵促进剂

青贮发酵促进剂是指通过增强青贮发酵过程中乳酸菌的活动，促使乳酸菌水解底物生成更多的乳酸，导致青贮的pH值迅速下降，从而形成一个酸性环境并有效抑制其他微生物的活动，使得青贮饲料可以长期保存。这类促进剂主要有乳酸菌制剂类、酶制剂类等。（范凯利等，2022）

1. 乳酸菌制剂

乳酸菌作为青贮发酵促进剂在青贮发酵中获得了大量的应用，并且在很多国家和地区得到推广和应用。在青贮中加入乳酸菌活菌，能够让青贮原料在短时间内进行剧烈的乳酸发酵，发酵产生的大量有机酸可以使青贮原料的pH值迅速下降，强烈的酸性环境可以抑制有害微生物的生长繁殖，避免有害微生物对营养物质的消耗、分解，降低有毒物质的产生，从而保证所调制青贮的品质。但是，不是所有的乳酸菌都适合作为促进青贮发酵的添加剂，要想发挥较好的促进作用，选用某种乳酸菌作为乳酸菌制剂时应满足以下条件：（夏友国，2011）

（1）生命力强，对霉菌、腐败微生物等有较强的抑制作用，能抗噬菌体以及饲料中的抗生物质。

（2）发酵力强，即能对植物原料中的水溶性碳水化合物进行较强的发酵的能力。

（3）耐酸性强，在青贮发酵过程中能使青贮的pH值迅速降至4.0以下，形成一个促进乳酸菌发酵、抑制有害微生物生长繁殖的环境。

（4）分解底物多样性，能分解发酵葡萄糖、果糖、蔗糖等糖类，甚至能发酵戊糖。

（5）不发生特定反应促使蔗糖生成果聚糖。这是因为青贮体系中的微生物不能较好地利用果聚糖，会直接影响青贮发酵的效果。同时，不会促使果糖生成甘露醇，因为甘露醇对反刍动物的营养价值很低。以上两种反应过程中均有 CO_2 形式的碳损失，会导致干物质损失，影响青贮饲料的营养价值。

（6）不会促进有机酸发酵，对蛋白质的分解能力较弱。

（7）生长温度范围较宽，能在 $0\sim50$ ℃下生长繁殖。

（8）既能在含水量低的青贮原料中生长，也能在凋萎的青贮原料上生长。

按发酵的类型可将乳酸菌制剂分为同型发酵乳酸菌制剂和异型发酵乳酸菌制剂。同型乳酸发酵是指葡萄糖经过糖酵解途径（EMP）只生成乳酸一种代谢产物的发酵类型。理论上，1 mol 葡萄糖生成 2 mol 乳酸，但是在发酵过程中，微生物活动中存在其他生理活动，因而认为乳酸的转化率达到 80% 以上即可算作同型乳酸发酵。（萨初拉等，2020）乳酸菌可以促进有机酸的快速积累，迅速降低青贮饲料的 pH 值，酸性环境有利于青贮饲料干物质和水溶性碳水化合物的保存。对于动物而言，用乳酸菌制剂处理后的青贮饲料能改变动物瘤胃发酵、日增重以及提高饲料利用效率等，它通过调节瘤胃微生物区系，利用多糖与粗纤维等营养物质的转化，以达到提高青贮饲料转化效率的目的。（杨会宁，2023）同型发酵乳酸菌主要包括植物乳杆菌、嗜酸乳杆菌和乳酸片球菌等。（Weinberg 等，1996）研究表明，青贮饲料发酵后同型乳酸菌处理组的中性洗涤纤维、酸性洗涤纤维含量都低于对照组，发酵后青贮饲料的干物质、粗蛋白和粗脂肪含量则比对照组高。这说明乳酸菌可以降解部分细胞壁的成分和纤维素，与同型发酵乳酸菌制剂的添加有关。（侯美玲等，2015）异型乳酸发酵是指葡萄糖经过戊糖磷酸途径（HMP）发酵，除生成乳酸外，还产生乙醇、乙酸和 CO_2 等多种产物的发酵类型。理论上，1 分子葡萄糖最终可转化为 1 分子乳酸和 1 分子乙醇，乳酸对糖的理论转化率为 50%。（萨初拉等，2020）异形发酵乳酸菌主要包括发酵乳杆菌、布氏乳杆菌、肠膜明串珠菌、希氏乳杆菌和短乳杆菌等，目前在青贮研究及应用中采用比较多的是布氏乳杆菌、短乳杆菌、希氏乳杆菌。（张志飞等，2021）研究发现，布氏乳杆菌能提高青贮饲料的有氧稳定性，抑制酵母菌等真菌和霉菌的生长繁殖。在厌氧情况下，布氏乳杆菌能将乳酸转化为乙酸，进而抑制引起腐败发生的酵母及真菌的生长繁殖。同时，异型发酵能产生1，2-丙二醇，这种物质可以被进一步转化为抗真菌作用更强的丙酸。（Krooneman 等，2002；Filya 等，2006；Wambacq 等，2013）

研究表明，在青贮原料中添加同型发酵乳酸菌比对照组更容易发生二次发酵，而异型发酵乳酸菌能有效防止二次发酵。（Weinberg 等，1993）因此，混合使用同型发酵乳酸菌和异型发酵乳酸菌对调制优良的青贮饲料更有效，使用植物乳杆菌和布氏乳杆菌可协同改善青贮饲料的品质效果，提高青贮饲料干物质回收率。通过乳酸菌的生长繁殖、快速代谢产酸，降低青贮 pH 值，抑制其他有害微生物的生长繁殖，使青贮尽快进入乳酸菌发酵期，在加快青贮发酵速度的同时，降低饲料干物质的损失。（吕文龙等，2011；洪梅等，2011）也有研究发现，在不同含水量的紫花苜蓿中加入乳酸菌制剂，青贮过程中紫花苜蓿 pH 值下降速度加快，粗蛋白损失量更少。加入乳酸菌制剂，青贮原料 pH 值的发酵速度明显加快并且能生成更多的发酵产物。（Han 等，2004）研究发现，同型发酵乳酸菌主要作用表现在发酵前期促进乳酸的生成，快速降低 pH 值，为优良青贮的调制提供适宜的环境，而异型发酵乳酸菌则能明显改善青贮体系的有氧稳定性，延长青贮保存时间。（王诚等，2022）因此，我们在工作中应使用复合乳酸菌制剂，这样既有助于提升青贮饲料的发酵效率，还有利于增强青贮饲料的有氧稳定性，延长青贮饲料的保存时间。

尽管少量研究认为乳酸菌制剂的添加会导致青贮腐败变质，但是大量研究表明，乳酸菌是附着在青贮原料表面生长繁殖且有利于青贮发酵的主要微生物种群，当其数量达到青贮原料鲜重的 10^5 cfu/g 以上时，青贮才能完好保存。（刘晗璐，2008）当青贮原料表面附着的乳酸菌数量较少时，只有添加乳酸菌制剂才能保证青贮发酵初期所需乳酸菌的数量，让青贮原料尽早尽快地进入乳酸发酵阶段。尽早尽快地进入乳酸发酵阶段，可以让青贮原料的 pH 值迅速下降，使蛋白水解反应受到抑制，降低青贮原料中氨态氮的浓度以及乙酸和丁酸的浓度。近年来，乳酸菌制剂制造商的开发水平不断提高，筛选出优良的乳酸菌菌株或菌种，并使用先进的保存技术将其活性长期保持在较高水平，乳酸菌制剂得以商品化，促使我国的青贮水平得到进一步的提升。目前，主要使用的菌种有植物乳杆菌、肠道球菌、戊糖片球菌，干酪乳杆菌等。（热孜姑丽·库尔班等，2023）

尽管乳酸菌制剂的添加提升了青贮原料中的乳酸菌数量，但是这仍不够，还要创造有利于其繁殖的培养条件。乳酸菌制剂的效果与可溶性碳水化合物含量、缓冲能、含水量等因素有关，对于鸭茅、猫尾草和意大利黑麦草等禾本科类牧草，乳酸菌制剂在各种水分条件下均能有效发挥作用，不过最适宜的水分范围为轻度萎蔫至中等含水量之间；而对于紫花苜蓿、红三叶、白三叶、紫云英等豆科牧草的适应范围则比较窄，不能在高水分原料中应用，采用含水量中等以下的萎蔫原料较适宜。（阮文潇，2018）因此，使用乳酸菌制剂时，要为乳酸菌选择合适的青贮原料，以确保其能有效发挥作用。

过去多将单一菌种制剂添加到青贮中，近年来，较多研究开发多种菌的混合制剂，其效果优于单一制剂，有的制剂除含有几种活性菌外，还添加酶、糖类、矿物质等促进发酵的物质。由于乳酸菌发酵需要可溶性糖类物质，故接种物不适宜用于刚刈割的含干物质及含糖量低的植物青贮，不过对于有些含糖量低的原料，可添加糖类或含糖量高的物质进行青贮，在此基础上添加乳酸菌制剂才能获得良好的效果。（罗润博，2021）王小娟等人（2020）用乳酸菌制剂和糖蜜对含水量为 50％ 和 70％ 的苜蓿进行青贮处理，并对青贮成分进行分析，结果表明乳酸菌制剂和糖蜜混用能显著改善高水分苜蓿的青贮发酵品质。

2. 酶制剂

酶制剂主要指的是纤维素酶、半纤维素酶和其他水解酶类，以纤维素酶为主。这类酶能够水解植物细胞壁的纤维素、半纤维素，分解产生可被动物或乳酸菌利用的小分子糖类物质，为乳酸菌发酵提供充足的底物，降低青贮原料中的粗纤维含量，同时细胞壁的水解有助于释放细胞内的各种营养物质，促进瘤胃微生物对饲料的利用，提高饲料的消化率。（刘培剑，2022；刘卓凡等，2023）

使用酶制剂作为青贮添加剂的优点主要有两个：一是降解植物细胞壁成分，增加水溶性碳水化合物的含量以供乳酸菌利用；二是能提升青贮饲料中有机物质的消化率。（Kung 等，1991；Nadeau 等，1996）。酶制剂提高青贮饲料的营养价值和品质的过程是十分复杂的，这个过程由纤维素分解酶、淀粉酶和葡萄糖酶等一系列的降解酶共同完成。这一系列的生化反应为微生物发酵提供了充足的发酵底物，尤其是产生了大量的水溶性碳水化合物，同时降低了青贮中的纤维含量，使得青贮饲料更易被动物消化。另外，由于纤维素酶中含有较多的氧化还原酶成分，在促进生化反应发生时需要消耗大量的氧气，如葡萄糖氧化酶可以消耗青贮原料中的氧气，营造一个厌氧环境，有利于乳酸菌等厌氧性微生物的增殖和繁殖，加快乳酸菌发酵的过程，迅速生成大量乳酸，使青贮原料的 pH 值快速降低，抑制有害细菌的生长繁殖，避免异常发酵，从而保证青贮质量。

酶制剂的研究开发取得了很大进展，酶活性高的纤维素分解酶制剂已经上市。作为青贮发酵促进剂的纤维素分解酶应具备以下条件（夏友国，2011）：

（1）能使青贮原料在发酵初期产生大量的可溶性糖；

（2）酶的最适 pH 值为 4.0～6.5，并在较大的温度范围内具有较高的活性；

（3）对低含水量的青贮原料也起作用，对任何物候期收割的原料均能发挥分解作用；

（4）能提高青贮饲料的价值和消化性；

（5）不具有分解蛋白质的酶活性；

（6）能长期保存，价格低廉，使用成本低，一般每吨青贮原料中酶制剂的添加量为 100～2000 g。

一般情况下，酶制剂的添加量大，对青贮原料发酵品质的改善效果也大，但如果添加量过大，青贮原料组织容易被破坏而带有黏性，反而会影响青贮饲料的品质。尽管大量的研究表明酶制剂能显著改善青贮的发酵品质，其改善效果主要体现为降低中性洗涤纤维、酸性洗涤纤维、纤维素等的含量，提升水溶性碳水化合物的含量，但是其对家畜生产性能的改善并不显著，有待进一步研究。（江明生等，2012；丁浩等，2021；寇江涛等，2020）

（二）青贮发酵抑制剂

青贮发酵抑制剂主要包括有机酸及其盐、无机酸、部分醛类等，具有强还原性，能对青贮发酵体系中的微生物活动产生抑制作用。（包万华等，2012）

1. 有机酸及其盐

有机酸及其盐发挥发酵抑制剂的作用，主要是通过抑制青贮体系内部分或全部微生物的生长，减少发酵过程中的营养物质损失，并使青贮原料的 pH 值迅速下降，以获得品质优良的青贮饲料。目前，从添加效果、对人畜有无副作用、对设备有无腐蚀作用等角度考虑，有机酸类添加剂是青贮实际生产过程中最常被应用为青贮发酵抑制剂的添加剂。常见的有机酸发酵抑制剂有甲酸、乙酸、丙酸、二甲酸钾、双乙酸钠、丙酸钙等。其中，甲酸的抑制发酵效果最好，所以是使用最为广泛的有机酸之一。

甲酸作为有机酸发酵抑制剂，是降低发酵体系 pH 值作用最强的抑制剂之一，能够抑制芽孢杆菌和部分革兰氏阴性菌的生长繁殖，还可有效抑制不良微生物的生长繁殖。（Henderson，1993）20 世纪 60 年代，部分欧洲国家使用甲酸作为青贮饲料添加剂并取得了良好的效果。当前，甲酸作为青贮添加剂在国内外都得到较广泛的应用。与一些无机酸相比，甲酸提升青贮品质的效果更好，因为甲酸作为添加剂不仅能够使发酵体系的 pH 值迅速下降，快速达到酸化的效果，而且青贮饲料在反刍动物瘤胃消化过程中分解产生的 CO_2 和 CH_4 对家畜无害。甲酸作为青贮发酵抑制剂可以保持青贮的颜色，并使青贮保有芳香味，使蛋白质分解损失率降低 $0.6\% \sim 1\%$，改善青贮饲料的适口性和味道。研究表明，添加甲酸能显著改善白三叶的发酵品质，降低 pH 值、乙酸和氨态氮含量（王永新等，2010）；

甲酸的添加能使高寒地区紫花苜蓿青贮的 pH 值和氨态氮含量得到一定程度的降低，并使乳酸含量升高，从而提高青贮饲料的发酵品质（杨秀梅等，2015）；在玉米秸秆和莴笋叶混合青贮中添加甲酸能使其干物质损失变小，同时降低青贮饲料中纤维素、半纤维素和酸性洗涤木质素的含量，提升青贮饲料品质（任海伟等，2016）；在麻叶荨麻青贮中添加甲酸不仅能显著降低青贮饲料的 pH 值，而且能增加青贮饲料的干物质和水溶性碳水化合物的含量（张晓庆等，2013）；在苜蓿青贮中使用高水平的甲酸能够使苜蓿青贮饲料得到有效保存（朱慧森等，2009）。大量的研究均表明，使用甲酸处理青贮原料能使其干物质、蛋白氮、乳酸含量升高，而使其乙酸、氨态氮的含量降低，随着甲酸浓度的升高，乙酸和乳酸含量降低，水溶性碳水化合物和蛋白氮含量增加。（崔鑫，2015）

甲酸在青贮过程中发挥的作用会因为青贮原料和青贮过程的不同而不同，甲酸的适宜浓度也会因为牧草的种类、含水量等因素的不同而不同。总之，甲酸能使青贮发酵初期的 pH 值迅速下降，抑制好氧性微生物的活动，使氨态氮/总氮和丁酸的含量降低，WSC 的损失减少，从而使青贮饲料的品质得到明显的提升。（Filya 等，2007；Yuan 等，2017）

乙酸又被称为醋酸，其同甲酸一样，能迅速降低青贮发酵初期的 pH 值，抑制好氧微生物的活性，有效抑制发酵初期好氧微生物对营养成分的分解利用，减少其对水溶性碳水化合物的消耗，从而避免青贮饲料中营养成分的过多流失，为乳酸菌的生长繁殖提供更多的营养物质，并在青贮发酵完成时在青贮中保留更多的水溶性碳水化合物。同时，乙酸具有较好的消毒防腐效果，能够有效抑制有害微生物的生长繁殖，如霉菌、梭菌等，还能提高青贮体系的有氧稳定性，防止二次发酵引起青贮饲料的变质。乙酸提升青贮饲料品质的机制是未解离的短链脂肪酸通过被动运输进入细胞内，在细胞内部通过一系列氧化还原反应释放 H⁺ 降低细胞内 pH 值，杀死细胞，从而抑制真菌等有害微生物的生长繁殖。乙酸作为青贮添加剂，不仅能降低青贮原料的 pH 值，抑制不良微生物的活性，而且能提高青贮饲料的有氧稳定性，延长青贮饲料保存时间，提高动物的乳脂率。研究表明，在玉米青贮中添加 0.2% 乙酸即可降低青贮原料的 pH 值，提高玉米青贮的营养物质含量、有氧稳定性和发酵品质。（许庆方等，2009）

丙酸又称初油酸，是短链饱和脂肪酸的一种，常作为食品防腐剂和防霉剂。丙酸是目前短链脂肪酸中抗真菌效果最强的一种。在青贮期间或饲喂期间，青贮饲料容易因接触氧气而腐败，在高温环境中其品质会进一步发生改变。研究表明，当青贮饲料中有氧气存在时，酵母菌、霉菌等会再次恢复生长活动，酵母菌、霉菌的分解代谢活动会使青贮饲料的温度、pH 值升高。青贮饲料的温度和 pH 值升高会进一步促进酵母菌、霉菌的生长代谢，从而导致青贮饲料的腐败变质并改变青贮的味道，使得青贮饲料的适口性降低，而丙酸在抑制青贮饲料的好氧性腐败方面有十分优异的效果。当前，将丙酸添加到青贮发酵中出现两种不同的研究结果：一种研究结果表明，丙酸对青贮发酵品质未产生影响；另一种结果表明，丙酸降低了青贮体系的 pH 值，促进了乳酸菌发酵。在青贮发酵早期，水溶性碳水化合物被大量分解，此时挥发性脂肪酸的含量很低，植物的呼吸作用和好氧微生物分解了大量的发酵底物。（张涛等，2007）实验证明，添加丙酸可以抑制酵母菌、霉菌的生长繁殖，减少其对水溶性碳水化合物的消耗分解，为乳酸菌的生长繁殖提供更多发酵底物，利于乳酸菌生长。（张新平等，2007）丙酸还能参与反刍动物体内脂质和糖代谢，彻底被氧化分解生成对动物无害的葡萄糖等物质，但当丙酸的添加量较大时对乳酸菌会表现出抑制作用，因而在不同的青贮饲料中需要探讨丙酸的最适添加量。

二甲酸钾又称为双甲酸钾，是由甲酸分子和甲酸钾分子形成的有机酸盐。二甲酸钾具有无味、易溶于水的特点，在中性或偏碱性的条件下可分解为甲酸钾和甲酸，在酸性条件下比较稳定，在动物体内最终能被降解为 CO_2 和 H_2O。二甲酸钾作为一种分子结构简单的有机酸盐，无腐蚀性，能够被生物完全降解，对禽畜无害并能有效抑制胃肠道致病菌的活性，因而可作为替代抗生素的化学物质，并因此受到广泛关注。二甲酸钾最初作为替代抗生素的非抗生素类饲料添加剂使用，后经研究发现，在苜蓿青贮原料中添加二甲酸钾，不仅可以有效地降低青贮原料的 pH 值、促进发酵，还能抑制蛋白质的水解作用，降低青贮内丁酸和氨态氮的浓度，同时能减少霉菌、梭菌等有害微生物的数量。在青贮原料中添加二甲酸钾还能增加可溶性碳水化合物的含量，降低干物质的损失率。

双乙酸钠是一种防腐防霉剂，常作为食品添加剂使用。双乙酸钠性质稳定，具有高效防腐、保鲜等作用，用它作为青贮发酵添加剂可以提高饲料营养价值与适口性。双乙酸钠能分解释放乙酸，乙酸分子能与类脂化合物相溶，可透过菌体细胞壁进入细胞内部，起到干扰细胞内酶的作用，使得蛋白质变性、细胞形态结构改变，导致细菌死亡并抑制细菌繁殖，达到抗菌的效果。同时，双乙酸钠能够提升动物机体物质代谢和乳脂率。由于青贮条件的不同，双乙酸钠发挥作用的效果也不同。在青贮条件较好时，添加双乙酸钠对青贮饲料的品质无明显的提升；而在青贮条件较差时，双乙酸钠的添加能明显提高青贮饲料的品质。尽管在青贮条件较好时，其效用不明显，但在两种情况下双乙酸钠都能够提高青贮饲料的有氧稳定性，延长青贮饲料的保存时间。研究表明，在青贮玉米中添加适量的双乙酸钠能很好地抑制酵母菌和霉菌的生长繁殖，提高有氧稳定性并减少干物质损失。（张新慧等，2008）双乙酸钠可以在动物消化道中解离出 H^+，调节肠胃的 pH 值，激活胃蛋白酶，抑制肠胃中有害微生物的增长，促进正常菌群的增殖，从而提高动物的免疫力和生产性能。（陈阳等，2010）此外，双乙酸钠有用量少、成本低的优点，其防霉效果优于目前广泛使用的丙酸盐类、山梨酸类，与富马酸二甲酯相当，而其添加量却比丙酸盐低，价格也只有丙酸盐的三分之二。研究表明，在饲料中添加 0.15%～0.75% 的双乙酸钠就能有效防止霉变。（高岩，2014）

丙酸钙是丙酸盐类的一种，因具有无臭无味、易溶于水、挥发性小、动物适应性好等特点，被广泛应用于青贮饲料添加剂中。丙酸钙的主要功能是抑制好气性霉菌的生长，减少蛋白质的不良分解。

有研究表明，青贮饲料的 pH 值在 5.0 以下时，丙酸钙对霉菌、好氧芽孢杆菌的抑制效果最强。在新鲜的苜蓿饲料中添加适量的丙酸钙，可以使饲料中的丁酸和氨态氮含量降低，使乳酸和乙酸含量增加，促进青贮原料的发酵。（夏明等，2014）在酸性条件下，丙酸钙可以产生游离的丙酸分子，丙酸分子透过霉菌的细胞壁，可以产生抑制霉菌细胞内酶的活性和阻碍其增殖的效果。（张华峰等，2005）

2. 无机酸

1929 年，芬兰研究者提出直接用无机酸作为青贮添加剂，能使青贮原料迅速酸化，抑制有害微生物和植物酶的活动。采用这种方式可以为青贮发酵创造一个有利环境，但会导致青贮饲料适口性差，使家畜的采食量下降。添加盐酸帮助青贮发酵不仅能迅速降低青贮原料的 pH 值，还可阻止蛋白质的降解，而且调制的青贮饲料家畜也能接受，但由于盐酸具有挥发性，对人畜和设备还是会造成一定的影响；用硫酸作为酸化剂能显著降低青贮原料的 pH 值、氨态氮的含量和缓冲力，但研究表明不同硫酸添加量之间改善青贮饲料品质的差异不显著。（Kennedy，1990）总的来说，将无机酸应用于青贮的实践较少。

3. 醛类

醛类具有较强的还原性，也是常用的青贮发酵抑制剂之一，但作为发酵抑制剂的醛类物质较少，主要是由于大多数醛类物质有毒。（高丽娟等，2022）其中，甲醛是使用效果最好、使用范围最广的醛类物质之一，能抑制所有有害微生物的生长繁殖。同时，它还可与蛋白质形成络合物而抑制其降解，能起过瘤胃蛋白的作用。甲醛可以降低发酵过程中酸和氨态氮的产生量，减少氮元素损失，增加蛋白质含量，但甲醛作为添加剂也存在缺点，少量添加能促进青贮原料发酵，过量添加则会降低家畜的采食量和消化率，并容易引起二次发酵。（彭国华，1993；杨富裕等，2004）研究表明，甲醛的安全用量为 30~50 g/kg 粗蛋白。（Wilkinson 等，1976）

4. 其他发酵抑制剂

除上述三种发酵抑制剂外，还有氢氧化钠、氯化钠等。氢氧化钠除有抑制青贮发酵的作用外，还能破坏纤维素和木质素的结合，使纤维素释放出来，提高纤维素的消化率。Sneddon 等人（1981）用氢氧化钠处理苜蓿青贮，使得青贮原料的 pH 值和丁酸水平升高，乳酸水平降低，但提高了酸性洗涤纤维的营养价值。氯化钠作为青贮发酵抑制剂，除对青贮发酵有抑制作用外，还可降低青贮饲料中非蛋白氮的含量。

（三）营养添加剂

营养添加剂类物质是指能够明显改善青贮的品质，使青贮饲料为家畜提供所需的营养物质的添加剂。这类添加剂包括碳水化合物丰富的物质、含氮化合物、矿物质等，其中利用最多的是经过制糖植物加工后剩下的工业副产品，又称糖蜜、糖稀。糖蜜中含有丰富的葡萄糖、果糖、蔗糖等物质，其糖含量可以达到 40％～46％。青贮中水溶性碳水化合物的含量是评价青贮饲料营养品质的重要指标，若青贮中水溶性碳水化合物的含量小于 1.5％，则得到的青贮质量较差，只有水溶性碳水化合物含量在 2.5％以上时才能得到优良的青贮饲料。（王小娟等，2020）糖蜜中丰富的糖类物质可为微生物生长繁育过程提供丰富的碳源及能量，在青贮发酵过程中作为前期乳酸菌快速发酵的补充，为其提供丰富的发酵营养基质。（刘逸超等，2022）

研究表明，糖蜜的添加能让乳酸菌快速在青贮体系中成为优势菌种，并抑制酵母菌和霉菌等不良微生物的生长，迅速产生大量乳酸，为青贮发酵创造酸性环境，保障青贮品质。由此可见，糖蜜作为营养添加剂，能为乳酸菌的生长繁殖提供足量的发酵基质，为乳酸菌在发酵体系中快速增殖创造有利条件，促进良好青贮发酵环境的形成，提升青贮发酵的品质，使得青贮饲料能够长期保存。（李宇宇等，2021）在扫描电镜下，添加糖蜜的苜蓿青贮处理组表面气孔明显小于对照组，并且气孔随着糖蜜添加量的增加而变小，气孔多而粗糙，增加了发酵基质和青贮体系内微生物的接触面积，最大限度地减少了营养流失，对青贮发酵有积极作用。（罗润博等，2021）苜蓿、紫云英、箭筈豌豆等豆科类牧草蛋白质含量较高，加入含糖类物质既能使青贮原料营养均衡，提高青贮饲料的营养价值，又能

极大地促进乳酸发酵，改善青贮发酵品质。（汤磊，2014）

除糖类物质外，谷类作物也可作为青贮添加剂。谷类作物的添加不仅能够提高青贮原料的可溶性碳水化合物含量，还可减少青贮过程中渗出液的产生和流出。将碾压过的大麦添加到苜蓿中进行青贮，青贮品质得到明显改善。

应注意，由于苜蓿等豆科类牧草蛋白质含量较高，添加含氮化合物对苜蓿青贮无明显作用，甚至会使青贮原料氨态氮含量增加，不利于青贮的发酵，使得青贮的长期贮存受到影响。

第二节　添加剂对青贮品质的影响

一、添加剂对混贮营养价值的影响

将添加剂添加到混合青贮中可以促进混合青贮的发酵，并能影响混贮中水溶性碳水化合物、酸性洗涤纤维、酸性洗涤纤维木质素、粗蛋白等成分的含量，改善混贮的营养价值，且能降低混贮中的纤维含量，提高相对饲用价值。（王伟等，2023）

二、添加剂对混贮 pH 值的改变

大多数青贮发酵促进剂、青贮发酵抑制剂和其他类型青贮添加剂能使混合青贮的 pH 值降低，为乳酸菌提供一个适宜的酸性环境，而酸性环境的形成还能抑制腐败和致病微生物的生长，有效保留青贮饲料的营养价值。

乳酸菌添加剂改变混贮 pH 值主要是在青贮发酵初期。此时，已压实密封的青贮原料的发酵体系中的微生物会利用残余的氧气进行细胞呼吸作用，大肠杆菌等好氧性细菌、酵母菌及霉菌等进行代谢作用。这个过程直至氧气被消耗殆尽才停止，随后进入厌氧发酵阶段。在此阶段，部分厌氧菌会进行乳酸发酵，使得青贮原料的 pH 值开始下降，之后乳酸菌取得竞争优势并持续代谢生成以乳酸为主

的有机酸，使 pH 值持续下降直至达到理想水平。pH 值降至一定水平后，系统中的微生物生长代谢及酶活性受到抑制，发酵活性降低，发酵进入稳定时期，达到动态平衡状态，而乳酸菌添加剂则在这一段时期内起作用。乳酸菌添加剂使得乳酸菌的数量增加，在发酵体系中迅速取得竞争优势，使 pH 值下降，为青贮发酵创造适宜的酸性环境，提升青贮发酵的品质。而有机酸或无机酸的添加则是为了快速地使青贮原料的 pH 值下降，酸性的发酵环境有利于乳酸菌的生长繁殖，抑制酵母菌、霉菌等不良微生物的活性，达到提升发酵品质的目的。营养添加剂则为乳酸菌提供足量的发酵底物，使得乳酸菌发酵占优势，进而使 pH 值下降，促进乳酸菌发酵，抑制有害微生物活性，提升青贮发酵品质。（项乐等，2022；李珏等，2023；王月红等，2023）

三、添加剂影响混贮的有氧稳定性

青贮饲料开封后，厌氧环境会被打破，随着氧气的渗入，有氧稳定性低的青贮饲料容易发生二次发酵，霉菌、酵母菌等有害微生物恢复活性，开始生长繁殖，造成青贮饲料腐败变质、产生毒素。前文描述了有氧稳定性是指青贮饲料在开封后与空气接触过程中，中心温度超过环境温度 2 ℃所需要的时间。这个性质可以用来评价青贮饲料是否具有良好的贮藏性能。研究表明，添加剂对青贮饲料的有氧稳定性有很大的影响。通过控制添加剂可以有效地提高青贮饲料的有氧稳定性，降低青贮饲料发生好气性败坏的概率，减少青贮饲料中霉菌和毒素的含量，从而保障青贮饲料的饲用安全。（刘逸超等，2023）

添加剂提高青贮饲料有氧稳定性的机理主要是提高发酵产物中乙酸的含量。这是因为乙酸是一种高效的抗真菌剂，可以有效地抑制真菌活动。另外，酸性环境可以抑制酵母菌、霉菌等不良微生物的数量，能有效减少有氧暴露期间青贮饲料的二次发酵。同型发酵乳酸菌不能有效地提高青贮饲料的有氧稳定性，而异型发酵乳酸菌由于其发酵反应可以产生乙酸，能显著提高青贮的有氧稳定性。

四、添加剂对混贮的微生物群落的影响

青贮发酵过程中微生物的活动与青贮饲料的发酵品质密切相关，青贮发酵的过程本身就是一个细菌主导的过程。众多研究表明，青贮饲料微生物菌群的结构会受到经纬度、海拔、温度、湿度和发酵代谢产物等因素的影响。

不同青贮添加剂对微生物菌群的影响不同，也会由于青贮原料种类的不同而存在差异。添加乳酸菌制剂能直接影响微生物菌群的多样性和相对丰度，添加自选耐高温植物乳杆菌 LP694 会提高青贮饲料中乳酸菌的相对丰度，产生较多乳酸和乙酸，有效提高青贮饲料品质（李小玲等，2019）；接种植物乳杆菌可降低青贮细菌群落的多样性，并显著提高乳杆菌的相对丰度，生成大量的乳酸，抑制腐败梭菌属和致病性李斯特菌属微生物的生长，延缓青贮饲料的腐败，提高青贮饲料的发酵质量（Yang 等，2020）；添加自选耐高温植物乳杆菌 LP149 能显著降低青贮饲料中的 *Carnobacterium*、*Stenotrophomonas*、*Vagococcus* 等不良微生物的相对丰度，提高乳酸菌属的浓度；添加布氏乳杆菌能有效抑制青贮过程中酵母菌等真菌的生长，并且布氏乳杆菌的添加能抑制紫花苜蓿原料上附着的 *Enterobacter ludwigii* 的丰度，这种菌活性的抑制能够减少蛋白质的分解。酶制剂的接种也会对青贮发酵中的微生物多样性及丰富度产生影响，如纤维素酶和 α-半乳糖苷酶联合使用能提高乳酸菌的相对丰度；纤维素酶和木聚糖酶联合使用能抑制酵母菌、霉菌和大肠杆菌的生长（刘菲菲，2019）；使糖蜜和纤维素酶一起作用于构树青贮原料可提高 *Enterococcus* 及 *Lactobacillus* 的相对丰度，降低 *Weissella* 及 *Proteobacteria* 的相对丰度，使微生物群落结构发生变化（黄媛等，2021）。化学添加剂，如有机酸及盐类、无机酸等主要是改变青贮原料的发酵环境，进而影响青贮饲料中的微生物。无机酸制造酸性环境，杀死不良微生物，降低青贮微生物多样性；有机酸及盐能抑制酵母菌、霉菌、大肠杆菌等不良微生物的生长繁殖，促进有益微生物数量的增加，但也有研究表明，甲酸会对乳酸菌产生不利影响，抑制青贮的发酵。（辛亚芬等，2021；陆永祥等，2020）营养性添加剂同样能够改变青贮中的微生物群落结构，在苜蓿青贮中添加糖蜜后发现青贮中 *Enterococcus* 和 *Lactobacillus* 占优势地位，梭状芽孢杆菌、霉菌等不良微生物被抑制，且随着糖蜜添加量的增加，乳酸或乙酸含量也显著增加。糖蜜的添加为青贮提供额外的发酵基质，促使青贮发酵系统中有益微生物占据主导地位，为青贮饲料的发酵和长期保存提供良好的条件。

总之，青贮原料发酵是多种微生物共同作用的结果，其品质与微生物群落架构有着十分复杂的关联，添加剂的应用能影响青贮中微生物群落的结构。今后，需要进一步研究揭示微生物群落结构与青贮品质、添加剂与微生物群落结构之间的关系。

第三节　双乙酸钠对发酵全混合日粮青贮品质和霉菌毒素的影响

发酵全混合日粮（FTMR）是一种将混匀的全混合日粮（TMR）装入发酵装置或裹包保存的发酵型混合饲料。（李长春等，2017）FTMR 不仅具备 TMR 技术节省饲料成本、增加干物质采食量和节约劳力时间等优点，还解决了目前国内中小型养殖场使用 TMR 技术的局限性。中小型养殖场牲畜数量少、TMR 饲喂量不大，加之 TMR 存储期短易发霉变质，若不及时处理很容易造成饲料浪费。FTMR 制作原理类似于半干青贮，高水分的牧草或农作物副产品与低水分的精料混合青贮，具有减少渗出液损失、延长贮存时间、改善适口性、缓解能量负平衡等优点。（马晓宇等，2019）王福金等人（2010）对 TMR 发酵过程中乳酸菌的变化进行了研究，发现青贮料中乳酸菌的种类随着发酵时间的延长而逐渐增多。李长春等人（2017）通过研究发现，与未发酵的 TMR 对照组相比，饲喂 FTMR 的羔羊肉质风味佳，同时提高了育肥性能和屠宰性能。

大量研究证实，双乙酸钠（SDA）是一种安全的、能高效防霉的饲料添加剂。丁良等人（2016）通过研究发现，在 FTMR 中添加 0.5％双乙酸钠能提高乳酸含量，获得较低的 pH 值、氨态氮/总氮和丁酸含量，同时可明显提高干物质回收率和有氧稳定性。研究表明，在家禽饲料中添加双乙酸钠能提高雏鸡的存活率和蛋鸡的产蛋率（陈文宁等，2018），在奶牛日粮中添加 0.3％的双乙酸钠能提高产奶量和乳脂率（田希文等，2001），在断奶仔猪日粮中添加双乙酸钠能促进肠道健康，提高仔猪的养分消化率、日增重和胴体瘦肉率（王国良等，2008）。然而，关于双乙酸钠的研究大部分集中于动物生产，对在青贮料中添加双乙酸钠可抑制霉菌繁殖的研究较少。本试验旨在研究在 FTMR 中添加双乙酸钠对发酵品质和霉菌毒素的影响，筛选出适宜添加量，以期为双乙酸钠在 FTMR 中的应用提供理论依据。

一、材料与方法

（一）试验材料

TMR 原料由鲜草、苜蓿干草和混合精料组成，鲜草采自种植于贵州省罗甸县的皇竹草，在高度达 1.5～2.0 m 时刈割，苜蓿干草购于甘肃欣海牧草饲料科技有限公司，混合精料由玉米、麦麸、豆粕、磷酸氢钙、食盐和预混料等组成，添加剂双乙酸钠购于连云港市通源生物科技有限公司。

（二）FTMR 的制备

采用完全随机试验设计，设对照组（0％）和双乙酸钠组（0.2％、0.4％、0.8％）。按照精料配方要求，将双乙酸钠按 0.2％、0.4％和 0.8％的添加量加入预先混匀的精料中（双乙酸钠的添加量以 TMR 鲜重为基础），分组装好待配 TMR，具体饲粮配方见表 3—1。将鲜草揉切成 2～3 cm，按照试验设计将精料和粗料添加到 TMR 搅拌车中混匀，通过添加适量水使搅拌均匀的 TMR 含水率达到 60％。用"四分法"取制作好的 TMR 料装入真空袋，抽出空气，随即密封并存放在室内干燥地面上，每个处理组制备 15 袋，每袋净重 1.5 kg。

表 3－1	TMR 饲粮组成及营养水平			单位：%
项目	0%	0.2%	0.4%	0.8%
原料组成 1)				
皇竹草	57.30	57.30	47.90	48.00
苜蓿干草	24.50	24.50	32.00	32.00
玉米	10.92	10.92	12.06	12.06
麦麸	3.09	3.09	3.42	3.42
豆粕	2.73	2.73	3.01	3.01
磷酸氢钙 $CaHPO_4$	0.18	0.18	0.20	0.20
食盐 NaCl	0.27	0.27	0.30	0.30
预混料 2)	0.18	0.18	0.20	0.20
双乙酸钠	0.00	0.14	0.31	0.62
沸石粉	0.82	0.73	0.60	0.20
合计	100.00	100.00	100.00	100.00
营养水平 3)				
干物质 DM	45.57	45.57	52.01	52.03
粗蛋白质 CP	16.54	16.54	16.13	16.14
粗脂肪 EE	2.15	2.15	2.22	2.22
酸性洗涤纤维 ADF	10.95	10.95	9.78	9.80
中性洗涤纤维 NDF	38.58	38.58	37.20	37.25
粗灰分 Ash	8.60	8.60	8.47	8.48
钙 Ca	0.80	0.80	0.84	0.84
磷 P	0.23	0.23	0.23	0.23

1）原料组成为鲜重基础，营养水平为干物质基础。

2）预混料为每千克精料提供 Cu 10 mg，Fe 50 mg，Mn 20 mg，Zn 30 mg，Se 0.10 mg，I 0.50 mg，VA 1500 IU，VD 550 IU，VE 10 IU。

3）饲粮营养水平均为计算值。

（三）样品采集

在发酵 7 d、21 d、35 d、49 d 和 70 d 时打开真空袋，先对青贮样进行感官评定，然后按照"四分法"采集三部分样品，一部分 500 g 青贮样于 65 ℃烘箱至恒重，粉碎过 40 目筛制成风干样，用于常规养分的测定；另一部分 500 g 青贮样直接保存于－20 ℃，用于霉菌毒素的测定；最后一部分 20 g 青贮样加 180 mL 蒸馏水，榨汁机搅拌捣碎后用 4 层纱布和定性滤纸过滤得浸出液，所得滤液一部分用于 pH 值测定，另一部分于－20 ℃保存，用于发酵品质的测定。

（四）指标测定及方法

1. 感官评定

参考德国农业协会（DLG）青贮质量感官评分标准，根据气味、结构和色泽对青贮样品进行优劣评定。

2. 常规养分的测定

参照《饲料分析及饲料质量检测技术》，采用凯氏定氮法测定粗蛋白（CP）含量，采用恒重烘干法测定干物质（DM），中性洗涤纤维（ADF）和酸性洗涤纤维（NDF）用 Van Soest 法测定。

3. 发酵品质的测定

pH 值测定方法参照韩立英等人（2010）的方法，采用雷磁 E-201-C 测定。氨态氮（NH_3-N）测定采用苯酚-次氯酸钠比色法。（Weatherburn，1967）乳酸（LA）、乙酸（AA）、丙酸（PA）和丁酸（BA）采用岛津 LC-20A 型高效液相色谱法测定，色谱柱：Inert Sustain C18（5 $\mu m \times 4.6 \times 250$ nm）；流动相由 pH 值为 2.8 的 0.05 mol/L H_3PO_4-KH_2PO_4 缓冲溶液与乙腈以体积比 95：5 组成，流速为 0.5 mL/min，柱温为 16 ℃，紫外检测波长为 210 nm，进样体积 10 μL。

4. 霉菌毒素的测定

用 ELISA 试剂盒检测黄曲霉毒素（AF）、呕吐毒素（DON）和玉米赤霉烯酮（ZEA），具体步骤参考张志国等人（2017）的方法。

（五）数据处理

试验数据先用 Excel 2007 整理，后用 SPSS 17.0 软件的"一般线性模型"进行方差分析，采用 Duncan's 法进行多重比较，结果以"平均数±标准差"表示，以 $P<0.05$ 作为差异显著性判断标准。

二、结果分析

（一）添加双乙酸钠对 FTMR 感官评价的影响

DLG 感官评分标准包括嗅味、结构和色泽三部分，从青贮饲料是否有丁酸味、霉味和芳香果味，茎叶结构是否保存完好，色泽是否与原材料相似等方面分别评分，各项相加总分分为 4 个等级，分别为良好（20～16 分）、尚好（15～10 分）、中等（9～5 分）、腐败（4～0 分）。TMR 在装袋时混有精料，故总体颜色呈现淡黄绿色，并伴有鲜草清香。随着发酵时间的延长，FTMR 颜色逐渐变黄，在发酵 7 d 开包时 FTMR 已有明显的发酵芳香味，到 35 d 时色泽趋于稳定的黄色。所有处理组样品结构完整，直至 70 d 也未出现丁酸臭味或腐败味，总分等级均为"优良"，综合 5 个发酵时间点 0.4% 组得分最高，0.2% 和 0.8% 组次之，见表 3-2。

表 3-2　　　　添加双乙酸钠对 FTMR 感官评价的影响

处理组	评分				
	发酵时间/d				
	7	21	35	49	70
0	17	18	18	17	17
0.2%	17	18	19	19	18
0.4%	17	19	19	19	18
0.8%	17	18	19	19	18

（二）添加双乙酸钠对 FTMR 常规养分含量的影响

各处理组 CP 含量随发酵时间的延长逐渐下降，差异显著（$P<0.05$）；相同发酵时间下，CP 含量随双乙酸钠添加量的增加呈现先

升高后降低的趋势，在 0.4% 组达到最高，差异不显著（$P>0.05$）。NDF 和 ADF 含量均随贮存时间延长而下降，而后趋于稳定；除发酵 35 d、70 d 外，0.4% 组 NDF 含量显著高于其余处理组（$P<0.05$）；除发酵 7 d 外，双乙酸钠添加组 ADF 含量显著低于对照组（$P<0.05$），且添加组之间差异不显著（$P>0.05$），详见表 3-3。

表 3-3　　　　　添加双乙酸钠对 FTMR 常规养分
含量的影响（干物质基础）　　　　　单位:%

| 指标 | 处理组 | 发酵时间/d | | | | |
		7	21	35	49	70
CP	0	13.22 ± 0.11^c	12.46 ± 0.13^b	12.28 ± 0.08^b	11.90 ± 0.13^a	11.77 ± 0.24^a
	0.2	13.45 ± 0.31^b	12.79 ± 0.25^{ab}	12.63 ± 0.04^{ab}	12.16 ± 0.15^a	11.97 ± 0.68^a
	0.4	13.71 ± 0.35^c	13.55 ± 0.66^{bc}	12.42 ± 0.15^{ab}	$12.440.07^{ab}$	12.25 ± 0.62^a
	0.8	13.08 ± 0.18^b	13.07 ± 0.42^b	12.42 ± 0.12^{ab}	12.13 ± 0.41^a	11.71 ± 0.34^a
NDF	0	44.97 ± 1.18^A	44.81 ± 1.00^A	43.36 ± 1.00	44.06 ± 0.99^A	43.00 ± 1.17
	0.2	45.91 ± 1.88^{AB}	44.52 ± 1.73^A	45.67 ± 1.26	44.18 ± 0.42^A	43.39 ± 1.58
	0.4	48.63 ± 0.76^{Bc}	48.08 ± 0.33^{Bbc}	45.65 ± 0.53^{ab}	47.77 ± 1.05^{Bbc}	44.52 ± 1.88^a
	0.8	45.25 ± 0.35^A	44.42 ± 0.58^A	42.88 ± 1.55	43.19 ± 1.07^A	43.13 ± 3.21
ADF	0	26.29 ± 0.23^{ab}	25.74 ± 0.28^{Bab}	26.40 ± 0.09^{Bb}	25.63 ± 0.58^{Bab}	25.27 ± 0.57^{Ba}
	0.2	24.80 ± 1.52	23.77 ± 0.93^A	23.38 ± 1.25^A	23.16 ± 0.89^A	22.17 ± 1.68^A
	0.4	23.93 ± 0.09^b	23.79 ± 0.44^{Ab}	24.45 ± 0.04^{ABb}	22.02 ± 0.20^{Aa}	21.65 ± 0.37^{Aa}
	0.8	25.13 ± 1.12	24.29 ± 0.15^{AB}	24.25 ± 1.44^{AB}	23.10 ± 0.98^A	22.91 ± 0.02^{AB}

注：同列数据肩标不同大写字母表示差异显著（$P<0.05$），同行数据肩标不同小写字母表示差异显著（$P<0.05$）。

（三）添加双乙酸钠对 FTMR 发酵指标的影响

各处理组 pH 值随发酵时间的延长总体呈现先下降后升高的趋势，除对照组以外，其余处理组在不同时间点的差异均达显著水平（$P<0.05$），并且在发酵 35 d 时 pH 值达最低值；在双乙酸钠添加

量的影响下，0.2％组 pH 值显著低于对照组、0.4％组和 0.8％组
（$P<0.05$），其中最低值为 4.17。随着发酵时间延长，NH₃-N/TN 逐
渐升高，在 70 d 时达到最大值，对照组和 0.8％组各时间点之间的差
异显著（$P<0.05$）；与对照组相比，添加双乙酸钠显著降低 NH₃-
N/TN（$P<0.05$），并随添加量的增加而下降，在 0.8％组达到最低
值。各处理组均未检测到 PB 和 BA 含量，LA 和 AA 含量随发酵时
间的推移处于上下波动状态，在 21 d 时显著增加并于 35 d 时达到最
大值；各时间点的 0.2％组 LA 含量均显著高于对照组、0.4％组和
0.8％组（$P<0.05$），详见表 3-4。

表 3-4　　添加双乙酸钠对 FTMR 发酵品质的影响　％

项目	处理组	发酵时间/d				
		7	21	35	49	70
pH	0	4.57 ± 0.10^B	4.46 ± 0.26	4.36 ± 0.13	4.37 ± 0.16	4.51 ± 0.18^B
	0.2	4.34 ± 0.02^{Ab}	4.31 ± 0.03^b	4.17 ± 0.05^a	4.35 ± 0.03^b	4.30 ± 0.03^{Ab}
	0.4	4.72 ± 0.11^{Bc}	4.40 ± 0.01^b	4.23 ± 0.05^a	4.38 ± 0.02^b	4.36 ± 0.03^{ABb}
	0.8	4.67 ± 0.07^{Bb}	4.39 ± 0.07^a	4.35 ± 0.03^a	4.44 ± 0.04^a	4.40 ± 0.08^{ABa}
NH₃-N/TN	0	1.52 ± 0.09^{Ca}	1.70 ± 0.03^{Ba}	1.71 ± 0.05^a	1.74 ± 0.10^{Ca}	2.23 ± 0.28^{Cb}
	0.2	1.35 ± 0.07^C	1.37 ± 0.06^{AB}	1.42 ± 0.81	1.46 ± 0.19^{BC}	2.01 ± 0.02^{BC}
	0.4	0.93 ± 0.02^B	1.15 ± 0.36^A	1.26 ± 0.65	1.29 ± 0.03^{AB}	1.73 ± 0.08^{AB}
	0.8	0.75 ± 0.04^{Aa}	0.87 ± 0.13^{Aab}	$1.02\pm0.01b$	1.03 ± 0.04^{Ab}	1.51 ± 0.10^{Ac}
LA	0	1.96 ± 0.02^{ABa}	4.26 ± 1.00^{Acd}	5.45 ± 0.61^{Bd}	3.62 ± 0.01^{Bbc}	2.63 ± 0.06^{Bab}
	0.2	2.90 ± 0.30^{Ca}	6.49 ± 0.08^{Bd}	7.83 ± 0.04^{Ce}	5.18 ± 0.16^{Cc}	4.72 ± 0.04^{Db}
	0.4	2.28 ± 0.15^{Ba}	4.13 ± 0.32^{Ab}	7.30 ± 0.04^{Cc}	4.16 ± 0.01^{Bb}	4.01 ± 0.04^{Cb}
	0.8	1.78 ± 0.06^{Aa}	2.90 ± 0.19^{Ac}	3.48 ± 0.20^{Ad}	2.38 ± 0.41^{Abc}	2.22 ± 0.01^{Aab}

项目	处理组	发酵时间/d				
		7	21	35	49	70
AA	0	1.46±0.35^{Aa}	3.78±0.14^{Ab}	3.85±0.55^{Ab}	3.58±0.06^{Ab}	2.10±0.01^{Aa}
	0.2	1.92±0.01^{Aa}	4.70±0.35^{Bb}	5.65±0.05^{Bd}	5.34±0.34^{Bcd}	4.87±0.18^{Bbc}
	0.4	3.16±0.03^{Ba}	4.89±0.01^{Bb}	6.61±0.16^{Cd}	5.61±0.43^{Bc}	5.29±0.30^{Bbc}
	0.8	3.21±0.01^{Ba}	7.05±0.06^{Cc}	8.14±0.08^{De}	7.87±0.08^{Cd}	6.86±0.01^{Cb}

注：同列数据肩标不同大写字母表示差异显著（$P<0.05$），同行数据肩标不同小写字母表示差异显著（$P<0.05$）。

（四）添加双乙酸钠对 FTMR 霉菌毒素含量的影响

整个发酵过程中各处理组 AF 含量从 7 d 时的 6.67～16.18 下降到 35 d 时的 0.49～2.92，降低 5.54～13.61 倍，此后逐渐下降；相同发酵时间点各处理组 AF 含量随双乙酸钠添加量的增加显著下降（$P<0.05$），0.8％组的 AF 含量最低。在青贮 21 d 时，FTMR 中 DON 和 ZEA 含量较 7 d 时有小幅度上升，而后随着发酵时间的延长缓慢下降；双乙酸钠添加组的 DON 和 ZEA 含量均较对照组有显著降低（$P<0.05$），并伴随双乙酸钠添加量的增加而下降，详见表 3—5。

表 3—5　　　　添加双乙酸钠对 FTMR 霉菌毒素的影响　　　单位：μg/kg

项目	处理组	发酵时间/d				
		7	21	35	49	70
AF	0	16.18±0.50^{Cc}	7.56±0.71^{Bb}	2.92±0.60^{Ba}	2.03±0.91^{Ba}	1.56±0.16^{Ca}
	0.2	12.31±0.93^{Bc}	6.02±0.14^{ABb}	1.39±0.51^{Aa}	1.11±0.20^{ABa}	1.03±0.18^{Ba}
	0.4	11.07±0.35^{Bc}	5.78±0.61^{Ab}	1.02±0.25^{Aa}	1.00±0.17^{ABa}	0.59±0.13^{Aa}
	0.8	6.67±0.48^{Ac}	5.53±0.66^{Ab}	0.49±0.23^{Aa}	0.38±0.22^{Aa}	0.20±0.13^{Aa}

项目	处理组	发酵时间/d				
		7	21	35	49	70
DON	0	266.05±23.91^B	255.15±79.95^B	202.34±65.92^B	204.50±14.76^C	201.05±41.60^B
	0.2	129.68±12.28^{Aa}	194.84±15.44^{ABb}	118.02±10.85^{ABa}	114.89±22.39^{Ba}	105.26±36.69^{Aa}
	0.4	123.56±15.86^{Aab}	159.67±12.27^{ABb}	105.90±17.45^{ABa}	107.60±18.77^{Ba}	102.59±25.84^{Aa}
	0.8	95.19±8.92^{Ab}	129.29±14.52^{Ab}	55.35±18.83^{Aa}	48.91±15.01^{Aa}	44.33±14.97^{Aa}
ZEA	0	155.22±17.96^B	164.60±13.56^B	146.18±29.98^B	128±25.17^B	126.55±36.84^B
	0.2	135.20±21.21^{AB}	131.49±15.66^{AB}	123.70±18.53^{AB}	103.05±24.82^{AB}	92.80±10.75^{AB}
	0.4	136.80±24.75^{AB}	119.25±25.95^{AB}	106.69±28.56^{AB}	94.55±12.79^{AB}	89.95±9.26^{AB}
	0.8	92.23±13.15^A	84.45±29.91^A	66.55±18.87^A	66.25±18.46^A	62.70±16.69^A

注：同列数据肩标不同大写字母表示差异显著（$P<0.05$），同行数据肩标不同小写字母表示差异显著（$P<0.05$）。

三、讨论

（一）添加双乙酸钠对 FTMR 感官评分的影响

双乙酸钠作为乙酸衍生物，具有较强的杀菌功能，是一种广泛用于食品和饲料中的防腐保鲜剂。本试验中，处理组在贮存 70 d 后均有较好的颜色、气味和结构，即便是没有添加双乙酸钠的对照组也表现出良好的青贮效果，说明精料和粗料混合青贮为乳酸菌发酵提供了一定的含糖量，使得乳酸菌在短时间内产生大量乳酸，降低了 pH 值，从而抑制有害菌在贮存过程中的大量繁殖，有利于 TMR 长期保存。添加双乙酸钠的处理组果味较对照组浓，可能是双乙酸钠分解出较多的乙酸导致的。

（二）添加双乙酸钠对 FTMR 常规养分含量的影响

本试验结果表明，与对照组相比，添加双乙酸钠能提高 TMR 中 NDF 含量，降低 ADF 含量，说明添加双乙酸钠能降低半纤维素在青贮过程中的降解，提高饲料消化率。这与国卫杰等人（2009）

的研究结果一致。本试验中，双乙酸钠添加组 CP 含量稍高于对照组，以 0.4% 组的含量最高，但总体受双乙酸钠添加影响不显著。李艳芬等人（2020）的研究表明，在苜蓿中添加双乙酸钠能明显提高 CP 含量，能在一定程度上改善贮存后苜蓿的营养价值。本试验中，与未添加双乙酸钠的处理组相比，添加后的青贮料营养成分含量有所增加，但并非添加得越多效果越佳，试验中 0.2% 组和 0.4% 组 CP 和 NDF 含量要高于 0.8% 组。这表明在一定程度上添加双乙酸钠能降低发酵过程中有害微生物对物料的养分消耗和氧化损失，从而提升营养物质的相对含量。（丁良等，2016）此外，随着发酵时间的延长，各处理组 CP 含量有所下降，可能是青贮过程中发生的化学变化引起发酵损失造成的。（Owens 等，2002）这与王晶等人（2009）、张放等人（2014）研究表明的青贮饲料养分动态变化一致。NDF 和 ADF 含量在整个发酵期内呈现上下浮动但总体下降的趋势，这是青贮过程中纤维素或半纤维素的降解与发酵损失共同作用的结果。

（三）添加双乙酸钠对 FTMR 发酵参数的影响

青贮发酵是微生物与生化反应相互作用的结果。Catchpoole 等人（1971）认为，当 pH 值下降到 4.2 以下时，只有少数乳酸菌存在，代表青贮发酵进入稳定阶段。由于本试验的发酵原料中混有精料，发酵后的 pH 值与纯牧草青贮料相比会有所升高。各处理组 pH 值均在 35 d 时达到最低值，而后趋于稳定状态，添加双乙酸钠能明显降低青贮饲料的 pH 值，其中 0.2% 组 pH 值最低，为 4.11，同时 0.2% 组的乳酸含量明显高于其余两个添加组，说明 FTMR 中含有的乳酸菌在适宜条件下大量繁殖形成乳酸，使得青贮饲料酸度升高，pH 值下降。处理组随双乙酸钠添加量的增加，乙酸含量逐渐升高，可能是因为双乙酸钠在自然状态下能分解生成乙酸。试验过程中未在所有青贮饲料中检测到丙酸和丁酸，可能与 TMR 青贮品质良好有关，发酵过程中没有产生或者产生极少量的丙酸和丁酸。刘振阳等人（2017）研究添加双乙酸钠对混贮发酵品质的影响发现，发酵到 30 d 时 pH 值为 4.03，随后趋于稳定，并且添加 0.3% 双乙酸钠的处理组发酵品质要优于 0.5% 组。这一结果与本研究相类似。这是因为双乙酸钠作为一种霉菌抑制剂，虽然能有效抑制有害菌的繁殖，但同型乳酸菌对双乙酸钠的耐受性较低，过量添加会抑制乳酸菌活性、减少乳酸和挥发性脂肪酸的产生，从而影响一系列发酵指标。NH_3-N/TN 反映了发酵过程中蛋白质和氨基酸的分解程度，比值越低说明蛋白质分解得越少，青贮品质越好。（邱小燕等，2019）试验中添加双乙酸钠能显著降低 NH_3-N/TN 的值，可能是因为双乙酸钠的添加能有效抑制腐败微生物对蛋白质的降解，使得发酵过程中胺或氨的生成减少，从而提高了青贮品质。有分析认为，双乙酸钠中的乙酸钠具有干燥剂功能，能吸附青贮过程产生的渗出液，破坏青贮饲料粗蛋白的降解环境，从而减少 NH_3-N 的生成。（李艳芬等，2020）此外，由于乙酸能通过降低青贮饲料 pH 值达到杀菌的目的，因此试验中可通过乙酸含量的高低来预测青贮有氧稳定性的优劣。（Wen 等，2017）从试验结果来看，青贮 49 d 前青贮饲料 NH_3-N/TN 随发酵时间的延长缓慢升高，增幅不大，但 49 d 后比值明显增加，说明贮存时间长会影响青贮品质。这与 Luchini 等人（1997）、贾戍禹等人（2019）的研究结果一致。

（四）添加双乙酸钠对 FTMR 霉菌毒素含量的影响

霉菌毒素是霉菌在被污染的作物上产生的有毒代谢产物，在大田生长、收获以及贮存中均有可能生成，湿度和温度是影响霉菌毒素繁殖的重要因素。霉菌分布广泛，可通过食品或饲料进入人和动物体内，从而引发毒性。青贮饲料中常见的霉菌毒素主要有 AF、DON、ZEA 和伏马菌素（FB）等。张新慧等人（2008）的研究表明，添加双乙酸钠能抑制青贮饲料中霉菌和酵母菌的生成，提高其有氧稳定性。刘振阳等人（2017）研究后发现，在苜蓿与小麦的混贮饲料中添加双乙酸钠能明显延长开袋后有氧变质的时间，改善青贮品质，提升有氧稳定性。本试验中，添加双乙酸钠能显著降低 FTMR 中 AF、DON 和 ZEA 含量，可能是因为双乙酸钠分解产生的乙酸可穿透细胞壁干扰酶的相互作用，致使细胞内蛋白质变性，细胞因无法进行正常新陈代谢而死亡，从而达到抑制细菌滋生的效果。(陈文宁等，2018) 这与 Danner 等人（2003）的研究结果一致。青贮 21 d 时各处理组 AF 含量较 7 d 时显著降低，而后逐渐递减，到 70 d 时 0.4% 组和 0.8% 组的 AF 含量几乎检测不到。虽然各处理组的感官评价均较好，未见到青贮饲料有发霉变质的现象，但检测结果表明其仍被霉菌毒素污染，特别是 DON 和 ZEA 含量虽然随着贮存时间延长呈下降趋势，最后趋于稳定，但到青贮 70 d 时还能被检测出来。分析原因可能是 DON 属于单端孢霉烯族化合物，化学性能稳定，而 ZEA 具有酚的内酯结构，它们在青贮酸性环境下毒力几乎不受影响，尤其是 DON，在高温高压环境下也仅有少量毒素会被破坏，强耐藏性使得其在 70 d 后依然能被检测出来。马燕等人（2016）从苜蓿青贮过程中霉菌毒素的变化规律中发现，青贮开始的前 3~5 d，AF、ZEA 和 DON 含量明显增加，其中 AF 和 DON 含量较发酵前增幅最大，分别达 4.1 倍和 7.4 倍，此后随发酵时间延长 DON 含量缓慢增加，而其余指标趋于平稳。这与本试验中霉菌数量的动态变化规律一致，说明在有氧发酵阶段霉菌大量繁殖产生霉菌毒素，当 pH 值进一步下降到乳酸菌成为优势菌群时，霉菌活动受限，产量逐渐减少，但依然不断累积。

四、结论

在整个发酵过程中，营养成分以及发酵参数随着时间延长呈现出动态变化趋势，在 FTMR 中添加双乙酸钠能抑制霉菌毒素的大量繁殖，减少干物质的损失，改善发酵品质。在本试验条件下，双乙酸钠添加量以 0.2%~0.4% 较佳。

第四章　禾本科与豆科牧草混合青贮的研究现状

　　饲草产业的发展是草食畜牧业不断发展的基础。随着我国畜牧业的不断发展，人们对畜产品品质的要求越来越高，对优质牧草的需求也不断增大。禾本科牧草与豆科牧草是草地植被的重要种类，并且具有较高的饲喂价值，逐渐成为反刍动物养殖过程中重要的粗饲料来源。（王晓彤等，2020；张心钊，2021）青贮饲料作为反刍动物的主要粗饲料来源，相较于干草饲料具有营养流失少、原料来源广、易于长期保存、适口性好、消化率较高等特点。（韦方鸿等，2017；Ferraretto 等，2018；王隆等，2022）目前，常用作青贮饲料的原料为禾本科牧草与豆科牧草两大类，其中禾本科牧草包括燕麦草、多花黑麦草、全株玉米、甜高粱、高丹草等，豆科牧草包含紫花苜蓿、光叶紫花苕、箭筈豌豆、花生秧等。

第一节　禾本科牧草的青贮研究进展

　　我国禾本科牧草种类很多，大约有 190 多属、1200 多种（李莉等，2018），以其营养价值高、抗寒旱、抗盐碱等优势广泛分布于我国各地（畅宝花等，2022），种植数量达到我国优良牧草的 40%（李京蓉，2018）。禾本科牧草为单子叶植物，具有一年生或多年生草本特性，根系发达，植株高大，叶片长而茂盛。尽管其蛋白质含量低于豆科牧草，但是纤维含量较高且营养丰富，具有良好的适口性，因而为家畜所喜食。其具有易种植、适应性强、繁殖能力强

（黄德均等，2018）、耐践踏、耐啃食、耐刈割、适口性好等优点（高宏岩等，2008），可以调制成干草或青贮来饲喂反刍动物，能够在冬季长时间储存，以改善资源短缺的问题。（陈秋菊等，2018）

一、燕麦青贮

燕麦（Avena sativa L.）是禾本科燕麦属一年生粮草兼用优质牧草（杨文才等，2016），叶量多，相对饲用价值高，是反刍动物优质的饲料来源之一（李彬等，2022；闫庆忠，2022）。燕麦草在我国华北、西北、西南和江淮流域种植广泛，且种植面积和产量逐年增加，2010—2020年种植面积由17.59万公顷增长到76.67万公顷，产量由105.98万吨增加到310万吨。（张心钊，2021）燕麦草叶量丰富，茎叶比较低，蛋白质含量一般为7.8%～18.5%，且含有种类丰富的氨基酸（闫庆忠，2022），可溶性碳水化合物的含量也相对较高，还含有优质的纤维以及丰富的矿物质与维生素，在反刍动物的日粮组成中发挥着重要的作用。由于燕麦草质地柔软，适口性相较于其他牧草更好，可以提高反刍动物的食欲，因此饲喂燕麦草可以提高反刍动物干物质采食量。

燕麦草的体外发酵特性好，更易被消化吸收，在瘤胃中的降解特性优良，对瘤胃健康的调节具有重要作用，且反刍动物营养物质降解率及瘤胃内干物质有效降解率均较高。邵丽玮等人的研究表明，燕麦草显著高于谷草的干物质（DM）、粗蛋白（CP）、中性洗涤纤维（NDF）以及酸性洗涤纤维（ADF）的降解率（$P<0.01$）；高明等人（2022）的研究表明，燕麦草、二茬和头茬梯牧草的瘤胃内DM有效降解率依次为48.22%、41.76%和36.54%，且三者间差异显著。燕麦草整体的相对饲用价值较高，可以提高反刍动物的生产性能。钟华配等人（2020）的研究表明，两个补饲燕麦干草的犊牛试验组平均日增重均显著高于不补饲组，分别提高了29.8%和28.8%，且差异显著（$P<0.05$）。由于燕麦草中可利用纤维含量较高，且其中钾（K）元素的平均含量不高于2%，K^+和硝酸盐的含量较低，可以降低反刍动物产后酮病发生的风险。（刘欢欢等，

2019；杨尚愉，2022）研究表明，用燕麦草饲喂奶牛可以提高产奶量以及乳成分的含量，减少牛奶的异味（段家昕，2016），提高牛奶的品质。刘桃桃等人（2022）的研究表明，青贮能更好地保存燕麦草的营养成分，提高了燕麦草的消化率。谢小峰等人（2013）的研究表明，饲喂燕麦草青贮的奶牛产奶量比饲喂全株玉米青贮的提高了 0.31 kg/d；饲喂燕麦草青贮较饲喂全株玉米青贮的乳脂率提高0.04％，乳糖率提高了 0.05％，非脂固形物提高了 0.07％，总固形物提高了 0.11％。

二、多花黑麦草青贮

我国南方地区地处秦岭—淮河一线以南的城市，包括江苏、浙江、安徽、广东等 15 个省区（市），以热带亚热带季风气候为主，气候温暖、雨量充沛，年平均气温为 14～18 ℃，平均年降水量为 1200～2500 mm，水资源、光热资源丰富。但是长期以来，我国南方草地资源未得到有效的开发利用，且复种指数不断降低，资源生产潜力远未充分发挥。随着我国畜牧业结构不断调整，草食家畜养殖量快速攀升，对牧草的需求不断增加，开发利用南方未有效发展的草地资源以及冬闲田成为趋势。我国南方地区牧草种质资源丰富，其中多花黑麦草（*Lolium multiflorum L.*）于 20 世纪初被引入后，逐渐发展为我国南方农区种植最广泛、栽培面积最大的优良牧草。（王宇涛等，2010）

多花黑麦草又叫一年生黑麦草、意大利黑麦草（杨成勇等，2010），广泛分布于温带和亚热带地区，比较喜欢湿润温热的气候，不耐寒。多花黑麦草在我国南方地区种植面积较大，2007 年四川省农区种植牧草 77.29 万 hm²，其中多花黑麦草种植面积占总面积的 40％，多达 30.67 万 hm²（张新跃等，2009）。多花黑麦草具有生长速度快、分蘖力强、再生性强、耐刈割等特点，可以在短时间内形成较高的产量。

多花黑麦草质嫩多汁，适口性好，家畜消化利用率高，粗蛋白含量和能量比小麦、稻谷类作物高，是牛、羊、兔、鹅、猪等畜禽的优质饲料。（王宇涛等，2010）多花黑麦草产草季节集中在12月到翌年5月，其中秋播多花黑麦草一般在3～5月生长发育最旺盛，饲草供应主要集中在春季至初夏这一个时期内，饲草生产具有鲜明的季节性。（张磊等，2008）在其余季节，可能会因青饲料产量不足而出现家畜食物不足、人畜争粮的现象。因此，利用冬闲田进行多花黑麦草的生产，并进行调制加工利用，对调节饲草的余缺具有重要意义。多花黑麦草有干草、青贮、草粉、草块、草颗粒等加工贮存的方法，主要用于青饲、制作干草和青贮饲料。由于调制干草极易受到我国南方高温高湿天气的限制，因此调制多花黑麦草青贮饲料变得尤为重要。（关皓等，2017）多花黑麦草具有较高的可溶性碳水化合物含量，可作为青贮饲料的理想原料。

杨志刚等人（2003）在凋萎和添加有机酸对多花黑麦草青贮品质的影响试验中表明，多花黑麦草春季拔节期和抽穗期刈割后直接青贮，因含水量较高，导致青贮饲料的品质下降。青贮渗出液中含有大量的可消化养分，包括可溶性碳水化合物、蛋白质、有机酸、矿物质等。青贮渗出液中可溶性碳水化合物的损失很大，大量损失可能会影响发酵类型的改变。李志强等人（2003）的研究表明，将青贮原料进行晾晒后，水分含量降低，会抑制微生物发酵，也可以抑制有害微生物的生长繁殖，减少植物渗出液，从而较多地保存青贮原料的营养成分。许庆方等人（2005）的研究表明，降低饲草含水量可减少或避免青贮渗出液的产生，使渗漏损失大为减少。庄苏等人（2013）的试验表明，添加甲酸、纤维素酶能改善多花黑麦草与白三叶混合青贮的质量，纤维素酶处理比甲酸处理效果更好。综上所述，在提高多花黑麦草青贮品质的方式中，含水量是影响青贮成功的一个重要因素，凋萎提高了青贮饲料的发酵品质，有效地保存了饲料养分，因此高含水量的多花黑麦草青贮时经凋萎晾晒，使含水量降至70％左右时可以制作成较好的青贮饲料。

三、高丹草青贮

高丹草是由饲用高粱与苏丹草杂交而成的新饲草品种。作为禾本科植物，高丹草具有抗旱耐碱、茎粗叶宽、分蘗能力强、适应性广的特点，杂种优势十分明显。杨俊卿和韩平安通过研究发现，高丹草杂种优势产生的主要原因是叶片光合作用相关蛋白的表达水平提升，可以加强其子代对有机物的同化能力，更好地维持植物发育。高丹草再生能力强，可多次刈割，在西部盐碱干旱地区也能适应，产量高、适应范围广，在热带寒带均可大范围种植。近年来，由于国内外研究者在高丹草育种方面的努力，培育出一系列高性能苏丹草新品种，如健宝、苏波丹、佳宝、格林埃斯等，在生产方面取得了优异的成绩。

高丹草作为畜牧饲草，有着较高的营养水平，其中 DM 94.11％、CP 9.09％、CF 29.25％、粗脂肪 1.91％、Ca 0.28％、P 0.89％。（贾汝敏等，2008）高丹草的品质受到多种因素的影响。李争艳（2019）研究了 4 种高丹草的营养特征，比较结果显示，不同品种之间营养成分的差异随生长期的延长而逐渐缩小。曹颖霞（2004）等人比较了 5 种饲草作物的产量以及 CP 含量后认为，高丹草是最为理想的品种。张一为等人（2020）也认为，不同品种之间营养价值存在不同程度的差异。何振富等人（2018）认为，高丹草产量随种植密度的增加而逐渐减小，NDF 与 ADF 在生长过程中存在动态变化，CP 含量则存在下降的趋势。刘建宁等人（2011）认为，获得产量高、品质好的高丹草最适时间在拔节末期，用此时的高丹草制作青贮品质最好。吴姝菊（2006）通过研究发现，高丹草刈割次数对于 CP 及 CF 的含量有显著影响。由上可知，适合的品种、适宜的收获时机是获得高品质高丹草牧草的关键。目前，对于高丹草的利用通常是以新鲜高丹草直接饲喂家畜，但高丹草的茎叶中含有氢氰酸这一抗营养性物质，饲喂过程中若掌握不好饲喂量，容易使家畜出现中毒症状。另外，高丹草产量较高，在短时间内难以大量消耗，高丹草干草虽然能够保持糖类含量，但其他营养物质流失严重，造成饲草的巨大浪费，因而需要找到一种行之有效的存储方法。

青贮高丹草能够保持各种营养物质的含量水平，并具有颜色黄绿、酸香多汁、适口性好的特点，能够在畜牧生产饲养环节提供充足的饲草。但高丹草在调制加工方面会受天气温度、刈割时机等多种因素的影响。范美超（2020）认为，高丹草在乳熟期进行刈割最为合适，并且高丹草青贮的最佳时间为 60 d，此时能够保证其他营养物质的水平。白春生（2020）通过研究发现，青贮高丹草的主要发酵产物乳酸和氨基酸含量随施氮量的增加而提高，同一施氮量条件下，在 15～60 cm 随留茬高度的增加 DM、CP 含量增加，而纤维含量降低。李源等人（2011）在研究高丹草 1、2 号的过程中发现，在 44～100 d 所测的生育天数内，高丹草 1、2 号氢氰酸含量均在饲用的安全范围之内。卫莹莹（2016）在研究饲草添加剂对青贮高丹草品质的影响中发现，纤维素的添加促进青贮中丙酸含量的升高，含水量对青贮发酵品质的直接影响不明显，但在高水分条件下能有效地促进乳酸菌的繁殖，提高青贮营养品质。姜义宝（2005）通过研究发现，在鲜饲和青贮不同的饲养条件下，刈割高度影响着饲喂效果，在青饲情况下，刈割高度在 1.8 m 以下为宜，而青贮高丹草则刈割高度在 1.8 m 之上时表现很好。冀旋（2012）认为，高丹草单一青贮会造成营养物质大量损失，青贮效果不理想。薛祝林（2013）研究后认为，高丹草和紫花苜蓿混贮能够相互弥补营养成分上的不足，且在质量比为 7：3 时品质最好、营养价值最高。在混贮中加 5％的碳酸钙能明显提升青贮中的 DM、ADF、NDF、粗灰分等成分的含量。综上所述，青贮高丹草品质及营养价值不仅与品种刈割时期、高度有关，还与青贮的加工技术、添加剂的种类和含量等复杂因素紧密相关。

马吉锋（2018）等人研究了苏丹草、燕麦草、高丹草对滩羊的饲喂效果，发现三种青贮对羊肉品质风味的影响差异不明显，但苏丹草饲喂组滩羊平均日增重要显著高于另外两组。陈云鹏等人（2008）探究了高丹草以及青贮玉米对育肥牛屠宰性能的影响，发现育肥牛的平均日增重受到饲喂高丹草的影响更大，高丹草组的育肥效果得到显著提高，青贮高丹草的增重效果显著高于全株玉米青贮。刘洁等人（2019）探究了高丹草、小黑麦以及全株玉米三种青贮对绵羊的生长性能的影响。研究结果显示，青贮高丹草组采食量与平均日增重均显著高于全株玉米组。目前，对青贮高丹草饲喂效果的研究主要集中于反刍动物，在草食家禽方面缺乏相关研究。

第二节 豆科牧草的青贮研究进展

豆科牧草是双子叶植物，根部长有瘤状物，叫作根瘤菌，能用来固氮，因而豆科牧草种植后能改善土壤肥力，可做绿肥使用。这种植物的茎叶中蛋白质含量很高，干物质中蛋白质含量在18%～25%左右，营养价值非常高，口感也很好，牲畜和鱼类都很喜欢食用，可以用来代替精料。豆科牧草有光叶紫花苕、紫花苜蓿、白三叶、紫云英等，这些是极为优质的牧草品种。

豆科植物营养价值丰富，维生素和微量元素丰富，氨基酸平衡，粗蛋白含量高，产量高，但目前主要利用形式是晒制成干草，粉碎后饲喂牛羊，在调制干草和收贮过程中细枝嫩叶容易脱落，营养损失非常严重。青贮因其营养损失少、可长期保存、消化利用率高、营养价值高及适口性好等特点，相较于调制干草优势明显，是豆科植物加工贮存的理想方式，可以缓解冬季动物优质蛋白质供应不足的问题。然而，受蛋白质含量较高、可溶性碳水化合物含量偏低、原料附着的乳酸菌含量较低等因素影响，豆科牧草青贮不易成功。但田晋梅等人（2000）将沙打旺、柠条、草木樨等豆科植物含水量控制在68%后青贮，均获得了较好的青贮效果，并且在45天的饲养试验中，饲喂3种豆科植物青贮饲料的动物日增重均高于对照组，克服了原料本身适口性差、利用率低等缺点。聂住山等人（1990）也表示，袋装苜蓿青贮时，将水分控制在60%～68%，青贮效果较好。黎英华（2010）在对鄂尔多斯高原上几种豆科植物进行青贮的试验中表明，塔落岩黄芪、沙打旺、中间锦鸡儿单独青贮时均能形成品质较好的青贮饲料。

一、光叶紫花苕青贮

光叶紫花苕（*Vicia villosa Roth var.*）又名苕子、光叶紫花苕子、光叶苕子等，是豆科优质的肥饲兼用牧草，原产地为美国，是美国俄勒冈州试验站从毛叶苕子中选育出来的。1946年引入我国，在江苏、安徽已大面积种植，是南方冬春季节重要的畜禽青绿饲料和南方冬闲田的主要粮草轮作作物，具有改良土壤、提高经济效益的作用。（刘凌等，1999）光叶紫花苕分枝多，再生枝茎长，鲜嫩、柔软多汁，粗蛋白含量高且营养丰富。其各生物期养分含量如表4－1所示。（赵庭辉等，2010）

表4－1　　　　　光叶紫花苕子不同生育期的营养成分　　　　单位:%

生育期	粗蛋白	粗脂肪	粗纤维	无氮浸出物	粗灰分	钙	磷
分枝初期	26.6	1.87	11.43	37.5	11.9	0.75	0.52
分枝盛期	13	2.13	15.77	30.4	12.3	0.71	0.64
现蕾期	12.4	1.9	19.73	31.77	9.87	0.96	0.45
开花期	11.03	1.37	29.27	33.1	6.97	0.86	0.12
结荚期	10.56	1.23	36.25	33.01	6.74	0.92	0.11
种子成熟期	10.33	1.03	46.4	30.3	6.23	0.9	0.09

光叶紫花苕是优质的豆科牧草，根部发达，根瘤多，固氮能力强，蛋白质含量高，草粉中粗蛋白质高达29.31%，是优质饲料作物和蜜源植物。（李光华，1998；钱大刚，1966）在肉牛的日粮中，将光叶紫花苕以40%的比例与精料混合，可提高牛肉蛋白质、氨基酸和多种维生素含量。光叶紫花苕草粉可提高牛血液中的血清总蛋白含量，增加肉牛的体重，代替精料饲喂绵羊也具有增加体重和促进羊毛生长的作用，对育肥羊和产羔母羊安全健康越冬具有重大作用，并对改善牛羊肉肉质、肉色，保障肉品质的安全具有重要意义。光叶紫花苕饲喂猪的价值几乎与"牧草之王"苜蓿相同，在猪的日粮中混加适量光叶紫花苕草粉，可以提高猪胴体瘦肉率和屠宰率，

同时起到增重效果。(刘永钢等,1992;阿里说布等,1993)光叶紫花苕草粉的营养成分与苜蓿几乎相同,但光叶紫花苕草粉价格低,降低了养殖成本,使用光叶紫花苕饲喂兔子,可以提高产仔存活率,促进兔子的生长和发育,从而提高经济效益。(李发志等,1992)饲喂光叶紫花苕草粉能够提高獭兔的胴体重和屠宰率,使其毛皮质量系数提高,对獭兔毛皮的毛密度和平整度都有促进作用。(苏国鹏,2012)光叶紫花苕不仅是冬季畜禽主要的鲜草饲草,还是优良的蜜源植物,其价格低廉、营养成分高,可用于青饲、青贮、制作干草或草粉。光叶紫花苕的加工贮藏简单便利,是兔、鸡、牛、羊、猪、马、鹅的优良鲜草饲料,缓解了冬春季节缺草问题,保障了肉的高品质,可以促进草地畜牧业发展。(赵鸿飞,2017)

二、紫花苜蓿青贮

紫花苜蓿(*Medicago sativa* L.)是世界上种植面积较大的多年生豆科牧草,具有产草量高、营养丰富、适口性好、易于牲畜消化的特点,享有"牧草之王"的美誉。作为世界上栽培面积最大、栽培时间最早的多年生牧草(Nan等,2014),其粗蛋白含量约占干物质含量的17%~20%。目前,干草生产和青贮是利用苜蓿的主要途径。(南丽丽等,2014;韩春燕等,2008;蒋再慧等,2017)发展苜蓿种植产业对提高畜禽生长性能和改善畜产品品质均有良好的促进作用。(杨雨鑫等,2004)

大量研究表明,将紫花苜蓿青贮是解决干草制备过程中养分流失问题的有效措施。紫花苜蓿青贮不仅能减少营养物质的流失,而且能维持青绿饲料的营养,同时具有良好的适口性、较高的消化率,以及便于长期保存的优点。(张涛等,2004;李向林等,2008)紫花苜蓿富含粗蛋白(CP)、维生素、矿物质和其他营养物质,在青贮发酵时中性洗涤纤维(NDF)与酸性洗涤纤维(ADF)的比例适宜,是一种优质饲料。对紫花苜蓿进行青贮不受气候影响,但紫花苜蓿粗蛋白含量高、碳水化合物含量低、缓冲能高,植物本身附着乳酸菌含量少,在单独青贮时不易形成低 pH 值状态,难以满足青贮过程中对乳酸菌的需求。同时，发酵过程中产生的梭状芽孢杆菌在青贮饲料中具有很强的活性，在青贮饲料发酵过程中，常常伴随梭状芽孢杆菌对蛋白质的较强分解作用，它通过氨基酸的脱氨基或失活作用形成氨态氮，从而使对糖有较强分解作用的梭状芽孢杆菌降解乳酸，产生腐烂的丁酸、二氧化碳和水，最终导致青贮饲料的品质降低。（李向林等，2005；许庆方等，2006；李改英，2009）

适宜的水分是紫花苜蓿生长中不可缺少的元素之一，也是影响紫花苜蓿青贮的主要因素。在紫花苜蓿青贮的过程中，只有将含水量控制在适宜的范围内才能青贮成功。紫花苜蓿青贮饲料主要是由乳酸菌利用糖类发酵生产相应的乳酸，从而抑制腐菌和霉菌等菌类的生长和活性，达到制成优良青贮的目的。另外，不同温度下紫花苜蓿青贮饲料中粗蛋白、酸性洗涤纤维和中性洗涤纤维含量不同；粗蛋白是紫花苜蓿青贮饲料的主要营养成分，酸性洗涤纤维是提高饲料消化率的关键，中性洗涤纤维是评价饲料配比精粗比重的重要指标；pH 值对紫花苜蓿青贮饲料的品质有很大影响：在紫花苜蓿青贮饲料中，乳酸菌将糖转化为有机酸，降低了 pH 值，抑制了有害微生物的生长和代谢，避免了青贮紫花苜蓿的腐败变质；发酵时间对紫花苜蓿青贮饲料也有很大影响，为了实现紫花苜蓿青贮饲料的精细化管理，需要严格控制发酵时间。

作为重要的牧草饲料，紫花苜蓿青贮后质量能够提高，对畜牧业良性发展较为重要，适宜的青贮技术对提高紫花苜蓿青贮质量至关重要。研究证实，对紫花苜蓿进行混合青贮后，青贮质量显著改善。大量研究表明，紫花苜蓿与禾本科牧草混贮较成功，如紫花苜蓿与玉米混贮（王林等，2011）、紫花苜蓿与麦秆混贮（蔡敦江等，1997）均明显改善了青贮品质。研究表明，紫花苜蓿与红豆草混合青贮能够促进发酵，同时提高了消化率。紫花苜蓿与直穗鹅观草、芦苇（曾黎等，2011）等混合青贮后，发酵效果均比紫花苜蓿单贮更优，营养品质更佳。

青贮紫花苜蓿是畜牧业的主要青贮饲料，对保障畜牧业的发展发挥作用。面对影响紫花苜蓿青贮的诸多因素，畜牧业人员需要采用适宜的紫花苜蓿青贮技术，提高其青贮质量，使其更好地服务于畜牧业，促进畜牧业的进一步发展。

三、花生秧青贮

花生（*Arachis hypogaea L.*）又名长生果、地豆，为蝶形花科落花生属一年生草本植物。花生不但能够直接食用，而且可以榨油，是重要的油料作物和经济作物，在世界上各个国家的农作物中均占有重要的地位。我国是世界上最大的花生生产国与消费国之一，花生脂肪含量丰富，是我国重要的油料经济作物之一。我国花生种植范围广泛，除西藏、青海等少部分地区无种植外，全国大部分地区均有种植，主要集中在黄淮海流域、东南沿海及长江流域。（王瑞元，2020）

花生秧具有较高的营养价值，其 CP 含量高于禾本科牧草，与紫花苜蓿相当，是草食性家畜的优质粗饲料。张峰等人（2009）的研究表明，花生秧 CP、EE、CF、Ca、P 以及 Ash 含量分别占干物质的15.23%、4.95%、20.1%、2.46%、0.04%、7.9%。花生秧营养品质会受品种的影响。唐梦琪等人（2020）对 13 种花生的花生秧营养成分进行分析，结果表明，干物质条件下，CP、EE、NDF、ADF、Ash 含量范围分别为 11.17%～14.64%、1.87%～2.58%、39.86%～46.02%、30.13%～37.85%、11.06%～14.14%。蔡阿敏等人（2019）的研究表明，花生秧营养价值受气候影响较大，春花生秧 CP 含量为 10.44%，极显著高于夏花生秧，而 ADF 与 NDF 含量极显著低于夏花生秧。

花生秧营养丰富、价格低廉，在畜牧业中拥有较大的利用前景。刘泽（2021）用全花生秧型日粮替代玉米青贮与花生秧混合日粮，结果表明饲喂全花生秧型日粮可提高小尾寒羊的采食量以及日增重，增加养殖效益。冯豆（2018）的研究结果表明，100%花生秧干物质替代紫花苜蓿是能显著提高花生秧粗蛋白与中性洗涤纤维在奶牛瘤胃中的降解率。米浩（2019）研究了谷草（*Millet straw*）与花生秧的不同配比对羔羊育肥效果的影响，试验结果表明，谷草与花生秧比例为 2：1 时羔羊的育肥效果最佳，羔羊的最高日增重为 248.10 g，纯利润在谷草与花生秧比例为 2：1 时增加 50.21%。李文静等人（2021）以荷斯坦牛为研究对象，研究饲喂花生秧与麦秸对其生长指标的影响，结果表明饲喂花生秧的荷斯坦牛平均日增重显著高于饲喂麦秸，表明花生秧在畜牧养殖行业具有巨大的应用前景。花生秧在干草方面应用广泛，同时也是优良的青贮原料。青贮花生秧能够较多地保存营养价值，弥补干花生秧营养损失较多的缺点，满足草食性家畜的营养需求。丁松林等人（2002）在牛基础日粮中添加 2 kg 花生秧青贮饲料，以添加 1 kg 稻草为对照组。结果表明，添加花生秧青贮饲料时牛平均日增重比对照组高 26.53%，且每头牛平均日收益比对照组高 0.26 元。黄秀声等人（2017）以花生秧与狼尾草（*Pennisetum alopecuroides L. Spreng*）1：3 混合为青贮原料，以无添加剂组为对照组，研究纤维素酶、乳酸菌及二者组合对混合青贮饲料发酵品质的影响。结果表明，二者组合添加的 pH 值、CP 与 LA 含量均显著高于对照组。有关研究表明，在玉米秸秆与花生秧混合青贮饲料中添加乳酸菌能够降低青贮饲料的 pH 值，提高 LA 含量，同时添加乳酸菌与纤维素酶能够降低 ADF 与 NDF 含量。

第三节　禾本—豆科混合青贮饲料的研究进展

一、禾本—豆科混合青贮饲料的营养特性

青贮饲料作为反刍动物养殖过程中不可缺失的重要饲料，与干草工艺相比，具有长期贮存以便调节青绿饲料季节供应的不平衡、适口性好、消化性强和分配灵活等优点。（范娟，2021）将青绿牧草或作物切碎后，填装到密闭的青贮窖中或者青贮容器中并压实，使得填装后的青绿饲料与外界的空气隔离。在温度和湿度适宜且封闭的环境下，利用植物细胞的呼吸作用和好气性微生物的活动消耗氧气，形成厌氧环境，使原料表面附着的乳酸菌大量繁殖，原料中的

糖类转变为以乳酸为主的有机酸，pH值随着发酵时间的延长而下降，当pH值达到4.2以下时，酸性厌氧环境不利于有害微生物的生长，青贮饲料得以长期保存。（江波，2021；Castro-Montoya等，2018；王福成，2021）

禾本科植物是饲用性较高的一种优质饲粮，其糖分含量高，粗蛋白含量低，茎秆多汁，适口性好，易于青贮。豆科牧草富含蛋白质及钙，同时纤维含量低、消化率高，是反刍动物养殖业的优良牧草之一，但豆科牧草碳水化合物含量低、缓冲能高，单独青贮时pH值较高，在青贮过程中容易因不良微生物的生长而腐败变质，青贮难以成功。（陈雷，2018）添加定量的禾本科牧草，可以弥补豆科牧草的缺点，改善青贮品质。一般来讲，将豆科牧草和禾本科牧草按一定比例混合青贮，不仅可以解决豆科牧草单独青贮容易失败的问题，还可以解决禾本科牧草单独青贮营养成分低的问题，有助于改善豆科牧草的发酵品质（刘秦华等，2013），满足反刍动物对优质青贮饲料的需求。

二、禾本—豆科混合青贮饲料的发酵品质

pH值是反映青贮发酵品质的关键因素。青贮原料的pH值越低，抑制有害微生物繁殖的能力越强，并且保存良好的青贮饲料pH值应小于4.2。（陈光吉等，2019）青贮饲料的类型和营养成分对pH值有很大影响。豆科牧草与禾本科牧草混合青贮的pH值低于单独的豆科牧草和禾本科牧草青贮后的pH值，品质较优。理论上，豆科牧草含有低浓度的水溶性碳水化合物，蛋白质含量和缓冲能力高，pH值下降速度缓慢。青贮饲料进入稳定期需要很长时间，营养物质损失较大。然而，玉米和豆科牧草的可溶性碳水化合物含量高，容易产生乳酸，使pH值迅速下降。因此，玉米和豆科牧草混合青贮饲料达到稳定状态时的pH值低于豆科青贮饲料。（Kung等，2018）

豆科牧草含量越多，其混合青贮的pH值越高。随着紫花苜蓿比例的增加，乳酸含量逐渐下降。在紫花苜蓿添加量为45%时，乳酸和氨态氮含量低于单独青贮的多花黑麦草青贮饲料，具有优良的发酵品质。(张丁华等，2019) 代胜等人（2020）通过研究发现，禾本科牧草与豆科牧草混合发酵后的全混合日粮（TMR）pH 值均小于 4.2，且 LA 含量随禾本科牧草比例的增加而增加，原因可能是禾本科牧草中富含 WSC，可以促进 LA 生成。在由禾本科牧草及豆科牧草制作的 TMR 中，发酵 TMR 中乳酸含量随着豆科牧草紫花苜蓿比例的增加而增加，紫花苜蓿和甜高粱单独青贮 TMR 和混合青贮 TMR 的 pH 值均低于 4.2，氨态氮/总氮含量小于 10%，有少量丙酸、无丁酸，说明各 TMR 的发酵品质较好。综合各组 TMR 青贮后的营养成分含量和发酵品质来看，发酵后的 TMR 中甜高粱与紫花苜蓿的最佳混合比例为 7∶3。陈雷（2018）通过研究发现，甜高粱单独青贮时发酵品质为优等，甜高粱与紫花苜蓿以不同比例混合青贮时，发酵品质为优等、中等和差等，紫花苜蓿比例越高，品质越差，紫花苜蓿单独青贮时发酵质量较差。在混合青贮中适当添加紫花苜蓿，能够提高粗蛋白含量，促进乳酸发酵，当紫花苜蓿占比 25% 时，青贮过程中的乳酸含量高于禾本科牧草单独青贮，并且丁酸含量较低。有人研究了全株玉米、紫花苜蓿及二者以不同比例混合青贮后的发酵质量。结果表明，青贮饲料中全株玉米比例越高，NH_3-N 浓度越低。豆科与禾本科牧草在蛋白质含量、蛋白质组成、蛋白酶含量和可溶性糖含量方面存在较大差异。禾本科牧草青贮后的 NH_3-N 浓度通常低于豆科牧草。与高粱青贮饲料相比，玉米青贮饲料的粗蛋白、脂肪浓度略高，而中性洗涤纤维和木质素的浓度较低。唐泽宇（2019）研究了在紫花苜蓿中添加不同比例的皇竹草对紫花苜蓿青贮饲料发酵质量的影响。结果表明，随着皇竹草比例的增加，紫花苜蓿青贮饲料的 pH 值和 NH_3-N 浓度显著降低，乙酸浓度显著升高，紫花苜蓿青贮发酵质量显著提高。

　　青贮饲料中 CP 含量是衡量青贮品质的关键指标。蛋白质是饲料当中氮物质的总称，蛋白质降解说明饲料当中氮的利用率降低，从而影响饲料的营养水平和家畜对饲料干物质的采食量。在由禾本科牧草及豆科牧草制作的 TMR 中，着豆科牧草紫花苜蓿比例的增加，发酵后的 TMR 中干物质含量逐渐下降，粗蛋白质含量相对增加，甜高粱占比 70％时 CP 含量最高。（代胜等，2020）此外，豆科牧草比例的增加进一步保存了混合青贮中 CP 和 WSC 的含量，为瘤胃微生物提供了充裕的发酵底物。（Bayatkouhsar 等，2011）相比于多花黑麦草单独青贮，随着混合青贮中豆科牧草紫花苜蓿比例的升高，其 CP 和灰分含量得到提高。有人研究了糖蜜对大豆青贮发酵品质的影响，结果显示，在大豆中添加 2％的糖蜜，发酵后 CP 含量与乳酸浓度显著提高，大豆青贮的品质得到显著改善。

　　青贮原料含水率的高低是青贮成功与否的关键因素。当水分含量过高时，植物汁液会在青贮过程中浸出，导致营养物质流失，有害微生物加速繁殖，乳酸菌发酵受到限制。研究表明，对紫花苜蓿青贮进行一定的干燥处理可以降低紫花苜蓿青贮含水量，从而大大降低紫花苜蓿青贮饲料中的丁酸和 NH_3-N 含量。（杨玉玺等，2017）李君临等人（2014）发现，随着青贮饲料水分含量的降低，青贮中 DM 和 CP 含量逐渐增加，NDF 和 ADF 含量逐渐降低，说明适当降低青贮饲料含水量可以提高青贮品质。这可能是因为青贮饲料水分含量降低，青贮中 DM 和 WSC 含量增加，促进了乳酸菌的繁殖，提高了青贮品质。将含水率为 72％和 53％的紫花苜蓿青贮饲料储存 30 d，发现含水率为 72％的紫花苜蓿青贮具有较高的乳酸、丙酸和蛋白质含量，青贮质量良好。原料的适宜含水率是保证青贮饲料质量的重要前提。含水率高的原料可以通过自然晾晒或与含水率低的原料混合来调节。禾本科牧草青贮饲料的适宜含水率为 65％～75％，豆科牧草青贮饲料为 60％～70％。琚泽亮等人（2016）将含水率为 45％～50％和 65％～70％的燕麦青贮 40 d、80 d、120 d 后发现，含水率对单贮、混贮的燕麦青贮发酵品质有显著影响。含水率在 65％～70％时，混贮燕麦青贮的 CP、乳酸和可溶性糖含量较稳定，pH 值和 NH_3-N 含量降低，青贮效果较优。同时，燕麦与箭筈豌豆混贮也保持了乳酸含量的最高值。因此，禾本科牧草与豆科牧草混合青贮的适宜含水率为 65％～70％。

三、禾本—豆科混合青贮饲料青贮过程中微生物种类及数量的变化

青贮是复杂的微生物共生系统，在青贮过程中，各类微生物竞争营养物质。腐败菌与有益微生物竞争可溶性糖，并分解青贮中的蛋白质，降低青贮品质。（杨文琦等，2013）在青贮过程中，菌群的种类和相对丰度发生变化，青贮中的少数有益菌属对其品质发挥着优势作用。（Dunière 等，2013）因此，了解青贮过程中微生物的变化可以有效调节青贮的成分，从而促进青贮过程中有益菌的生长，抑制有害菌，减少青贮中的毒素，提高青贮中干物质、粗蛋白和可溶性碳水化合物的含量。（任海伟等，2020）由于大多数牧草上附着活性乳酸菌的数量有限，因此乳酸菌在自然发酵中难以成为优势菌，导致青贮失败。为保证以乳酸菌为主的青贮发酵，达到抑制有害微生物生长的目的，可通过添加乳酸菌的方式提高其数量。（辛亚芬等，2021）刘乐乐等人（2023）对比了全株玉米与三叶草混合青贮前后的细菌群落变化。结果表明，青贮 60 d 后，混合青贮中乳酸杆菌属的相对丰度由 0.08％显著增加到 79.88％，明串珠菌的相对丰度由 0.05％增加到 6.76％。胡宗福等人（2017）发现，在全株玉米青贮中，厚壁菌门的相对丰度在 5～40 d 增加，变形菌门的相对丰度则与之相反。何秀等人（2022）发现，在甜象草青贮中，厚壁菌门占主导地位，是优势细菌，在青贮 10～30 d 时由 70.05％增加到 93.94％，在 60 d 时，厚壁菌门的相对丰度有所下降。姜富贵等人（2021）发现，在杂交构树青贮中添加发酵促进剂时，魏氏菌属与乳酸杆菌属是优势菌属，随着发酵促进剂添加量的增加，乳酸杆菌属仍占据优势地位，魏氏菌属和肠杆菌属的相对丰度低于未添加发酵促进剂的青贮饲料。龙仕和等人（2022）发现，王草青贮中的优势菌分别为变形菌门和肠杆菌属。

第四节　青贮饲料在动物生产中的应用

一、青贮饲料在牛生产中的应用

粗饲料是反刍动物的一个重要营养来源，在瘤胃中发酵产生挥发性脂肪酸（VFA），为反刍动物提供能量，并在生物体的代谢中发挥重要作用。不同来源的粗饲料营养品质差异较大，粗饲料的质量对反刍动物的生长有较大影响。由于反刍动物瘤胃的特殊性，玉米秸秆长期以来一直是反刍动物的重要粗饲料来源，尤其是在肉牛生产中，秸秆饲料已成为常规饲料，但成熟玉米秸秆纤维含量高，木质化严重，消化率低，营养价值较低。冯仰廉等人（2022）、杨致玲等人（2020）的研究表明，不同营养价值的改良技术在单独制作全株玉米青贮时对干物质采食量无不良影响，可显著降低料重比。在接种菌的青贮基础上添加瘤胃赖氨酸和瘤胃蛋氨酸可显著提高肉牛的平均日增重。粗蛋白质和粗脂肪表观消化率及血清生长激素含量降低了料重比，接种菌的青贮平均日增重呈升高趋势。陈跃鹏等人（2018）通过肉牛饲养试验发现，未接种菌的玉米秸秆青贮与接种菌的玉米秸秆青贮均显著提高了肉牛的平均日增重，可明显降低料重比，提高经济效益。对肉牛饲料进行适当的加工，可以有效提高其饲养价值，促进肉牛生长。胡张涛等人（2022）通过研究发现，在饲粮中添加燕麦青贮能改善肉牛免疫系统，提高牛肉品质。有人对比研究了全株玉米青贮、全株玉米与小麦秸秆混合青贮、玉米秸秆青贮、甜玉米秸秆饲料消化率，以及4种饲料对西门塔尔肉牛生长性能、瘤胃发酵的影响。结果显示，各组之间的干物质摄入量差异不显著，但饲喂全株玉米青贮显著提高了肉牛的平均日增重和饲料消化率。

粗饲料是反刍动物重要的营养来源，与反刍动物机体健康有密切关联，奶牛的健康离不开优质粗饲料的供给。刘艳芳等人（2022）

研究了玉米青贮饲料与高粱青贮饲料对奶牛生产性能的影响。结果显示，与高粱青贮饲料相比，玉米青贮饲料的粗蛋白、脂肪浓度略高，而中性洗涤纤维和木质素的浓度较低。饲喂玉米青贮饲料的奶牛比饲喂高粱青贮饲料的奶牛多消耗 13％的 DM，多生产 5％的牛奶。单独饲喂高粱青贮饲料的奶牛比饲喂玉米青贮饲料的奶牛的乳脂浓度高 16％。青贮饲料类型不影响牛奶中蛋白质和乳糖的浓度。用饲喂高粱青贮代替玉米青贮可保持奶牛的生产性能。Tang 等人（2021）通过研究发现，甜高粱占比 50％的玉米青贮饲料对产奶量无负面影响，说明在饲喂玉米青贮饲料时间较短的情况下，甜高粱可以替代部分高产奶牛饲料中的玉米青贮饲料。

二、青贮饲料在羊生产中的应用

青贮饲料含有的粗纤维严重阻碍肉羊的高效利用，而且青贮饲料的利用受到季节限制，无法使肉羊饲养获得较平稳的饲料供应。（李闯等，2021）对此，国内外学者通过青贮发酵技术提高青贮饲料的利用率，突破了青贮饲料的季节限制，可实现常年供应。此外，青贮处理改变了青贮饲料的适口性，使其易被消化吸收，可降低反刍动物的料肉比，提高日增重。（刘超等，2005）

青贮处理可以提高秸秆 DM 及细胞壁的消化率，增加秸秆的营养成分含量，便于肉羊利用。（于秀芳等，2008）与未处理粗饲料相比，青贮处理可以提高饲料中养分的消化率。李林等人（2017）的研究表明，青贮玉米秸秆组的 DM 和 CF 消化率较玉米秸秆组分别提高 6.60％和 15.15％。廖阳慈等人（2018）探究了燕麦草、青贮玉米（燕麦草与青贮玉米的添加比例之和为 60％）和紫花苜蓿（10％）对斯布牦牛的组合效应。结果表明，当燕麦草与青贮玉米的添加比例均为 30％时，日粮中各营养物质的表观消化率达到较好的效果。

青贮处理对羊的生长性能也有一定的积极影响。与未处理的粗饲料相比，青贮饲料提高了肉羊日增重（ADG），降低了料肉比，提高了肉羊的生长性能。王金飞等人（2021）的研究表明，以花生秧作为对照组，在日粮中添加40%玉米全株青贮饲料可以显著提高杜湖杂交母羔1～30 d的平均日增重，并且降低1～30 d和1～90 d的料重比。赵亚星等人（2020）利用全株玉米青贮饲料饲喂杜寒羊，与羊草饲喂相比，全株玉米青贮饲料可以显著降低杜寒羊平均日采食量和料重比，但ADG与羊草组差异不显著。唐德娟等人（2019）以玉米盘江7号青贮秸秆为试验组，以玉米秸秆作为对照组，研究结果表明试验组每只黑山羊ADG较对照组提高62.66 g。刘波等人（2016）以有穗和无穗玉米秸秆制作青贮饲料饲喂肉羊，与秸秆饲喂相比，青贮有穗玉米秸秆组和青贮无穗玉米秸秆组肉羊的ADG分别提高了61.70%和57.21%。康永刚等人（2021）的研究结果表明，与用普通玉米秸秆饲喂徐淮山羊相比，用常规青贮玉米秸秆饲喂徐淮山羊可以显著提高ADG，降低剩料量和料重比。姚燕等人（2015）的研究表明，与用玉米秸秆饲喂贵州黑马羊相比，用青贮玉米秸秆饲喂可显著提高DMI、ADG和饲料利用率。

三、青贮饲料在猪生产中的应用

青贮饲料逐渐成为生猪养殖业的一种新型饲料。相比于传统饲料，青贮饲料具有成本低、绿色环保等优点，因而被越来越多的生猪养殖企业采用。

青贮饲料作为主要饲料，能够提高猪只的食欲，增加其摄食量，同时青贮饲料中含有丰富的营养成分，如粗蛋白、粗脂肪等，能够为猪只提供足够的营养，从而使其生长速度加快，增重率明显提高。在实际饲养中，使用青贮饲料后，生猪增重率比使用传统饲料平均提高了10%以上（邵东东和徐斌，2023），可带来显著的经济效益。青贮饲料作为一种廉价、易于保存的饲料，能够显著降低饲料成本。在使用青贮饲料后，单位饲料成本比使用传统饲料平均降低了30%以上，使公司在提高生猪产量的同时，有效控制了成本。青贮饲料中含有较高的粗纤维和水分，能够增加猪肉的嫩度，并能够改善其脂肪酸的组成，使猪肉更加健康营养。（胡新旭等，2015）在使用青贮饲料后，猪肉的质量得到了明显提高，受到了市场和消费者的高度认可。青贮饲料能够减少猪粪便中的氨气排放，减少环境污染。（乔艳明等，2016）在使用青贮饲料后，氨气排放量比使用传统饲料平均降低了 20% 以上，为环保工作作出了重要贡献。

第五节　不同比例和发酵时间对燕麦、光叶紫花苕混合青贮品质的影响

燕麦（Avena sativa）是禾本科一年生牧草，具有耐寒、耐旱、产量高、适口性好、消化率高等优点（柳茜等，2019），在高寒湿冷的南方地区广泛种植，是反刍家畜优质的饲草资源。目前，收获后的燕麦多被用于鲜饲或晒制成干草加以利用，但贵州秋季雨水充沛，以自然晾晒的方式调制优质干草难度较大，若将收获的新鲜牧草调制成青贮饲料，不仅能有效填补冬季牧草的饲料缺口，还能最大限度保存青绿饲料的营养成分，提高家畜利用率。前人对燕麦青贮的研究多集中于不同品种（张冉等，2022）、发酵时间（胡炜东等，2022）、生育期（张金霞等，2021）和添加剂（唐晓龙等，2022）等方面，与燕麦混合的青贮材料也主要是紫花苜蓿（郭金桂等，2018）、黑麦草（郭刚等，2014）和白花草木樨（顾雪莹等，2011）等。

光叶紫花苕茎汁柔软、蛋白质含量高、氨基酸组成较为全面（郭太雷等，2014），属于一年生或越年生豆科牧草，适应性强、生产潜力高，但由于缓冲能高、可溶性碳水化合物含量相对较低，因而其单独青贮难以成功（陈鹏飞等，2013）。燕麦虽然粗蛋白含量低，但含有丰富的碳水化合物，若将燕麦和光叶紫花苕混合青贮，既能解决光叶紫花苕不易单贮的问题，也实现了青贮原料的养分互补。但是，目前关于燕麦和光叶紫花苕混合青贮的研究较为缺乏，因而本试验通过探讨不同比例和发酵时间对燕麦和光叶紫花苕混合青贮品质的影响，对营养成分和发酵品质进行综合分析，通过隶属

函数法筛选出最适宜的混合比例，以期为燕麦和光叶紫花苕在生产实践中的应用提供参考。

一、材料与方法

（一）试验材料

试验所用燕麦和光叶紫花苕种植于贵州省农业科学院试验基地，燕麦在灌浆期收割，光叶紫花苕在开花期收割，青贮原料营养成分见表4-2。青贮真空袋为19丝PE材质，规格约为30 cm×70 cm。

表 4-2　　　　　　　　青贮原料营养成分　　　　　　　　单位：%

项目	燕麦	光叶紫花苕
干物质 DM/％ FW	28.23	15.69
粗蛋白 CP/％ DM	11.24	38.94
中性洗涤纤维 NDF/％ DM	54.83	33.94
酸性洗涤纤维 ADF/％ DM	34.67	24.66
可溶性碳水化合物 WSC/（mg/g DM）	78.85	52.26
粗脂肪 EE/％ DM	1.74	2.92

注：FW 为鲜重，DM 为干物质。

（二）试验设计

试验采用完全随机设计，设 5 个处理组，分别为 40％燕麦和 60％光叶紫花苕（$Y_{40}G_{60}$）、50％燕麦和 50％光叶紫花苕（$Y_{50}G_{50}$）、60％燕麦和 40％光叶紫花苕（$Y_{60}G_{40}$）、70％燕麦和 30％光叶紫花苕（$Y_{70}G_{30}$）、80％燕麦和 20％光叶紫花苕（$Y_{80}G_{20}$），分别在青贮第 8 d、16 d、30 d 和 45 d 开袋取样，每个时间点 3 个重复。

（三）试验方法

1. 青贮原料制备

将刈割的燕麦和光叶紫花苕萎蔫 1 h 后，用切碎机切至 2～3 cm，按照试验设计混合比例，茎叶充分混匀后分别称取 1 kg 装入真空袋内密封，置于室温保存。

2. 样品采集

分别在发酵第 8 d、16 d、30 d 和 45 d 开袋取样，每个真空袋采集青贮样品共 220 g，20 g 用于提取滤液测定发酵品质，另 200 g 先 105 ℃杀青 15 min 再 65 ℃烘至恒重，40 目粉碎后装入自封袋用于测定常规营养指标。

（四）测定指标与方法

1. 感官评价

感官评价参考德国农业协会（DLG）青贮质量感官评分标准，分别从嗅味（0~14 分）、结构（0~4 分）、色泽（0~2 分）3 个方面对青贮饲料感官打分，最后综合 3 项分数进行等级评定：20~16 分为 I 级，优良；15~10 分为 II 级，尚好；9~5 分为 III 级，中等；4~0 分为 IV 级，腐败。

2. 营养成分的测定

参照《饲料分析及饲料质量检测技术》（张丽英，2007），干物质（DM）采用烘干恒重法测定，粗蛋白质（CP）采用凯氏定氮法测定，粗脂肪（EE）采用索氏浸提法测定，中性洗涤纤维（NDF）和酸性洗涤纤维（ADF）采用范式洗涤法测定。相对饲用价值（RFV）计算公式：

$$RFV = 120/NDF \times (88.9 - 0.779 \times ADF)/1.29$$

3. 发酵指标的测定

称取 20 g 青贮样品加入 180 mL 蒸馏水，捣碎机搅碎后用 4 层纱布和定性滤纸过滤，所得滤液一部分采用德图 testo 206-pH1 型测量仪测定 pH 值，另一部分采用高效液相色谱法测定滤液中乳酸（LA）、乙酸（AA）、丙酸（PA）和丁酸（BA）含量。可溶性碳水化合物（WSC）采用蒽酮－硫酸比色法测定。费氏评分（FS）计算公式：

$$FS = 220 + (2 \times \%DM - 15) - (40 \times pH)$$

（五）数据分析

使用 Excel 2007 对数据进行整理，而后采用 SPSS 18.0 进行方差分析，多重比较用 Duncan 法，试验结果以"平均数±标准差"表示，以 $P<0.05$ 作为差异显著性判断标准。

采用隶属函数评价法计算不同处理组青贮饲料的隶属函数值，根据数值大小进行发酵品质综合排序，具体公式为（谢婉等，2017）：

$$U_{in} = (X_{in} - X_{i\,min}) / (X_{imax} - X_{i\,min}); U'_{in} = 1 - U_{in}$$

式中，U_{in} 为第 n 个样品第 i 个正相关指标的隶属函数值；X_{in} 为第 n 个样品第 i 个指标的原始数据；$X_{i\,min}$、X_{imax} 分别为样品组中第 i 个指标的最小值和最大值；U'_{in} 为第 n 个样品第 i 个负相关指标的隶属函数值。

二、结果分析

（一）发酵时间和混合比例对青贮饲料感官评价的影响

由表 4－3 可知，随着燕麦比例的增加，青贮饲料感官品质逐渐提高。当燕麦添加比例大于 60% 时，混合青贮饲料具有明显的芳香果味和良好的茎叶结构，评价等级均达优良。$Y_{60}G_{40}$ 组、$Y_{70}G_{30}$ 组和 $Y_{80}G_{20}$ 组感官评分显著大于 $Y_{40}G_{60}$ 组和 $Y_{50}G_{50}$ 组（$P<0.05$），其中 $Y_{60}G_{40}$ 组分值最高，$Y_{60}G_{40}$ 组感官评分分别较 $Y_{70}G_{30}$ 组、$Y_{80}G_{20}$ 组、$Y_{50}G_{50}$ 组和 $Y_{40}G_{60}$ 组提高了 3.19%、3.93%、20.04% 和 21.99%。除 $Y_{70}G_{30}$ 组在青贮发酵第 8 d、16 d 和 30 d 的感官评分显著大于发酵第 45 d 外（$P<0.05$），其他处理组在不同发酵时间点的感官评分差异不显著（$P>0.05$），$Y_{70}G_{30}$ 组在发酵第 30 d 的感官评分较发酵第 45 d 提高了 5.71%。

表 4－3　发酵时间和混合比例对青贮饲料感官评价的影响

组别	8		16		30		45		平均值
	分值	等级	分值	等级	分值	等级	分值	等级	
$Y_{40}G_{60}$	15.17 ± 0.29^b	II	15.50 ± 0.50^b	II	15.67 ± 0.58^b	II	15.17 ± 0.29^c	II	15.37 ± 0.43^c
$Y_{50}G_{50}$	15.67 ± 0.58^b	II	15.83 ± 0.29^b	II	15.83 ± 0.29^b	II	15.17 ± 0.29^c	II	15.62 ± 0.43^c
$Y_{60}G_{40}$	19.17 ± 0.29^a	I	18.50 ± 0.50^a	I	18.67 ± 0.58^a	I	18.67 ± 0.58^a	I	18.75 ± 0.50^a
$Y_{70}G_{30}$	18.33 ± 0.29^{Aa}	I	18.33 ± 0.29^{Aa}	I	18.50 ± 0.50^{Aa}	I	17.50 ± 0.50^{Bb}	I	18.17 ± 0.54^b
$Y_{80}G_{20}$	18.17 ± 0.29^a	I	18.17 ± 0.29^a	I	18.17 ± 0.29^a	I	17.67 ± 0.58^b	I	18.04 ± 0.40^b

注：同列数据肩标不同小写字母表示差异显著（$P<0.05$），同行数据肩标不同大写字母表示差异显著（$P<0.05$）。

（二）发酵时间和混合比例对青贮饲料营养成分的影响

由表 4－4 可知，随着燕麦比例的增加，DM、WSC 和 EE 含量显著升高（$P<0.05$），CP 含量显著下降（$P<0.05$），$Y_{80}G_{20}$ 组的 DM、WSC 和 EE 含量分别较 $Y_{40}G_{60}$ 组升高了 26.85％、19.92％和 24.62％，而 $Y_{80}G_{20}$ 组的 CP 含量较 $Y_{40}G_{60}$ 组降低了 34.36％；NDF 和 ADF 含量随燕麦比例的增加呈现先下降后升高的趋势，当燕麦和光叶紫花苕混合比例为 60∶40 时，NDF 和 ADF 含量最低，分别为 51.26％和 30.03％；相反，RFV 值随燕麦比例的增加先升高后下降，$Y_{60}G_{40}$ 组较 $Y_{80}G_{20}$ 组 RFV 值增加了 12.61％。各处理组发酵第 30 d、45 d 的 DM 含量显著低于发酵第 8 d 和第 16 d（$P<0.05$），且均在第 45 d 达到最低值；各组 NDF、ADF 和 WSC 含量随发酵时间的延长总体呈现下降趋势，在发酵第 30 d 获得最小值，其中 $Y_{60}G_{40}$ 组的 WSC、NDF 以及 ADF 含量均在不同发酵时间点之间达差异显著水平（$P<0.05$）；除 $Y_{70}G_{30}$ 和 $Y_{80}G_{20}$ 组外，其余 3 组在发酵第 8 d 和第 16 d 的 EE 含量显著高于发酵第 45 d（$P<0.05$）；各处理组的 CP 含量和 RFV 值随发酵时间的延长出现上下波动，各组在发酵第 16 d 的 CP 含量显著低于其他时间点（$P<0.05$），除 $Y_{40}G_{60}$ 组

和 $Y_{80}G_{20}$ 组的 RFV 在发酵第 30 d 达到最大值外，其余处理组均在发酵第 45 d 达到最大值。

表 4－4　　　发酵时间和混合比例对青贮饲料营养成分

的影响（干物质基础）　　　　　　　单位：%

项目	组别	发酵时间/d				平均值
		8	16	30	45	
DM	$Y_{40}G_{60}$	22.75 ± 0.20^{Ae}	22.44 ± 0.29^{ABe}	22.19 ± 0.23^{Bd}	21.20 ± 0.26^{Cd}	22.14 ± 0.64^{e}
	$Y_{50}G_{50}$	23.74 ± 0.30^{Ad}	23.27 ± 0.34^{ABd}	22.91 ± 0.30^{Bcd}	22.79 ± 0.46^{Bc}	23.18 ± 0.48^{d}
	$Y_{60}G_{40}$	24.92 ± 0.12^{Ac}	24.60 ± 0.25^{Ac}	23.43 ± 0.65^{Bc}	23.29 ± 0.44^{Bc}	24.06 ± 0.79^{c}
	$Y_{70}G_{30}$	26.14 ± 0.65^{Ab}	25.80 ± 0.32^{ABb}	25.06 ± 0.37^{Bb}	24.04 ± 0.39^{Cb}	25.26 ± 0.90^{b}
	$Y_{80}G_{20}$	27.83 ± 0.22^{Aa}	26.91 ± 0.67^{Ba}	26.32 ± 0.46^{Ba}	25.15 ± 0.25^{Ca}	26.55 ± 1.06^{a}
CP	$Y_{40}G_{60}$	25.47 ± 0.48^{Aa}	23.17 ± 0.27^{Ba}	24.98 ± 0.22^{Aa}	23.83 ± 0.66^{Ba}	24.36 ± 1.02^{a}
	$Y_{50}G_{50}$	23.19 ± 0.29^{Ab}	21.38 ± 0.23^{Cb}	22.21 ± 0.52^{Bb}	21.89 ± 0.16^{BCb}	22.17 ± 0.75^{b}
	$Y_{60}G_{40}$	20.46 ± 0.45^{Ac}	18.60 ± 0.35^{Cc}	19.72 ± 0.44^{Bc}	18.88 ± 0.25^{Cc}	19.42 ± 0.83^{c}
	$Y_{70}G_{30}$	18.66 ± 0.35^{Ad}	17.08 ± 0.46^{Bd}	18.26 ± 0.41^{Ad}	18.03 ± 0.34^{Ad}	18.01 ± 0.69^{d}
	$Y_{80}G_{20}$	16.83 ± 0.51^{Ae}	15.41 ± 0.59^{Be}	15.77 ± 0.45^{ABe}	15.94 ± 0.65^{ABe}	15.99 ± 0.72^{e}
WSC/(mg/g)	$Y_{40}G_{60}$	50.12 ± 2.27^{d}	49.23 ± 1.61^{d}	47.88 ± 1.75^{d}	48.06 ± 1.87^{d}	48.83 ± 1.87^{e}
	$Y_{50}G_{50}$	54.65 ± 1.45^{Ac}	54.49 ± 0.51^{Ac}	52.27 ± 0.76^{Bc}	53.78 ± 1.36^{ABc}	53.80 ± 1.36^{d}
	$Y_{60}G_{40}$	56.80 ± 1.90^{Abc}	56.42 ± 0.97^{ABbc}	53.96 ± 0.86^{Bc}	55.16 ± 1.41^{ABbc}	55.58 ± 1.64^{c}
	$Y_{70}G_{30}$	59.33 ± 2.38^{ab}	58.92 ± 1.66^{b}	57.05 ± 2.08^{b}	58.64 ± 1.43^{ab}	58.48 ± 1.87^{b}
	$Y_{80}G_{20}$	62.78 ± 2.28^{a}	62.28 ± 2.82^{a}	60.50 ± 2.01^{a}	62.17 ± 3.58^{a}	61.94 ± 2.51^{a}

续表

项目	组别	发酵时间/d				平均值
		8	16	30	45	
NDF	$Y_{40}G_{60}$	53.03 ± 0.36^b	52.82 ± 0.66^c	52.14 ± 0.31^c	52.77 ± 0.48^c	52.69 ± 0.53^c
	$Y_{50}G_{50}$	52.11 ± 0.46^{bc}	52.02 ± 0.37^{cd}	51.38 ± 0.13^d	51.48 ± 0.40^d	51.75 ± 0.46^d
	$Y_{60}G_{40}$	51.70 ± 0.40^{Ac}	51.52 ± 0.37^{Ad}	50.62 ± 0.42^{Be}	51.19 ± 0.25^{ABd}	51.26 ± 0.53^e
	$Y_{70}G_{30}$	54.41 ± 0.97^a	53.90 ± 0.39^b	53.62 ± 0.42^b	53.76 ± 0.74^b	53.92 ± 0.65^b
	$Y_{80}G_{20}$	55.16 ± 0.45^a	55.07 ± 0.72^a	54.59 ± 0.15^a	54.97 ± 0.68^a	54.95 ± 0.52^a
ADF	$Y_{40}G_{60}$	32.06 ± 0.16^c	31.79 ± 0.36^b	31.43 ± 0.29^b	31.59 ± 0.47^c	31.72 ± 0.38^c
	$Y_{50}G_{50}$	31.21 ± 0.18^d	31.21 ± 0.48^b	30.84 ± 0.17^b	31.08 ± 0.84^c	31.08 ± 0.46^d
	$Y_{60}G_{40}$	30.67 ± 0.21^{Ad}	29.96 ± 0.13^{Bc}	29.61 ± 0.31^{Bc}	29.86 ± 0.37^{Bd}	30.03 ± 0.47^e
	$Y_{70}G_{30}$	33.34 ± 0.53^b	33.30 ± 1.06^a	32.86 ± 0.37^a	32.95 ± 0.28^b	33.11 ± 0.58^b
	$Y_{80}G_{20}$	34.74 ± 0.82^{Aa}	34.23 ± 0.66^{ABa}	33.17 ± 0.58^{Ba}	34.15 ± 0.59^{ABa}	34.07 ± 0.82^a
EE	$Y_{40}G_{60}$	2.05 ± 0.05^{Ad}	2.00 ± 0.04^{ABd}	1.98 ± 0.03^{ABd}	1.93 ± 0.03^{Bd}	1.99 ± 0.06^d
	$Y_{50}G_{50}$	2.17 ± 0.02^{Ac}	2.15 ± 0.02^{Ac}	2.13 ± 0.02^{ABc}	2.09 ± 0.04^{Bc}	2.13 ± 0.04^c
	$Y_{60}G_{40}$	2.30 ± 0.01^{Ab}	2.29 ± 0.03^{Ab}	2.23 ± 0.02^{Bb}	2.22 ± 0.03^{Bb}	2.26 ± 0.04^b
	$Y_{70}G_{30}$	2.31 ± 0.03^b	2.30 ± 0.03^b	2.26 ± 0.01^b	2.25 ± 0.05^b	2.28 ± 0.04^b
	$Y_{80}G_{20}$	2.51 ± 0.04^a	2.48 ± 0.03^a	2.47 ± 0.05^a	2.45 ± 0.04^a	2.48 ± 0.04^a
RFV	$Y_{40}G_{60}$	112.15 ± 0.98^{Bb}	112.96 ± 1.37^{ABb}	113.56 ± 0.81^{ABc}	114.71 ± 1.21^{Ac}	113.34 ± 1.36^c
	$Y_{50}G_{50}$	115.30 ± 1.22^a	115.50 ± 0.21^b	117.24 ± 0.71^b	117.11 ± 1.46^b	116.29 ± 1.27^b
	$Y_{60}G_{40}$	116.98 ± 0.81^{Ca}	118.38 ± 0.78^{BCa}	119.62 ± 1.03^{ABa}	120.62 ± 1.48^{Aa}	118.90 ± 1.69^a
	$Y_{70}G_{30}$	107.59 ± 1.23^c	108.67 ± 2.14^c	109.54 ± 1.65^d	109.70 ± 0.49^d	108.88 ± 1.55^d
	$Y_{80}G_{20}$	104.28 ± 1.05^d	105.13 ± 1.98^d	106.72 ± 1.64^e	106.14 ± 1.05^e	105.57 ± 1.60^e

注：同列数据肩标不同小写字母表示差异显著（$P<0.05$），同行数据肩标不同大写字母表示差异显著（$P<0.05$）。

（三）发酵时间和混合比例对青贮饲料发酵指标的影响

从表4—5可知，FS、LA和AA含量随着燕麦比例的增加逐渐升高，在$Y_{60}G_{40}$组达到峰值后缓慢降低，$Y_{60}G_{40}$组的FS、LA和AA含量分别较$Y_{40}G_{60}$组显著升高33.94%、38.46%和28.57%（$P<0.05$）；相反，各处理组的pH值和PA含量随燕麦比例的增加呈现"下降—升高"的变化趋势，均在二者混合比例为60∶40时获得最小值，与$Y_{40}G_{60}$组相比，$Y_{60}G_{40}$组的pH值显著下降了10.02%（$P<0.05$），各组在发酵第30 d时PA含量达差异显著水平（$P<0.05$）。随着发酵时间的延长，各处理组pH值先降低后在发酵第45 d升高，$Y_{60}G_{40}$组pH值在发酵第30 d下降到3.94，显著低于其余发酵时间点（$P<0.05$）；各组FS、LA和AA含量均随发酵时间延长缓慢升高，在发酵第30 d时达到最大值，其中$Y_{60}G_{40}$组发酵第30 d的FS、LA和AA含量分别较发酵第8 d升高了16.75%、7.48%和33.33%。此外，各处理组PA含量随发酵时间延长总体呈现上升趋势，不同发酵时间点之间差异不显著（$P>0.05$）。

表4—5　发酵时间和混合比例对青贮饲料发酵指标的影响

项目	组别	发酵时间/d				平均值
		8	16	30	45	
pH	$Y_{40}G_{60}$	4.60±0.07[Ba]	4.52±0.03[Ba]	4.50±0.05[Ba]	4.75±0.04[Aa]	4.59±0.11[a]
	$Y_{50}G_{50}$	4.56±0.06[Aa]	4.45±0.02[Bab]	4.33±0.03[Cb]	4.60±0.05[Ab]	4.49±0.12[b]
	$Y_{60}G_{40}$	4.35±0.04[Ab]	4.21±0.03[Bd]	3.94±0.02[Dd]	4.03±0.07[Ce]	4.13±0.17[c]
	$Y_{70}G_{30}$	4.38±0.06[Ab]	4.27±0.05[ABc]	4.16±0.07[Bc]	4.17±0.06[Bd]	4.25±0.10[e]
	$Y_{80}G_{20}$	4.41±0.07[Ab]	4.40±0.04[Ab]	4.28±0.05[Bb]	4.31±0.04[ABc]	4.35±0.07[d]

项目	组别	发酵时间/d				平均值
		8	16	30	45	
LA/(mg/mL)	$Y_{40}G_{60}$	0.71 ± 0.01^{Bd}	0.77 ± 0.01^{ABc}	0.83 ± 0.04^{Ad}	0.83 ± 0.03^{Ac}	0.78 ± 0.06^{d}
	$Y_{50}G_{50}$	0.83 ± 0.01^{c}	0.87 ± 0.04^{bc}	0.88 ± 0.02^{cd}	0.86 ± 0.01^{c}	0.86 ± 0.03^{c}
	$Y_{60}G_{40}$	1.07 ± 0.02^{ABa}	1.10 ± 0.10^{Aa}	1.15 ± 0.04^{Aa}	0.98 ± 0.01^{Ba}	1.08 ± 0.08^{a}
	$Y_{70}G_{30}$	0.94 ± 0.01^{b}	0.95 ± 0.01^{b}	0.96 ± 0.02^{b}	0.94 ± 0.02^{ab}	0.95 ± 0.02^{b}
	$Y_{80}G_{20}$	0.92 ± 0.01^{b}	0.94 ± 0.01^{b}	0.95 ± 0.02^{bc}	0.92 ± 0.01^{b}	0.93 ± 0.01^{b}
AA/(mg/mL)	$Y_{40}G_{60}$	0.12 ± 0.01	0.15 ± 0.01	0.15 ± 0.06	0.14 ± 0.03	0.14 ± 0.03^{b}
	$Y_{50}G_{50}$	0.13 ± 0.03	0.12 ± 0.03	0.16 ± 0.02	0.15 ± 0.01	0.14 ± 0.02^{b}
	$Y_{60}G_{40}$	0.15 ± 0.01^{B}	0.18 ± 0.02^{AB}	0.20 ± 0.01^{A}	0.19 ± 0.03^{AB}	0.18 ± 0.03^{a}
	$Y_{70}G_{30}$	0.14 ± 0.02	0.17 ± 0.02	0.18 ± 0.02	0.16 ± 0.01	0.16 ± 0.02^{ab}
	$Y_{80}G_{20}$	0.14 ± 0.03	0.15 ± 0.03	0.17 ± 0.02	0.16 ± 0.02	0.16 ± 0.02^{ab}
PA/(mg/mL)	$Y_{40}G_{60}$	0.06 ± 0.02	0.07 ± 0.02	0.07 ± 0.01^{a}	0.08 ± 0.01	0.07 ± 0.01^{a}
	$Y_{50}G_{50}$	0.05 ± 0.01	0.05 ± 0.01	0.05 ± 0.01^{abc}	0.06 ± 0.01	0.05 ± 0.01^{bc}
	$Y_{60}G_{40}$	0.03 ± 0.01	0.03 ± 0.01	0.04 ± 0.01^{c}	0.04 ± 0.01	0.04 ± 0.01^{d}
	$Y_{70}G_{30}$	0.04 ± 0.02	0.04 ± 0.01	0.04 ± 0.01^{bc}	0.06 ± 0.01	0.05 ± 0.01^{cd}
	$Y_{80}G_{20}$	0.05 ± 0.02	0.06 ± 0.01	0.06 ± 0.01^{ab}	0.07 ± 0.01	0.06 ± 0.01^{ab}
FS	$Y_{40}G_{60}$	66.64 ± 2.80^{Ab}	69.21 ± 0.83^{Ad}	69.38 ± 1.67^{Ad}	57.26 ± 1.29^{Bd}	65.62 ± 5.38^{c}
	$Y_{50}G_{50}$	69.96 ± 2.75^{BCb}	73.42 ± 0.46^{Bc}	77.63 ± 1.96^{Ac}	66.45 ± 2.77^{Cc}	71.86 ± 4.71^{b}
	$Y_{60}G_{40}$	80.85 ± 1.94^{Da}	85.93 ± 1.25^{Ca}	94.39 ± 1.34^{Aa}	90.38 ± 1.98^{Ba}	87.89 ± 5.51^{a}
	$Y_{70}G_{30}$	82.09 ± 3.13^{a}	85.66 ± 2.24^{b}	88.59 ± 1.53^{b}	86.15 ± 1.72^{b}	85.62 ± 2.43^{a}
	$Y_{80}G_{20}$	84.26 ± 3.05^{Ba}	82.96 ± 2.72^{ABb}	86.57 ± 2.83^{Ab}	82.90 ± 2.12^{ABb}	84.18 ± 3.14^{a}

注：同列数据肩标不同小写字母表示差异显著（$P<0.05$），同行数据肩标不同大写字母表示差异显著（$P<0.05$）。

（四）不同处理青贮饲料发酵品质的综合价值排序

将具有差异的 13 项指标进行模糊数学平均隶属函数分析，综合评价不同处理组青贮饲料的发酵品质并排序，平均值越大综合价值越高。结果如表 4－6 所示，各组综合价值排序由高到低依次为：$Y_{60}G_{40}$ 组（0.76）＞$Y_{70}G_{30}$ 组（0.60）＞$Y_{80}G_{20}$ 组（0.49）＞$Y_{50}G_{50}$ 组（0.41）＞$Y_{40}G_{60}$ 组（0.25）。

表 4－6　　　　　　　隶属函数分析及综合价值排序

项目	$Y_{40}G_{60}$	$Y_{50}G_{50}$	$Y_{60}G_{40}$	$Y_{70}G_{30}$	$Y_{80}G_{20}$
感官评价	0.00	0.07	1.00	0.83	0.79
DM	0.00	0.23	0.44	0.71	1.00
CP	1.00	0.74	0.41	0.24	0.00
WSC	0.00	0.38	0.51	0.74	1.00
NDF	0.61	0.87	1.00	0.28	0.00
ADF	0.58	0.74	1.00	0.24	0.00
EE	0.00	0.29	0.55	0.59	1.00
RFV	0.58	0.80	1.00	0.25	0.00
pH	0.00	0.22	1.00	0.74	0.52
LA	0.00	0.27	1.00	0.57	0.50
AA	0.50	0.00	0.00	1.50	0.50
PA	0.00	0.51	1.00	0.72	0.27
FS	0.00	0.28	1.00	0.90	0.83
平均值	0.25	0.41	0.76	0.60	0.49
排序	5	4	1	2	3

三、讨论

（一）混合比例对青贮饲料营养成分和发酵品质的影响

青贮原料中适宜的含水量是保证乳酸菌正常繁殖的重要条件，

通常认为原料含水量在 65%～75% 为宜。（王成章等，2003）青贮原料光叶紫花苕初始含水量高达 84.31%，因而刈割后对光叶紫花苕进行晾晒 2 h。陈鹏飞等人（2013）研究了不同含水量（鲜草、晾晒 3 h）对光叶紫花苕青贮品质的影响，结果发现低水分牧草的青贮效果优于高水分牧草。顾雪莹等人（2011）将燕麦和豆科牧草白花草木樨以 70∶30 比例混合青贮，能显著提高燕麦单贮时的 CP 含量，降低 NDF 和 ADF 含量，在提高单贮燕麦营养成分的同时能改善单贮白花草木樨的发酵品质。葛剑等人（2016）的研究表明，因豆科牧草紫花苜蓿具有"三高一低"（含水量高、粗蛋白高、缓冲能高、可溶性碳水化合物含量低）的特性，将其与裸燕麦混贮有助于原料间养分互补，并且随裸燕麦混合比例的提高，青贮饲料发酵品质也提高，在裸燕麦与紫花苜蓿混合比例为 2∶1 时青贮效果最佳。郑玉龙等人（2018）研究燕麦与木本饲料混合青贮的适宜比例后发现，燕麦和构树以 1∶5、燕麦和饲料桑以 1∶1 的比例混合时 pH 值和氨态氮（NH_3-N）最低，青贮效果较为适宜。以上研究结果与本试验相类似，由于燕麦本身具有较高的 WSC 含量，与光叶紫花苕混合青贮时随燕麦比例的增加，混合青贮饲料的 WSC 含量显著提高，厌氧条件下乳酸菌利用 WSC 作为主要发酵底物产生大量 LA，促使 pH 值降低，当燕麦和光叶紫花苕混合比例为 60∶40 时，可获得最低 pH 值和较高的 LA、AA 含量，从而改善混贮饲料发酵品质。

　　NDF 和 ADF 是衡量粗饲料适口性和消化率的重要指标，其含量高低与动物消化降解粗纤维的能力呈负相关；RFV 是基于 NDF 和 ADF 计算出的一个指标，RFV 值大于 100 的粗饲料整体质量较好，营养价值高。（孙迷平等，2021；贾存辉等，2017）本研究中，混合青贮改善了燕麦原料较高的 ADF 含量，各处理组 RFV 值均高于 100，其中 $Y_{60}G_{40}$ 组获得最低 ADF 含量以及最高的 RFV 值，出现这一结果的原因是燕麦的添加提高了青贮原料的 WSC 含量，为乳酸菌发酵提供了充足的底物，当燕麦和光叶紫花苕混合比例为 60∶40 时乳酸得到大量积累，有效促进了有机酸对细胞壁可消化组分的降解（毛翠等，2020），从而导致 ADF 含量下降。FS 作为评估青贮料发酵品质优劣的标准之一，由 pH 和 DM 计算得出，优质青贮饲料分值需高于 80 分。（姜富贵等，2019）本试验中，当燕麦添加比例在 60%～80% 时 FS 值均大于 80，说明燕麦混合比例的提高能明显改善青贮饲料的发酵品质。

（二）发酵时间对青贮饲料营养成分和发酵品质的影响

随发酵时间的延长，各组的 DM 和 CP 含量显著下降。这是由于兼性厌氧的假单胞菌和肠杆菌等杂菌在生长繁殖中消耗营养物质，与魏晓斌等人（2019）、卢强等人（2021）的研究结果一致。本试验中，各处理组的 pH 值随着发酵时间的延长逐渐下降，在发酵第 30 d 时 pH 值降至最低，其中 $Y_{60}G_{40}$ 组和 $Y_{70}G_{30}$ 组分别降至 3.94 和 4.16，随后在发酵第 45 d 时缓慢升高，总体呈现"下降-升高"的动态变化。其原因是：发酵初期乳酸菌需要消耗碳水化合物得以大量繁殖，有机酸含量增加，当 pH 值下降到 4.2 以下时进入发酵稳定期，此时同型乳酸菌不再占主导地位，异型乳酸菌开始生成乙醇、乙酸和二氧化碳等（马晓宇等，2019），产酸能力有所降低，导致 pH 值略微升高；NDF 和 ADF 含量的变化规律与 pH 值一致，在发酵第 30 d 时含量最低，而 LA 含量以及 RFV、FS 值在发酵第 30 d 时能获得最大值。这说明乳酸菌的增殖在提高发酵品质的同时，能改善牧草木质纤维组分（张志恒等，2022），并且在发酵第 30 d 时燕麦和光叶紫花苕混合青贮效果最优。

四、结论

燕麦和光叶紫花苕混合青贮的营养成分和发酵品质，随燕麦比例的增加有不同程度的提升。通过隶属函数分析综合评价，燕麦与光叶紫花苕混合比例为 60：40 青贮效果最佳，所有处理组中 $Y_{60}G_{40}$ 组得分最高，生产中建议添加 60% 燕麦混贮 30 d 效果适宜。

第五章　青贮对瘤胃微生物区系的影响

　　我国草食性家畜饲养正经历由"低质饲草＋高精料"模式向"优质饲草＋低精料"模式的转变。养殖模式的转变使优质饲草产品的开发及其配套利用技术的研发成为必然需求。充足的饲草饲料是畜牧业的物质基础。近些年来，为缓解饲草供给压力、延长使用时间、降低有害成分等，青贮饲料在我国被广泛推广，并在动物养殖中得到了一定的应用。

　　连续多年中央一号文件均指出合理调整粮改饲结构，扩大饲料作物种植面积，大力培育现代饲草料产业体系，发展青贮玉米、苜蓿等优质饲草料生产，形成以养带种、牧林农结合的种植结构，以发展规模高效养殖业为目的。草食畜牧业将形成一种以"粮食生产为目的"向"生产优质饲草资源为目的"的种养模式转变，是构建粮饲兼顾、农牧结合、循环发展的新模式，实现了农业生产就地转化利用，简化了生产流程，提高了资源利用效率。

第一节　粗饲料在反刍动物生产中的应用

　　青贮饲料一般被归类为粗饲料，主要用于喂养反刍动物。青贮饲料是将新鲜青草通过拉膜裹包压实成团后进行储存发酵，饲喂时需要拆解并加水后再给家畜食用，在形态上更接近于粗饲料，而在营养成分方面则介于粗饲料和精饲料之间。

一、粗饲料的定义及其营养特点

粗饲料是草食动物的主要能量来源，有关研究结果显示，世界上的草食动物约90%能量主要由粗饲料供给。在国际饲料分类系统中，粗饲料是指干物质中粗纤维含量不低于18%，以风干物质为饲喂形式的植物性饲料，具有体积大、可消化养分含量低等特点。这一类饲料来源广、种类多且资源丰富，主要包括青草、干草、农作物秸秆、糟渣和青贮饲料等。

不同粗饲料中干物质的内部组成由细胞壁和细胞内容物的比例决定。粗纤维是植物细胞壁的主要组成成分，无论是纤维素、半纤维素，还是木质素，均不易被动物消化或者降解利用。粗纤维包裹在养分的外表，一定程度上隔绝了营养物质与肠道消化酶的直接接触，使消化率降低，且降低幅度与粗纤维含量呈相关关系。研究表明，牧草越成熟，纤维素和半纤维素中的两种多糖含量越高，则消化率越低，但粗纤维增加了反刍动物咀嚼、反刍和唾液分泌次数，进而调节瘤胃内环境pH值，降低了瘤胃酸中毒的风险。秸秆秕壳类粗饲料中的无氮浸出物缺乏淀粉和糖类，从而降低了消化率。粗饲料中还含有较多的木质素，会降低多糖的消化，且对动物没有营养价值。

各类粗饲料中粗蛋白含量差异较大，豆科牧草是主要的蛋白质来源，禾本科牧草是重要的能量膳食来源。豆科鲜草中的蛋白质含量可高达30%，豆科干草含蛋白质10%～19%，禾本科干草含蛋白质6%～10%，而秸秆秕壳类粗饲料中的蛋白质含量仅为3%～5%，且秕壳中的粗蛋白很难被动物吸收利用。此外，不同种类的粗饲料可以在反刍动物体内分解形成其日常需要的维生素和矿物质元素。粗饲料中无氮浸出物含量较高，可达20%～40%。粗饲料营养丰富但不平衡。粗饲料中富有钙、磷元素，但磷含量相比钙含量较低。

粗饲料是反刍动物日粮的重要组成部分，日粮中粗饲料占60%～70%，甚至更高，其中55%～95%的粗纤维经瘤胃微生物发酵，形成挥发性脂肪酸（VFA）、CO_2和CH_4等产物（张红涛，2017），在维持瘤胃功能和健康方面发挥着重要作用。但是，仅依靠粗饲料是不能满足反刍动物机体需要的，还必须添加精饲料。精饲料中纤维含量较低，高淀粉和高碳水化合物可以在瘤胃中迅速消化产生VFA，因而优化饲粮结构一直是反刍动物营养领域的研究热点之一。

二、粗饲料的利用现状

和单胃动物相比，反刍动物消化最大的特点是营养物质在进入真胃和消化道之前，先经历了瘤胃微生物的发酵和降解，这是反刍动物有效利用富含粗纤维饲料的前提和生理基础。仅依靠反刍动物自身的生理功能并不能有效利用纤维素、半纤维素等营养物质，必须借助栖息在瘤胃内的种类繁多、功能各异的微生物，才可将其发酵、降解，从而转化为宿主可利用的能量和养分。因此，瘤胃微生物系统是反刍动物特有且不可或缺的重要组成部分，也是将植物营养转化成宿主动物可以吸收利用的营养成分效率最高的自然体系。粗饲料经过瘤胃微生物的发酵后，产生大量VFA，不同饲料原料的VFA生成量有所不同，瘤胃液中的VFA主要是由乙酸、丙酸和丁酸组成，其中乙酸可以提高动物的体脂率，丙酸能帮助葡萄糖储存和转化，丁酸为机体提供能量。

目前，我国家畜生产中常见的优质粗饲料主要有紫花苜蓿、全株青贮玉米和燕麦饲草等。优质的粗饲料营养价值高，但价格昂贵，为了使优质的粗饲料高效利用，人们根据家畜的生产性能及不同饲料的协同效应，最终确定适用于不同反刍家畜的粗饲料组合及饲喂量。李娜（2018）用不同比例小麦秸秆替代泌乳奶牛日粮中的苜蓿，结果显示20%的小麦秸秆替代苜蓿草试验组可获得经济效益最大化，降低养殖成本。王富伟等人（2011）开展了优质苜蓿替代日粮中不同比例精料对中产奶牛的生产性能影响的研究，结果表明饲粮中添加一定比例优质苜蓿草可以提高奶牛生产性能、改善乳品质。绵羊较青贮饲料更喜食青绿饲料，但青绿饲料中抗营养因子高、干物质少，实践中多与干草混合饲喂。（刘洁，2009）

后备牛、羊等牲畜的培育不但需要消耗大量的饲料、畜舍和设备等生产资源，而且在分娩之前没有任何产出，饲料成本又是饲养成本中比例最大的一部分，因而在传统饲养过程中通常采用高粗料的养殖模式。饲粮中粗饲料（尤其是低质粗饲料）比重较大、精粗比例不合理等问题，是造成瘤胃微生物区系对摄入的营养物质消化、吸收、代谢及物质转化效率低、生长速度慢，且粪便和温室气体排放量较大的原因。因此，如何通过优化日粮结构调控瘤胃微生物组及其代谢组，进而提高饲料利用效率、降低养殖成本、减轻环境负面影响是当前亟待解决的科学问题。

低粗料精准喂策略可以在保证牲畜日增重的前提下提高饲料转化效率、缩短培育时间、降低非生产状态的养殖成本，且对未来生产性能没有不利影响。饲料转化效率一般用每单位体增重所消耗的饲料来衡量，而遗传背景、生长阶段、粗饲料质量及比例、环境应激等因素对饲料转化效率影响较大。精准饲喂策略作为与营养管理相关的影响因素可以促进营养利用效率更高、更精确地满足反刍动物的营养需要。研究表明（Lascano 等，2011），不同日粮粗料水平通过改变荷斯坦后备牛中性洗涤纤维（NDF）和非纤维性碳水化合物（NFC）的摄入量可影响干物质采食量、瘤胃发酵参数、干物质消化率和饲料转化效率等指标，且在低粗料限饲条件下饲喂效率显著提高，并不影响后备牛的生长发育和第一胎产奶量。但目前，大量研究主要聚焦在生长生产性能、消化代谢和动物行为变化上，关注限饲条件下不同粗饲料水平对瘤胃微生物组及代谢组影响的研究较少。

三、饲料营养价值的评定技术

在制定动物饲料配方时，应将饲料营养价值评定作为研究日粮配方的前提和基础，该指标直接或间接影响饲料营养价值的测定、营养物质的需要量、饲料配方制定及其日粮配制的准确度与合理性。目前，评定饲料营养价值的方法有化学分析法、体内法、半体内法和体外法。

（一）化学分析法

化学分析法包括概略养分分析法（Weende 分析法）和范式分析法（Van Soest 分析法），是测定营养价值的最基本方法。

1986 年，Hanneberg 和 Stohmann 共同提出了六大概略养分，包括水分、粗灰分、粗蛋白质、粗脂肪、粗纤维和无氮浸出物。化学分析法操作简单，仪器便宜，绝大多数实验室都可配备相关的分析设备，能提供良好的一般评定。但是，Weende 分析法无法将粗纤维细化，只能够测定饲料中的粗略养分，有 30％的饲料 CF 消化率大于 NFE 消化率。

Van Soest 等人（1976）在 Weende 分析法的基础上对纤维素进一步细分，提出了新的评定方法——范式分析法。该方法将粗纤维分为中性洗涤纤维、酸性洗涤纤维和酸性洗涤木质素，由此可以计算出纤维素、半纤维素和木质素的含量。这种方法可以使评定更科学、更精确。然而，Weende 分析法和 Van Soest 分析法都属于静态表观指标，没有与试验动物联系起来，不能反映出饲料在动物体内的实际营养价值，还须进一步检测。

（二）体内法

体内法（in vivo）是评定饲料在瘤胃内消化的最直接方法。该方法的测定原理最接近动物的生理特点，但是由于试验周期长、操作方法复杂、专业化设备配置要求高、重复性差且试验动物长期处在应激状态下，对动物造成的影响较大，因而体内法在生产实践中很难进行，一般只用来评定和校正其他测定方法。（吴仙等，2011）

（三）半体内法

半体内法（in situ）又称为尼龙袋法。Quin 等人（1938）利用天然丝制成的圆柱形尼龙袋测定饲料各种营养成分的降解情况。Methrez 等人（1979）从破旧的降落伞中获得材料当作涤纶袋子，测定了大麦蛋白质在绵羊瘤胃中的降解率，并提出了用半体内法评定饲料的降解率的方法。Rrskov 等人（1979）在原有数据基础上，提出了蛋白质的动态降解模型，使半体内法从静态技术提升为动态研究；冯仰廉等人（1984）利用半体内法测定了 5 种精饲料在瘤胃中的降解率。该法将饲草料与反刍动物瘤胃联系起来，被广泛应用于测定营养指标在瘤胃中的降解情况。

尼龙袋的尺寸、材质和孔径，饲料样品粉碎颗粒大小，日粮精粗比及尼龙袋的洗涤方法，都会影响试验结果，造成误差。（Zinn等，1981）一般来说，尼龙袋的孔径在 40～60 μm，精料的颗粒大小为 1.5～3 mm，粗饲料的颗粒大小为 4～5 mm。半体内法相比于体内法具有操作简单、成本低、重复性好的优点，与体内法所测得的结果有较高的相关性。虽然半体内法优点很多，但是国内外在尼龙袋的使用上具有很大差别，目前还没有固定的体系和标准，并且尼龙袋每次放入的样品质量少，不能满足所有指标的测定，进而无法进行大量样品的常规分析，而且对瘘管动物的要求极高，因而较体外法相比成本较高。

（四）体外法

自 20 世纪 70 年代起，国内外就开始使用体外法（in vitro）进行饲料降解率的研究。体外法又称人工瘤胃技术，主要包括人工瘤胃技术、酶解法和体外产气法。

人工瘤胃技术是将瘤胃液和人工培养液按照一定比例混合后与所测饲料共同放置在模拟瘤胃内环境（pH 值：6.5～7.0，温度39 ℃，厌氧环境）的体外装置中进行发酵，从而测定饲料营养物质的降解率。该方法是实验室测得动态降解率的一种较好的方法，但试验过程中仍需要瘘管动物提供瘤胃液。

酶解法是用特定的酶代替瘤胃消化液从而进行饲料降解率的测定，包括胃蛋白酶和纤维素酶。此方法不需要试验动物，可在实验室进行大批量操作且稳定性高、重复性好。但是，酶解法只能够测得某一时间点的降解率，不能完成动态降解率的测定，并且酶具有特异性，无法准确模拟瘤胃微生物的复杂发酵过程。

体外产气法操作过程简单、试验周期较短，其原理是将饲草料样品在体外通过动物瘤胃液消化，根据其在相应时间内的产气量与产气速率的不同进行评价的方法，能够较真实地模拟饲草料在瘤胃内的消化特征，进而对饲草料的 ME 值和可降解蛋白量等进行估算。

但是，由于发酵终产物不能排出，瘤胃微生物环境发生改变，从而影响结果的稳定性。

第二节　反刍动物的瘤胃

反刍动物有着草食动物中最复杂的消化系统，通过在瘤胃中为微生物提供发酵生态系统，从植物材料中高效提取营养，从而获得独特的进化优势。这显著地促进了反刍动物类群的扩张和多样性，瘤胃也成为反刍亚目动物进化中的独特器官。在反刍动物生产管理中，瘤胃的健康发育、瘤胃微生物的定植及瘤胃功能的建立对于提高反刍动物后期的生产性能至关重要。

一、反刍动物瘤胃的解剖生理学特征

反刍动物消化道结构的主要特点是复胃，从前到后分别是瘤胃、网胃、瓣胃和皱胃。前3个胃合称前胃，主要消化摄入食物中的部分结构性碳水化合物，独特的前胃消化系统使反刍动物对植物纤维的利用率更高。皱胃在结构与功能上与其他大多数物种的胃相似。瘤胃是前胃中的主要器官，由一个宽大的囊状室组成，内腔布满无数大小不等的呈圆锥状或叶状的乳头状突起，称为瘤胃乳头，可以使瘤胃内腔变得粗糙，有助于增加瘤胃壁与饲料的接触面积和对营养物质的吸收。（Millen 等，2016）瘤胃的组织解剖生理结构有 4 层，从内层到表层依次为浆膜层、肌层、黏膜下层和黏膜层。其中，黏膜层即上皮层，又可以分为基底层、棘层、颗粒层和角质层。瘤胃的黏膜内没有消化腺，仅存在机械和生物学消化作用。瘤胃壁的肌层拥有发达的外纵肌，可以进行强有力的节律性的收缩与舒张，促使饲料在瘤胃内充分搅拌。瘤胃内的饲料消化过程，主要依赖于瘤胃内复杂多样的微生物区系，其生命代谢活动对饲料分解与利用功能具有强大的影响，使瘤胃犹如一个庞大的、连续的、高度自动化的"饲料加工厂"。（潘香羽，2020）

成熟的瘤胃具有吸收、转运、代谢活动和保护宿主等重要的生理功能。而新生反刍动物的瘤胃基本上是无功能的，它的复层鳞状上皮是光滑的，没有明显的乳头突起，并且微生物群落结构尚未建立完善。（Baldwin，2004）根据幼龄反刍动物的生理变化，可将瘤胃的早期发育分为 3 个阶段，分别是从出生到第 3 周的非反刍阶段，从第 3 周到第 8 周的过渡阶段以及第 8 周之后的反刍阶段。（Lane等，2002）从非反刍到反刍功能建立的这个过程是瘤胃先天和后天免疫、瘤胃健康生长和微生物群落建立的关键时期。这些过程可能也是内在紧密关联的，瘤胃保护宿主免受有毒或致病的内容物的伤害，同时进行营养物质的吸收和代谢，以促进个体的生长和发育。瘤胃功能的建立过程受到饲粮、饲养管理模式和微生物定植等因素的影响，这些因素会影响成年反刍动物的健康和生产性能。此外，对瘤胃早期发育过程基因表达的研究将有助于识别早期发育过程中参与免疫能力建立过程的基因，可用于提高反刍动物的生产力。Bush 等人（2019）发现，绵羊的瘤胃在幼年和成年期发生了最显著的转录差异。这些差异主要集中在巨噬细胞特异的标记上，表明这些基因可能驱动了瘤胃发育过程中的阶段特异性差异。

二、反刍动物瘤胃主要功能菌群

1843 年，Gubry 和 Delaford 首次利用光学显微镜发现瘤胃微生物，主要围绕瘤胃微生物的形态和分类进行研究。1948 年，Elsden和 Phillpson 基于生理方面的研究，发现瘤胃微生物发酵产生 VFA的重要营养作用，瘤胃微生物在宿主体内的消化作用才被证实。（Elsden，1948）同期，Hungate 等人对瘤胃微生物的形态生理及区系划分等方面进行系统研究并取得了重大进展，开启了瘤胃微生物生态系统研究的新篇章。（Hungate，1966）1977 年，Carl Woese 根据 16S rRNA 序列上的差异提出将生命系统分为原核生物和真核生物，原核生物细分为细菌和古菌两大类，将瘤胃生态系统中的所有微生物分为三大"域"，作为比"界"高一级的分类系统，即细菌域、古菌域和真核域。（Carl 等，1977）

在反刍动物出生前，瘤胃环境处于无菌状态；出生后，幼畜从母体和环境中接触到各种微生物，研究发现在出生后 1 小时左右瘤胃中可以检测到与成年动物数量相当的微生物。（Jami 等，2013）随后，瘤胃被需氧和兼性厌氧的微生物物种快速定植，在 6～8 周龄时下降到恒定水平后，逐渐被专性厌氧微生物类群所替代（Fonty 等，1988），最终形成具有特定功能的微生物区系。

瘤胃微生态区系是一个复杂的系统，经过长期的进化、适应与选择，微生物与宿主以及瘤胃微生物之间形成了一种相互依赖、相互制约的动态平衡共生系统。在这个共生系统中，宿主为瘤胃微生物提供适宜生存和繁殖的环境，还通过采食活动为瘤胃微生物提供纤维素、糖类淀粉等能量物质和蛋白质、非蛋白氮（NPN）等粗蛋白质营养作为发酵底物。而微生物对进入瘤胃的饲料进行降解、利用和代谢，同时将饲料中无法被宿主直接利用的纤维类饲料成分和非蛋白氮转化为可被宿主直接利用的 VFA、优质菌体蛋白质和维生素等营养物质。正是由于瘤胃微生物对粗饲料的降解和转化，反刍动物才被赋予了利用纤维素、半纤维素等粗饲料的能力。同时，由于反刍动物独特的复胃结构和瘤胃微生物的动态平衡，因而粗饲料也是反刍动物必不可少的饲料成分之一。

健康瘤胃是一个天然的微生物厌氧发酵罐，具备瘤胃微生物生存的环境、相对稳定的温度（38～40 ℃）、适宜的 pH 值（6.0～7.0）和渗透压等理想条件，为瘤胃微生物发酵有机物提供了理想的场所。其数量庞大、种类繁多，主要包括瘤胃细菌、厌氧真菌、瘤胃原虫和古细菌。在每毫升瘤胃液中，细菌数量最多，高达 10^{11}～10^{12} 个，其次为古菌 10^7～10^9 个、原虫 10^4～10^6 个，最后为真菌 10^3～10^5 个。这些微生物中，细菌占主导地位，约占总微生物的 95%。（Theodorou 等，1990）此外，瘤胃中还存在着少量的噬菌体，若以细胞数量计算，瘤胃微生物数量是反刍动物自身细胞数量的 10 倍左右。各种菌群共同作用，参与宿主的营养代谢、吸收以及机体免疫等过程，最终产生 VFA 和氨基酸等物质，以供机体的蛋白质需要及能量需求，保障宿主的正常生长和繁殖。瘤胃微生物区系的情况可以反映反刍动物的营养和健康，如果瘤胃微生物区系紊乱，则会影响机体免疫力，因而维持瘤胃微生物区系的稳定十分重要。

（一）瘤胃细菌

在大量的微生物中，瘤胃细菌是被研究最多的种群。早在20世纪40年代，美国科学家Hungate就从瘤胃微生物中分离瘤胃细菌进行研究，发现所得到的瘤胃细菌大多数为厌氧型纤维分解菌。半个多世纪以来，随着人们对瘤胃细菌的不断研究和了解，逐渐揭开瘤胃细菌的神秘面纱。利用16S rDNA序列分析结果表明，瘤胃中存在着7000余种细菌，可大致分为26个门类，最主要的菌门有拟杆菌门（*Bacteroidales*）、厚壁菌门（*Firmicutes*）、变形菌门（*Proteobacteria*）、纤维杆菌门（*Fibrobacteres*）、螺旋菌门（*Spirochaetes*）和放线菌门（*Actinobacteria*）。在属水平分类上，最具优势菌属是普雷沃氏菌属（*Prevotella*）。

瘤胃细菌主要分为附在瘤胃壁和饲料底物上的细菌、游离在瘤胃液中的细菌以及吸附在瘤胃原虫上的细菌，多为厌氧菌或兼性厌氧菌。根据分解发酵底物的类型可以分为纤维分解菌、蛋白质分解菌、淀粉分解菌、脂肪分解菌、有机酸利用菌、乳酸产生菌和产甲烷菌等。这些细菌通过对饲料的各种成分进行利用产生相应的产物，常见的瘤胃微生物相对丰度及主要功能如表5－1所示。（雒诚龙，2022）例如，*Prevotella*与解琥珀酸菌属（*Succiniclasticum*）可以利用饲料中蛋白质及淀粉等多种成分，产生丙酸或利用丙酮酸供机体利用。丙酸是机体糖异生的重要前体物质，其摄入量的提升在一定程度上增加了动物机体各项生产活动能量的供应量。而在广古菌门中的甲烷短杆菌属（*Methanobrevibacter*）可利用饲料中脂肪酸等成分作为底物，将其他微生物产生的氢气还原为甲烷气体。（Zhou等，2013）

表 5—1　　　　　　瘤胃常见微生物相对丰度及主要功能　　　　　单位:%

门	属	平均相对丰度 (Cox 等，2015)（%）	主要功能
拟杆菌门		30	生成丙酸及琥珀酸
	普雷沃氏菌属	20	生成丙酸及琥珀酸
厚壁菌门		30	生成丁酸，纤维素消化
	丁酸弧菌属	4	生成丁酸
	毛螺旋菌属	6	生成甲酸
	解琥珀酸菌属	1	生成丙酸，利用琥珀酸
	瘤胃球菌属	12	消化纤维素
广古菌门		1	生成甲烷
	甲烷短杆菌属	1	生成甲烷
原生生物		40	生产脂类

　　纤维分解优势菌群在瘤胃降解过程中发挥着重要作用，在厌氧的条件下，纤维分解菌可以进一步发酵产生 VFA。纤维分解菌主要有黄色瘤胃球菌（*Ruminococcus flavefaciens*）、白色瘤胃球菌（*Ruminococcus albus*）和产琥珀酸丝状杆菌（*Fibro bacter succinogenes*），分解能力稍弱的有梭菌（*Clostridium*）和溶纤维丁酸弧菌（*Butyrivibrio fibr isolvens*）。其中，产琥珀酸丝状杆菌在瘤胃中数量较大，且具有非常强的纤维降解能力，是瘤胃降解纤维的优势菌种。黄色、白色瘤胃球菌和产琥珀酸丝状杆菌三者之间存在协同和竞争关系。（Bhat 等，1990）白色、黄色瘤胃球菌的纤维附着点基本相同，但前者吸附力更强，所以两者之间存在竞争关系；产琥珀酸丝状杆菌与黄色瘤胃球菌具有不同的纤维附着点，因而产琥珀酸丝状杆菌和黄色瘤胃球菌之间存在协同关系。当产琥珀酸丝状杆菌完成对饲料的吸附时，白色和黄色瘤胃球菌的竞争关系也随之停止；而当产琥珀酸丝状杆菌和黄色瘤胃球菌在瘤胃中定植完成后，对白色瘤胃球菌附着纤维的能力

将不再产生影响。

淀粉分解菌约占瘤胃微生物总数的38％，一些纤维分解菌也可以分解淀粉，包括产琥珀酸丝状杆菌、溶纤维丁酸弧菌等，不能分解纤维的淀粉分解菌有牛链球菌、嗜淀粉瘤胃杆菌和反刍新月形单胞菌。淀粉分解菌在分解饲料中的淀粉时与pH值有关，当pH值升高时，淀粉分解菌的活性下降，反之淀粉分解菌的活性升高。

蛋白质可以被大多数细菌所分解，包括普雷沃氏菌（*Prevotella*）、嗜淀粉瘤胃杆菌（*Ruminobacter amylophilus*）、溶纤维丁酸弧菌（*Butyrivibrio fibrisolvens*）、反刍新月形单胞菌（*Selenomonas ruminantium*）和牛链球菌（*Streptococcus bovis*），其中嗜淀粉瘤胃杆菌是分解蛋白质活性最高的菌株之一，反刍新月形单胞菌和牛链球菌也具有较高的蛋白质分解活性。蛋白质分解菌可以产生蛋白质分解酶，将蛋白质分解成氨基酸、有机酸和氨，同时分解的产物可被瘤胃微生物合成微生物菌体蛋白。（牛文静，2018）

（二）瘤胃厌氧真菌

1975年首次发现并证实了瘤胃中带鞭毛的游动孢子为严格厌氧真菌，这类真菌约占瘤胃微生物总量的8％。目前，瘤胃中已发现6个属约15种厌氧真菌，一般分为两类：单中心真菌和多中心真菌，其中具有纤维降解能力的厌氧真菌主要有*Piromyces communis*、*Neocallimastix patriciarum*、*Orpinomyces bovis*和*Neocallimastix frontalis*。

真菌在瘤胃中的生活周期主要由几个阶段构成，即具有鞭毛和运动能力的游动孢子阶段、附着在植物纤维碎片上不动的营养体阶段、具有耐受性结构的阶段。瘤胃厌氧真菌能够利用自身假根系统的穿透作用和降解酶系统把植物组织大片段降解成小片段，为纤维降解酶提供更多作用位点。瘤胃真菌与其他瘤胃微生物之间存在底物竞争和营养物质交叉利用现象，体外共培养证明不同种类的瘤胃细菌对真菌酶活性具有不同程度的影响。Dehority等人（2000）发现，一些瘤胃细菌的发酵产物具有抑制厌氧真菌生长及其纤维降解的能力。Joplin等人（1990）也发现，真菌在纯培养时降解纤维的能力更强。这表明真菌在瘤胃内没有完全发挥其纤维降解的能力，可能受到抑制因子的影响。但一些体外研究表明，厌氧真菌和产甲烷菌形成的共培养体系中，甲烷菌能够利用真菌的发酵产物如氢气、乳酸和甲酸生成乙酸和甲烷，消除了抑制真菌生长的因素，同时增加了单位底物生成 ATP 的量，促进真菌生长和木聚糖酶活力的增加，因而提高了真菌对木质纤维素的降解能力。

厌氧真菌对纤维的降解有物理和化学两种方式，目前主要的研究集中在化学降解方面的特性，厌氧真菌自身能分泌包括果胶酶、纤维素酶和木聚糖酶在内的 10 余种可降解植物细胞壁且活性较高的酶，同时可以通过疏松植物细胞壁结构促进其他微生物对其进行降解。厌氧真菌可附在植物细胞壁上发挥作用，同时能深入植物维管组织疏松纤维结构，增加其他微生物的吸附点，从而提高纤维素的降解效率。厌氧真菌分泌的纤维素酶含有 Cx、C 和 B-葡萄糖等成分。此外，厌氧真菌还具有水解蛋白质和淀粉的能力。尽管厌氧真菌对纤维素的穿透力很强，但是在瘤胃微生物中所占比例较小，且降解纤维能力不如细菌，因而其在瘤胃中降解纤维的总能力仍要低于瘤胃细菌，总体贡献较瘤胃细菌要少得多。（Koike 等，2009）

（三）瘤胃原虫

瘤胃原虫区系由大量的纤毛虫和少数的鞭毛虫组成，目前形态学研究分离鉴定出 42 个属多达 250 余种纤毛虫。（Feng 等，2020）按照功能可将原虫分为利用可溶性糖的、降解淀粉的及降解纤维素的原虫。虽然瘤胃中原虫数量比细菌少，但原虫体积大，生物量比细菌多，大部分附着在颗粒饲料上。瘤胃原虫具有维持瘤胃内环境稳定、降解饲粮中的蛋白质和碳水化合物、影响动物甲烷排放和瘤胃内细菌数量的作用。瘤胃原虫以降解饲料中的淀粉、葡萄糖、果糖等可溶性糖作为发酵底物，产生 VFA，从而维持瘤胃内 pH 值稳定。

研究发现，瘤胃内原虫数量下降到一定水平时，植物细胞壁的降解速率也随之下降，表明瘤胃原虫具有一定的纤维降解能力。目前，世界范围内研究较多的是含有纤维素酶的真双毛属原虫（*Eudiplodinium maggii*），其对纤维素的降解形式主要为物理降解和化学性消化。物理降解为原虫通过吞噬作用，加速分离植物细胞，使植物细胞壁破裂；化学性消化为原虫通过自身分泌的纤维素酶、半纤维素酶和果胶质的酶类，为瘤胃细菌和真菌提供发酵底物进行降解。研究结果表明，原虫对瘤胃中饲粮纤维素的降解可达 1/3 以上。但是，瘤胃原虫在体外进行培养时其成活率较低，因而研究原虫对饲粮纤维的分解具有一定的难度。

瘤胃原虫还具有提高瘤胃 NH 浓度和蛋白质消化率的作用。有研究证实，当瘤胃内只有细菌存在时，饲粮蛋白质降解率和消化量低于原虫与细菌共同存在的环境。此外，大量研究表明，瘤胃原虫与瘤胃产甲烷菌存在一定的共生关系，为甲烷的生成提供氢气，因此原虫数量的多少在一定程度上决定了反刍动物甲烷的产量。

（四）古细菌

瘤胃古细菌主要由产甲烷菌（92.3%）组成。目前发现的瘤胃产甲烷菌一共有 5 个属，主要功能是合成甲酸盐和氢化酶作为原料生成甲烷。产甲烷菌与瘤胃细菌和原虫有共生关系，细菌、真菌和原虫均不能产生甲烷，但这些微生物可以通过发酵产生甲酸、氢气等，产甲烷菌可将这些产物还原成甲烷。通过对瘤胃古细菌的研究和控制，可降低瘤胃中的甲烷产量，提高能量利用率，减少环境污染。

三、瘤胃微生物间的相互作用

牧草的细胞壁主要由糖类、蛋白质和木质素三部分组成，分为初生细胞壁、胞间层和次生细胞壁。其中，初生细胞壁由纤维素、果胶、半纤维素和结构性蛋白质组成，当中纤维素、果胶和半纤维素占 80%～90%，结构性蛋白质占 10%～20%；胞间层的主要组成物质是果胶质；次生细胞壁的主要组成物质为纤维素、木质素、半纤维素及少量的结构性白质。可以看出，对牧草细胞壁的降解实质上是一个对纤维类物质降解的过程，也是一个多种瘤胃纤维分解菌在相互协同相互作用下对饲粮纤维类物质降解的过程。纤维分解菌的含量对牧草细胞壁的降解有着至关重要的作用。

瘤胃微生物对细胞壁降解的必要条件是吸附在细胞壁上。首先，瘤胃微生物需要向饲粮底物移动，与底物非特异性黏附之后再借助配体发生特异性黏附，然后才能在这些黏附点上增殖从而进行降解。在降解过程中，微生物群落间相互作用，如协同作用、竞争作用和拮抗作用等。某些微生物可为其他微生物提供营养物质，某些微生物则会拮抗阻碍其他微生物的增殖而进行自我增殖。

在纤维降解的过程中，瘤胃细菌和瘤胃厌氧真菌之间是一种协同作用的关系。瘤胃细菌通过对饲粮表面的吸附进行侵蚀从而达到降解的目的，而瘤胃厌氧真菌则通过假根穿透细胞壁对植物组织进行降解反应，两者之间可能存在一定的协同和互补作用。研究发现，当瘤胃中只有细菌或者厌氧真菌时，对秸秆均有一定的降解反应，如果将这两种微生物完全抑制，秸秆则不被降解。而 Irvine 等人的研究结果则与之不同，他们发现产琥珀酸丝状杆菌的存在并不能影响厌氧真菌的活性，两种微生物间无协同作用。研究发现，将真菌 *Neocallimastix* 混入牧草中进行降解，牧草的纤维消化率在 65% 左右，而将真菌 *Neocallimastix* 与 *F. succinogenes* 或者 *R. flavefaciens* 混合后再与牧草混合进行降解，牧草的纤维降解率显著降低。这说明瘤胃各微生物种间或者某微生物种内均存在一定的相互作用关系。

瘤胃原虫与瘤胃细菌之间存在竞争关系，瘤胃原虫可吞噬瘤胃细菌。Oprin 等人（1983）研究发现，原虫可以吞噬细菌、捕食真菌，当去除瘤胃液中的原虫后，细菌、真菌孢子和孢子囊数量显著上升，而在瘤胃重新植入原虫后，瘤胃细菌的数量下降显著。同时，瘤胃细菌和原虫表面相互接触会形成胞外共生，甚至细菌可进入原虫的细胞质或细胞核形成胞内共生。（冯仰廉，2004）此外，两者之间还有一定的协同作用，两者均能对瘤胃蛋白质进行降解，而且原虫还可降解细菌不能降解的不可溶蛋白。瘤胃原虫对瘤胃厌氧真菌有一定的抑制作用，瘤胃原虫可破坏瘤胃厌氧真菌的细胞壁，将其吞噬。总的来说，瘤胃微生物处于一种动态平衡状态，微生物之间的相互作用不是一成不变的。

四、影响瘤胃微生物区系的因素

反刍动物出生后，瘤胃内的菌群才开始形成，随着反刍动物年龄的增长，幼畜能够从母体及环境中接触到各种微生物，随后微生物在瘤胃内慢慢定植、生长和繁殖，逐渐形成种类繁杂、功能各异的微生物区系。瘤胃微生物长期处于一种动态平衡状态，其变化一般从菌群物种组成和菌群数量两个方面表现出来。瘤胃微生物的物种组成和数量不仅受宿主遗传背景、个体差异、发育阶段及生理状态的影响，也随着饲料来源、精粗比例、饲料添加剂和季节等因素的改变而呈现动态的变化。

大量研究结果表明，日粮组成是影响瘤胃微生物群落结构和多样性的主要因素。马勇等人（2016）研究发现，高精料组降低了微生物菌群的香农指数。毛胜勇等人（2014）的研究表明，首先，低粗料日粮会降低瘤胃液 pH 值，进而降低瘤胃细菌区系的丰富度和多样性。其次，若粗料水平偏低，日粮含有的大量碳水化合物快速发酵，则会导致瘤胃内环境发生明显改变，从而不利于大多数瘤胃细菌生存。Thoetkiattikul 等人（2013）用不同纤维和淀粉比例的日粮饲喂奶牛，结果发现，瘤胃中拟杆菌门、厚壁菌门和变形菌门为优势菌门，且其相对丰度与日粮纤维水平有关。张红涛（2017）用不同玉米青贮水平日粮饲喂荷斯坦后备牛，结果显示，随着玉米青贮水平的升高，瘤胃液菌群的多样性和物种丰度显著增加，但各水平玉米青贮的优势菌门没有发生变化。

以奶牛瘤胃微生物为例，虽然拟杆菌门和厚壁菌门在其中为绝对优势菌门，但是日粮的调整或改善也可以对瘤胃微生物产生影响。如随着精料使用量的加大，在改变瘤胃发酵模式的同时，也会导致瘤胃细菌丰富度与多样性的大幅下降，具体表现为拟杆菌门与厚壁菌门相对丰度的改变。在同样精粗比下使用紫花苜蓿干草而非玉米秸秆饲喂奶牛时，奶牛瘤胃微生物丰富度会增加，而 *Paraprevotella* 等菌属也随之发生了变化。（Thoetkiattikul 等，2013）由此可知，瘤胃可以通过日粮组成的变化重新建立相应的微生物菌群组成，瘤胃微生物对反刍动物产生的影响可以通过日粮处理影响微生物组成来解释。

随着研究的深入，研究者们发现，日粮特定成分对瘤胃微生物的影响同样不能忽视。例如，较高的日粮淀粉水平不仅会降低瘤胃微生物 α 多样性（Fernando 等，2010），而且会降低 *Fibrobacteraceae* 和 *Spirochetes* 的相对丰度，而高水平的多不饱和脂肪酸则会降低部分纤维分解菌的相对丰度。

刘开朗等人（2009）在比较了荷斯坦奶牛、晋南牛、巧牛、黄牛、鲁西肉牛和 Hanwoo 六个不同品种牛的瘤胃微生物菌群结构的差异后认为，品种是瘤胃细菌群落存在差异的重要因素，对瘤胃细菌群落组成的影响大于日粮或其他因素。张瑜等人（2022）的研究显示，两个品种山羊的瘤胃微生物优势菌群相似，但其微生物群落组成、多样性及功能存在一定差异，尤其是植物性纤维降解相关微生物丰度差异显著。李志鹏（2014）对比了梅花鹿、荷斯坦牛、波尔山羊的瘤胃微生物菌群结构，结果显示，普雷沃菌属和溶糊精琥珀酸弧菌为梅花鹿瘤胃中的优势菌属，假丁酸弧菌和反刍真杆菌为荷斯坦牛瘤胃中的优势菌属，梭菌属为波尔山羊瘤胃中的优势菌属。

五、青贮饲料对反刍动物瘤胃的影响

青贮饲料具有原料来源广、营养价值高、储存时间长、节约饲料用粮和缓解人畜争粮等优点，是反刍动物的首选粗饲料。另外，反刍动物对青贮饲料的消化利用能力、瘤胃降解能力等也是体现青贮饲料营养价值的重要指标。青贮饲料在微生物发酵过程中产生大量的酸及醇类物质，使青贮饲料气味芳香，适口性好。同时，这些酸及醇类物质还增加了饲料中的可消化粗蛋白、总养分和能量含量，使青贮饲料易于反刍家畜消化吸收，进而可提高采食量、增重速度、繁殖率等生产指标。因此，青贮饲料是发展反刍畜牧业不可缺少的优质饲料来源。（李忠秋等，2010）

动物生产性能的关键是合理利用饲料资源，降低饲养成本，获得最佳的经济效益。李改英等人（2015）研究发现，用青贮苜蓿替代相同干物质量的苜蓿干草，有利于提高奶牛的干物质采食量、日

产奶量和乳脂率。杨保奎等人（2016）对稻草青贮或"稻草＋甜高粱"混合青贮的育肥肉牛效果进行了研究，结果表明，该法具有良好的饲喂效果，增重效果明显高于对照组，可替代玉米青贮作为肉牛的粗饲料。张霞（2019）研究发现，"50％燕麦青贮＋50％苜蓿干草"的组合相对较好，与全混合日粮（TMR）育肥肉牛，相较单一玉米青贮，TMR 有利于提高平均日增重（8.6％）和饲料转化效率（23.6％），降低排粪量（11.5％）及甲烷排放（33.2％）。青贮组合型 TMR 长期育肥肉牛更有利于降低因饲粮转换而造成的应激，且更有利于小肠对养分的吸收利用，提高了育肥期总挥发性脂肪酸浓度。此外，青贮组合型 TMR 育肥肉牛可降低背最长肌结缔组织含量、增加组氨酸含量，且青贮型饲粮育肥肉牛可改善肉的氨基酸及脂肪酸品质。

通过测定动物对日粮的表观消化率，可以从宏观的角度进一步对饲料的营养价值和动物对其利用效果进行评价。付晓悦等人（2018）研究饲用甜高粱和全株玉米裹包青贮对肉羊养分利用的影响，结果表明，甜高粱青贮组的养分摄入量、干物质、有机物的表观消化率显著低于饲用玉米青贮组。唐振华等人（2016）在研究青贮甘蔗尾和青贮玉米秸秆对生长水牛消化代谢的影响时发现，单独饲喂时青贮玉米秸秆养分消化率较青贮甘蔗尾高，且二者组合饲喂能提高水牛的生长性能。

青贮饲料在发酵过程中产生乳酸类物质，pH 值较低，长期饲喂可能对动物健康产生影响。王典等人（2012）研究发现，以马铃薯淀粉渣－玉米秸秆混合青贮料替代部分全株玉米青贮可提高肉羊的日增重，还可以提高血清尿素氮含量，显著降低瘤胃液氨态氮浓度。张霞等人（2018）研究发现，饲喂含玉米裹包青贮料饲粮的肉羊的生产性能优于饲喂含饲用甜高粱裹包青贮料饲粮的肉羊。但是，青贮料长期育肥肉羊存在安全风险，而饲用甜高粱裹包青贮料较玉米裹包青贮料有利于提高肉羊肝脏健康，降低"高血脂"及机体酮症酸中毒等疾病的概率，进而降低安全风险。另外，侯明杰（2018）的研究也证实了这点，长期饲喂甜高粱及玉米青贮时，未对肉羊胃肠道形态及内环境参数产生显著的负面效应，且甜高粱青贮组羊前胃的角质化程度较低，因而与玉米青贮相比，甜高粱青贮有利于肉羊健康。

第三节　瘤胃微生物的多样性研究方法

瘤胃微生物在瘤胃生态动态平衡中起着重要的作用。目前，对瘤胃微生物进行研究的方法主要分为两种：传统培养法、分子生物学技术。

一、传统瘤胃微生物研究方法——传统培养法

瘤胃微生物多样性研究最早是利用光学显微镜观察进行的，进而得以建立以形态学为依据的分类标准。随后，亨氏滚管法、厌氧培养箱法等经典分离和纯培养技术相继出现，为微生物生态学研究提供了有效的工具，使人们能够进一步观察微生物的表型特征和细胞性质。传统的微生物分离和纯培养技术不仅可以充实微生物菌种的资源数据库，更可用于研究微生物生理功能和营养物质降解代谢通路。但是，纯培养方法提供的微生物进化关系信息有限，导致难以对微生物进行准确分类。在混合发酵环境下，不仅微生物之间会竞争发酵底物，也存在一些微生物菌种以其他微生物菌群的代谢产物为发酵底物的情况。因此，发酵终产物是多种微生物共同作用的结果，这与纯培养有显著区别。

瘤胃微生物系统是一个复杂的微生态系统，栖息其中的厌氧或兼性厌氧微生物的种类、数量和功能千差万别，因而传统培养技术很难完全模拟瘤胃理想的生长环境和动态的营养供给。研究表明，能够成功培养的瘤胃微生物只占微生物区系的 20% 左右，绝大多数微生物目前还不能或者很难体外培养。（McSweeney 等，2007）此外，培养基及培养条件的选择也会导致菌株形态结构发生显著变化，进而导致培养出的微生物不能完全表现出瘤胃真实环境下的活性状

态和理化特性等特征，并且即使通过传统培养技术得到的菌株也有可能不是实际瘤胃环境中的优势菌群。因此，仅依靠传统的培养技术难以真实地反映瘤胃中微生物系统的物种组成、种群大小及动态变化情况等生物学信息。

传统的对细菌分类鉴定的方法能够精确估测样品中可培养微生物的物种数量，为细菌分类奠定了基础，但存在耗时长、特异性差、敏感度低等问题，且不能同时进行大量样品的计数和鉴定，难以满足现代细菌学研究快速发展的要求。（张洪涛，2017）

二、微生物组学研究瘤胃微生物方法——分子生物学技术

近年来，随着现代分子生物技术和生物信息学的快速发展，不依赖传统培养瘤胃微生物的新技术——高通量测序技术应运而生。基因测序技术可在不受培养条件限制的情况下进行，推动了微生物群落多样性、适应性及对宿主健康和生产性能的影响等方面研究的深入。目前用于瘤胃微生物研究的非培养依赖性的分子生物学技术主要包括宏分类组学（扩增子测序）、宏基因组学、宏转录组学、代谢组学等。

（一）宏分类组学（扩增子测序）的研究

扩增子测序是对 16S rRNA、18S rRNA 及 ITS 测序的统称，均是以细菌及真菌为研究对象来分析特定基因区域，通过比对分析具有属、种特异性的 rRNA 基因序列，可以确定待分析微生物的种类和相对丰度。通常，瘤胃细菌采用 16S rRNA 基因测序，瘤胃真菌采用 ITS 基因测序，原虫采用 18S rRNA 基因测序。（An 等，2021；Joy 等，2020）

1. 16S rRNA 基因序列分析技术

16s rRNA 基因是细菌上编码 rRNA 相对应的 DNA 序列，16S序列包括 10 个反映生物物种亲缘关系的保守区和 9 个体现物种差异的碱基序列高变区（V1－V9）。其中，保守区在细菌间差异不大，高变区具有属或种的特异性，随亲缘关系不同而有一定的差异，通常以 V4－V5 区特异性好。因此，大量研究利用保守区设计通用引

物进行 PCR 扩增,然后对高变区序列进行测序分析和菌种鉴定。(韩学平等,2020;吴琼等,2020;陈凤梅等,2020)16S rRNA 可揭示生物物种的特征核酸序列,通过对序列分析鉴定不同菌属之间的差异,被认为是最适于细菌系统发育和分类鉴定的指标。

Ye 等人(2016)利用 16S rRNA 基因高通量测序技术研究了高精料日粮对 8 月龄公山羊结肠黏膜细菌区系的影响,结果表明,结肠细菌区系的优势菌门依次为厚壁菌门、拟杆菌门和变形菌门,且厚壁菌门的相对丰度远高于后两个菌门的相对丰度。王云州等人(2020)利用高通量测序技术测定牦牛瘤胃液中的菌群,结果表明,丰度较高的菌群依次是拟杆菌门、厚壁菌门、变形菌门、疣微菌门、互养菌门、软壁菌门、纤维杆菌门。同时,当饲养环境变化后,菌群结构比例变化显著的门是浮霉菌门和装甲菌门($P<0.05$),变化显著的属是颤杆菌克属和帕匹杆菌属($P<0.05$)。Hou 等人(2015)利用乳制品中细菌的 16S rRNA 基因全长图谱来评估样品细菌是否超标。任青苗(2023)利用 16S rRNA 基因测序,系统分析比较了牦牛瘤胃不同生态位微生物菌群与功能,并比较了牦牛与其他反刍家畜瘤胃不同生态位瘤胃微生物的差异。

2. 18S rRNA 基因序列分析技术

瘤胃原虫难以在体外进行分离培养,过去鉴定时所采用的显微镜检技术,尽管被认可为研究瘤胃原虫区系的黄金标准,但存在精确性不够及费时耗力等问题。因此,以 18S rRNA 基因高通量测序技术为代表的更高水平试验技术的应运而生,不仅克服了原虫体外培养困难、体积小以及因形态相似而无法准确区分的问题,还可用于研究原虫区系的遗传多样性,分析原虫种间与种内的进化时序及系统地位。

18S rRNA 基因在生物进化过程中保守性很强,可作为原虫进化分类的依据。此外,18S rRNA 基因长度和碱基复杂程度适中,其长度范围是 1.5 kb~4.5 kb,而大部分瘤胃原虫的 18S rRNA 基因长度介于 1.5 kb~1.8 kb 之间(Ishaq 等,2014),易于进行序列测定和分析比较。真核生物的 18S rRNA 基因同样有 9 个用于种属鉴别的高变区（V1－V9），当中存在 4 个能够用于原虫种水平鉴定的高变区，分别是 SR1（440 bp～460 bp 之间，V3 区内）、SR2（59 bp～620 bp 之间，V3－V4 区内）、SR3（1220 bp～1260 bp 之间，V6 区内）和 SR4（1560 bp～1580 bp 之间，V8 区之后）。

Skillman 等人（2006）利用 18SrRNA 基因测序技术对 100 只绵羊的瘤胃液样品进行分析，结果发现，同一个体不同采样时间点的瘤胃原虫数量相对稳定，但不同个体间瘤胃液中原虫的数量差异较大。张俊（2015）通过设计优化瘤胃原虫 18S rRNA 全长基因扩增引物，并应用于评价日粮效应对奶牛瘤胃原虫群落多样性和数量的影响发现，不同纤维和蛋白质日粮对瘤胃总原虫数量没有显著影响。

3. ITS 基因序列分析技术

由于不同种属真菌菌株对纤维的利用和代谢产物没有明显差别，且体外培养结果受培养基和培养条件影响较大，真菌的形态和结构会在传统培养过程中发生显著变化，因此出现结合现代分子生物学和传统形态学方法的分类鉴定技术是必然的。目前，应用于真菌分类鉴定的分子生物学技术有 18S rRNA 基因序列分析技术、核糖体内转录间隔区（ITS）序列分析技术和限制性片段长度多态性分析技术等。

真菌的细胞核与线粒体中均存在由多个串联重复序列组成的 rRNA 基因簇，且每个 rRNA 基因簇都含高度保守的结构基因区和转录间隔区。转录区包括 5S、5.8S、18S、28S rDNA，内转录间隔区位于 18S、5.8S rDNA（ITS1）之间及 5.8S、28S rDNA（ITS2）之间，ITS1 和 ITS2 合称为 ITS。非转录区（NTS）是将重复序列分开的 DNA 片段，转录时有启动和识别作用，在 NTS 和 18S 之间的小片段是转录外间隔区（ETS），NTS 和 ETS 共同组成基因间隔区（IGS）。结构基因区、ITS 区和 IGS 区均可用于真菌的分类研究，提供大量的真菌生物学信息。但是，由于 18S rRNA 高度保守，不能有效区分真菌低分类水平的种类（菌株间相似度在 97% 以上），因此 18S rRNA 基因序列分析技术一般用于属级及以上分类水平的研究。ITS 区和 IGS 区与结构基因区相比，不同真菌菌株 ITS 序列之间的相似度较低，能更好地用于研究比较瘤胃真菌区系的系统发育关系，因而其已成为鉴定瘤胃真菌区系常用的工具，一般用于真菌属内种间及近似属间邻近等级分类水平的系统发育研究。（Fliegerova 等，2010；Iwen 等，2002）两个长度在 500 bp 左右的非编码 ITS 区位于 5.8S 小亚基和 18S、28S 两个大亚基之间，其碱基序列在不同菌株间存在丰富的变异，被广泛应用于真菌属内种的划分、种间菌株差异的鉴定研究，为研究真菌区系的多样性特征信息、遗传距离、系统发育特征等提供重要的依据和数据支持。

　　Chambers 等人（2000）对石楠型内生菌根真菌的 rRNA 基因进行 ITS 区测序后与已知序列进行比较，实现了对该真菌的鉴定。Fliegerova 等人（2010）利用 ITS1 区序列分析研究了猪和牛粪便中的厌氧真菌组成及其相对丰度，结果表明，传统形态鉴定中的球状真菌，如枝梗鞭菌属、瘤胃壶菌属是优势菌属。Li 等人（2015）利用 ITS 基因测序技术研究了不同单宁浓度对梅花鹿瘤胃真菌区系的影响，结果表明，瘤胃壶菌属是真菌区系的最优势菌属。

　　（二）基因组、转录组与蛋白质组学的研究

　　基因组、转录组与蛋白质组学被看作一个整体的组学研究，可以根据中心法则来揭示三个组学间的联系，即 DNA 转录生成 RNA，RNA 翻译产生蛋白质，蛋白质则反过来协助 DNA 完成自我复制。随着各物种基因组图谱数据的完善，基因组学在不断发展的同时，也为转录组学与蛋白质组学奠定了基础。通过不断更新的测序技术，研究者们不仅观测到细胞转录的全部 RNA，还更好地理解基因型和表型之间的关系，因此基因组学与转录组学也被统称为功能基因组学。（雒诚龙，2022）

　　1. 宏基因组学

　　宏基因组学（Metagenomics）是对环境样品中微生物的总 DNA 进行高通量测序，主要用于研究微生物菌群组成、基因功能活性、微生物之间的相互协作关系以及微生物与环境之间的作用关系。它有利于发掘和研究新的具有特定功能的基因等，可弥补传统微生物研究中微生物分离培养的缺陷，不仅可以鉴定微生物群落组成，还

可以进行基因的功能注释，寻找功能富集标的，极大地扩展了微生物资源的利用空间。(Lu 等，2019)

为了解决测序结果中参考基因组不完整的情况，研究员们开始构建宏基因组组装基因组（MAGs），MAGs 是指组装得到的一组特征相似的 scaffold 用来代表微生物基因组。在这种方法中，测序 reads 被组装成 scaffold，然后根据碱基频率、丰度、互补标记基因、分类比对和密码子信息分箱对 scaffold 进行分析得到候选 MAGs。(Lin 等，2016；Wang 等，2019；Yu 等，2018)完整度高、污染程度低的 MAGs 被用于进一步的分类注释和基因预测。Stewart 等人 (2019)确定了 4941 个的黄牛瘤胃 MAGs，将测序 reads 比对到参考基因组的比对率从 15% 提高到 50%～70%，获得了 913 个完整的细菌和古菌基因组。

2. 宏转录组学

宏转录组学是对转录的 RNA 相对应的 cDNA 进行高通量测序分析，这种方法获取的是复杂的微生物组功能调控和表达的信息 (Marchesi 等，2015)，使进一步研究肠道菌群的功能和代谢途径成为可能。目前，宏转录组学是公认的可以鉴定具有代谢活性的微生物群体的方法，通过测定总 RNA 或 mRNA 能够揭示总的活性微生物群落的结构和多样性或者代谢通路。(Rosnow 等，2017)吴小峰 (2017)通过基于 RiboZero RNA 测序的宏转录组学技术研究秋季饲喂小黑麦秸秆麝牛瘤胃固体内容物中 mRNA 表达，结果表明，麝牛瘤胃降解小黑麦秸秆主要由纤维杆菌属、瘤胃球菌属、新美鞭菌属等产生的纤维裂解酶家族、半纤维素裂解酶家族和寡糖降解酶家族完成。

然而，转录组学分析不能解释翻译过程中的差异以及转录本最终翻译成蛋白质的转化率，所捕获的功能活动并不能很好地推测基因产物（酶的丰度）与转录本的表达（转录本的丰度）之间的关联。(Bashiardes 等，2016)因此，进一步对蛋白质进行检测可以为瘤胃微生物活动与蛋白质的表达提供更多信息。

3. 宏蛋白质组学

宏蛋白质组学于 2004 年建立 (Rodríguez, 2004), 是在高通量和系统化的基础上研究细胞或组织的蛋白质, 评估微生物菌群中蛋白质表达的变化, 揭示肠道菌群的分类、功能和代谢途径的变化。宏蛋白质组学面临的主要挑战包含蛋白产量低、肽识别度低和数据库问题。近年来, 随着样品处理的改进、高分辨率质谱的发展和新的生物信息学工具的应用, 宏蛋白质组学才被广泛地应用于微生物菌群的研究。蛋白质组学作为基因表达的最终产物也作为基因功能的功能效应物, 是基因组翻译和修饰研究的补充, 是全面理解基因组表达的有效工具。而基因与表型整合的最终阶段并不会止步于蛋白质组学, 而是迈向代谢组学。(Patti 等, 2012)

(三) 宏代谢组学研究方法

宏代谢组学提供了一种全面而系统的分析手段, 可从整体水平动态且定量地展现内外因素对机体代谢的影响。宏代谢组学通过研究生物体液或组织中所有分子量在 1000 以下的小分子代谢产物随时间或处理变化情况来分析其生理生化状态, 进而揭示生物机体代谢途径和生物学规律。该法可以鉴定出经过未知生物学扰动 (添加剂加入、日粮结构改变、环境胁迫等), 瘤胃微生物宏基因组发生变化之后已经产生的所有代谢产物的蛛丝马迹。(於江坤, 2021) 宏代谢组学联合 16S rRNA 基因测序、宏基因组学分析, 便于相互验证、发现未知生物学扰动所产生的微生物动态变化和发生的代谢产物, 寻找出受未知生物学扰动后差异显著的瘤胃微生物种群和生物学标志物。(李娟等, 2020; Liu 等, 2020)

Ataelmannan 等人 (1999) 用质子核磁共振波谱法分析了瘤胃液中的 VFA 组成, 结果表明, 磁共振 (Nuclear Magnetic Resonance, NMR, 下同) 技术测得的乙酸、丙酸、丁酸浓度与传统的气相色谱数据没有显著差异, 但是高通量测定技术提高了速度, 同时也证明了 NMR 技术在瘤胃液代谢物检测中的实用性。Saleem 等人 (2013) 综合运用多种代谢组学及脂类组学等技术平台对 64 个瘤胃液样品进行分析, 得到了 246 种代谢小分子或代谢物种类、浓度以及它们跟日粮代谢的关系的瘤胃液代谢物数据库。

上文所述组学技术在研究瘤胃微生物组成与功能方面都是极为有效的工具。它们各有优势，整合这些技术应用到不同模式，将极大地促进瘤胃微生物的认知和发掘。（Huws 等，2018）李泽民（2023）联合运用宏基因组、代谢组以及转录组学技术对荷斯坦阉牛的瘤胃内容物微生物和代谢物的组成与功能进行分析，深度解析阉牛的生长性能及其相关代谢机制，为奶公牛种质资源的利用和高效品质化生产提供了科学依据。

第四节　杂交构树青贮对务川白山羊瘤胃微生物区系的影响

近年来，我国居民对畜禽产品的消费需求增长强劲，特别是牛羊肉在饮食结构中比例增加，促进了畜牧业，尤其是牛羊产业快速发展，加之中美贸易摩擦影响，国际大宗饲草饲料价格上涨，使我国饲草和蛋白质饲料资源缺乏问题愈显突出。因此，开发新型蛋白质粗饲料资源，发展节粮型畜牧业已是迫在眉睫。构树（*Broussonetia papyrifera*）又名楮桃，被子植物门双子叶植物纲荨麻目桑科构树族构属的落叶乔木。中科院通过种间杂交育种培育的杂交构树，具有速生、抗逆强、轮伐期短、高产的特点（王丽，2019），是目前在我国推广种植较为广泛的新品种。杂交构树营养价值高，含有丰富的粗蛋白质、粗脂肪、氨基酸、维生素和微量元素，其叶片粗蛋白质含量高达 19.22%～26.10%，全树综合利用枝叶混合物粗蛋白质含量为 17% 左右（左鑫等，2018；刘祥圣等，2019；张红等，2020），与苜蓿干草相当。此外，构树叶中含有的黄酮类化合物、生物碱、挥发油类、不饱和脂肪酸等生物活性物质，可在动物体内发挥抗菌、抗炎、增强免疫力、抗氧化等功能性作用。（Park 等，2016；Dong 等，2020）可见，杂交构树是一种极具开发价值的高蛋白质非常规木本饲料。

瘤胃是反刍动物特有的消化器官，内含大量的瘤胃微生物，它使反刍动物能够高效消化利用植物性蛋白、多糖和纤维素等，为机体提供必要的营养物质。（杨艳等，2020；崔浩然等，2021）瘤胃微生物的种类和丰度受动物的品种、年龄、饲料、生理阶段、健康状况等多种因素影响，其中饲粮组成和结构是瘤胃微生物的最大影响因素之一。（马健等，2020）董春晓等人（2019）的研究表明，不同粗饲料改变了湖羊的瘤胃细菌群落结构，相比于玉米秸秆、玉米芯和葵花籽壳，油菜秸秆使瘤胃微生物的物种丰富度和多样性更高。李希等人（2021）的研究结果显示，适量提高日粮中的纤维水平能够促进羔羊瘤胃中部分纤维降解菌的增殖。陈丽娟等人（2020）在以不同比例的苜蓿和构树为底物的瘤胃液体外发酵试验中发现，高比例构树提高了变形杆菌门的丰度，高比例苜蓿提高了广古菌门的丰度。圣平等人（2021）在日粮中添加杂交构树饲喂湖羊，其瘤胃中拟杆菌门的相对丰度升高，厚壁菌门的相对丰度则降低。多个研究表明，瘤胃微生物的变化与瘤胃发酵和生产效率密切相关。（王海荣，2006；Jewell 等，2015；Shabat 等，2016；Li 等，2019）然而，不同比例杂交构树青贮和青贮玉米的混合日粮对肉羊瘤胃微生物群落结构的影响还鲜见报道。本试验旨在研究以杂交构树青贮替代不同比例的青贮玉米作为日粮对务川白山羊的瘤胃微生物群落结构的影响，为杂交构树青贮在肉羊养殖中的应用提供参考。

一、材料与方法

（一）试验材料

杂交构树由务川县桃符杂交构树产业孵化园提供，刈割高度1.5 m左右，留茬高度20 cm左右，第一茬刈割，粉碎至2～3 cm，制作为裹包青贮于常温条件下发酵60 d后逐包取用，每包重约50 kg。试验羊采购自务川县养殖企业，系贵州地方山羊品种。

（二）试验设计

选取64只4月龄体重为（12.40±2.00）kg的健康务川白山羊，随机分为4组，每组16只羊（公母各半，分开饲养）。对照组饲喂基础日粮，试验组分别添加 20％、50％、100％杂交构树青贮用以替代基础日粮中等量的青贮玉米。CS 组（对照组）不添加杂交构树青贮；LBP 组杂交构树青贮替代 20％青贮玉米；MBP 组杂交构树青贮替代 50％青贮玉米；BPS 组杂交构树青贮替代 100％青贮玉米。各组日粮精粗比一致，杂交构树青贮和青贮玉米的比例为唯一变量。日粮组成与营养水平见表 5－2。

表 5－2 日粮组成及营养水平（干物质基础） 单位:％

项目	组别			
	CS	LBP	MBP	BPS
玉米	10.06	10.06	10.06	10.06
麦麸	2.35	2.35	2.35	2.35
豆粕	2.60	2.60	2.60	2.60
玉米脱水酒精糟	1.21	1.21	1.21	1.21
碳酸钙	0.13	0.13	0.13	0.13
磷酸氢钙	0.13	0.13	0.13	0.13
碳酸氢钠	0.08	0.08	0.08	0.08
食盐	0.13	0.13	0.13	0.13
预混料[1]	0.06	0.06	0.06	0.06
玉米青贮	83.25	66.17	42.12	0.00
杂交构树青贮	0.00	17.08	41.13	83.25
合计	100.00	100.00	100.00	100.00
营养水平[2]				
干物质	37.97	38.31	38.8	39.63
粗蛋白质	11.69	12.59	13.82	15.88
粗灰分	3.41	3.57	3.78	4.14
粗脂肪	7.73	7.48	7.15	6.58

项目	组别			
	CS	LBP	MBP	BPS
酸性洗涤纤维	25.92	25.98	26.05	26.17
中性洗涤纤维	40.67	41.44	42.50	44.28
钙	0.50	0.62	0.79	1.08
磷	0.42	0.41	0.39	0.36
非纤维性碳水化合物[3]	36.50	34.92	32.75	29.12
NFC/NDF 值	0.90	0.84	0.77	0.66

注：1. 预混料为每千克饲粮提供维生素 A 1500 IU，维生素 D_3 550 IU，维生素 E 10 IU，铜 10 mg，铁 50 mg，锰 20 mg，锌 30 mg，硒 0.1 mg，碘 0.5 mg。2. 营养水平为实测值。3. 非纤维性碳水化合物（%）＝（1－中性洗涤纤维－粗蛋白质－粗脂肪－粗灰分）×100。

（三）饲养管理

试验羊采用高床舍饲，人工饲喂。试验前，对羊舍进行全面清扫消毒，试验羊逐只称重、驱虫、打耳标。试验时，每天8：00和17：00定时饲喂，精料和粗料混合均匀后饲喂，自由饮水，每天记录各组饲粮添加量和前一天剩料量。预饲期 15 d，试验期 172 d。

（四）测定指标与方法

1. 瘤胃液的采集与处理

正式期最后 1 d 晨饲前，每组随机选择 6 只试验羊（公母各 3 只），用真空泵瘤胃液采集器（2XZ-1，上海凯清）经口腔采集瘤胃液 20 mL，经 4 层无菌纱布过滤后，－80 ℃冷冻保存用于瘤胃微生物区系测定。

2. 务川白山羊瘤胃微生物基因组 DNA 提取和 PCR 扩增

按照肠道内容物、粪便基因组提取试剂盒说明书上的方法对试验样品进行 DNA 提取，提取的 DNA 采用 2.0%琼脂糖凝胶电泳进行质量检测，使用引物 341F（5′-CCTACGGGNGGCWGCAG-3′）

和 805R（5′-GACTACHVGGGTATCTAATCC-3′）对 16S rDNA 可变区（V3＋V4）进行 PCR 扩增。PCR 扩增采用 25 μL 程序：Pusion Hot start flex 2X Master Mix 12.5 μL，1 μmol/L 的上、下游引物各 2.5 μL，DNA 模板 50 ng，补加双蒸水（ddH$_2$O）至 25 μL；扩增条件：98 ℃持续 40 s 后进行 32 个循环，依次为 98 ℃ 30 s、98 ℃ 10 s、54 ℃ 30 s、72 ℃ 45 s，最后在 72 ℃下延长 10 min。PCR 扩增产物通过 2.0%琼脂糖凝胶电泳进行检测，并对目标片段进行回收，回收采用 AMPure XP beads 回收试剂盒。

3. Miseq 测序

将样品送至杭州联川生物技术股份有限公司，运用 Illumina MiSeq 平台进行 Miseq 测序。

（五）数据统计分析

试验数据采用 Microsoft Excel 2010 初步处理后，并采用 SPSS 22.0 统计软件进行单因素方差分析（One-way ANOVA），Duncan's 法进行多重比较，以 $P < 0.05$ 作为差异显著性的判断标准。

二、结果分析

（一）OTU 水平分析

基于 OTU 的 Venn 图显示，16S rDNA 基因测序共获得 6861 个 OTUs，4 组之间共有 4413 个 OTUs，CS、LBP、MBP 及 BPS 组特有的 OTUs 分别为 63、34、33、91（图 5—1）。

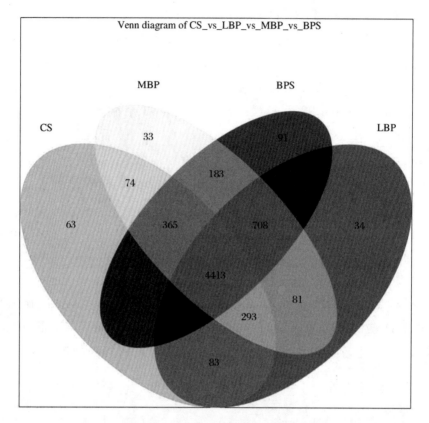

图 5—1 基于 OTU 的 Venn 图

（二）Alpha 多样性分析

由表 5－3 可知，按照 97％的序列相似度水平，各处理组的 OTU 数目和 Alpha 多样性指数各异。其中，BPS 组、MBP 组务川白山羊瘤胃微生物的 OTU 数量分别比 CS 组高 20.99％和 13.14％（$P<0.05$）、Chao1 指数分别比 CS 组高 20.83％和 12.15％（$P<0.05$）；BPS 组的 Observed _ species 指数和 Shannon 指数分别比 CS 组高 27.23％和 9.73％（$P<0.05$），比 LBP 组高 14.17％和 8.11％（$P<0.05$）；其他组间差异不显著（$P>0.05$）。覆盖度反映样品的测序深度，所有样品覆盖度均在 0.98 以上，表明本次测序结果可以反映样本的真实情况。

表 5－3 **瘤胃液细菌 OUT 数目及 Alpha 多样性指数**

项目	组别				SEM	P 值
	CS	LBP	MBP	BPS		
OTU 数量	2914.67[b]	3236.40[ab]	3297.67[a]	3526.33[a]	70.95	0.004
Observed_species 指数	2680.00[bc]	2986.60[b]	3063.33[ab]	3409.67[a]	82.36	0.007
Shannon 指数	8.63[b]	8.76[b]	8.91[ab]	9.47[a]	0.12	0.008
Simpson 指数	0.98	0.98	0.99	0.99	<0.01	0.227
Chao1 指数	3478.20[b]	3830.83[ab]	3900.97[a]	4202.60[a]	86.14	0.007
覆盖度	0.98	0.98	0.98	0.98	<0.01	1.000

注：同行无字母或数据肩标有相同字母表示差异不显著（$P>0.05$），字母完全不同表示差异显著（$P<0.05$）。

（三）聚类分析

基于 Unweighted UniFrac 的加权主坐标分析，主成分 1（PCo1）贡献率为 12.99%，主成分 2（PCo2）贡献率为 10.17%，CS 组和 BPS 组山羊瘤胃微生物菌群组成差异明显，饲喂相同日粮山羊的瘤胃微生物菌群可以很好地聚合在一起，微生物群落相似度较高（图 5－2）；基于 OTU 分析结果，利用非加权组平均法构建 UPGMA 聚类树，结果显示，LBP 组和 MBP 组细菌群落结构较相似，CS 组和 BPS 组细菌群落结构差异较大（图 5－3）。

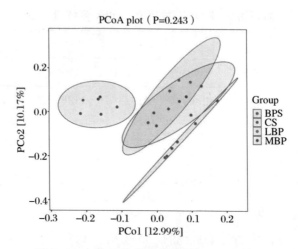

图 5－2　基于非加权距离的 PCoA 分析

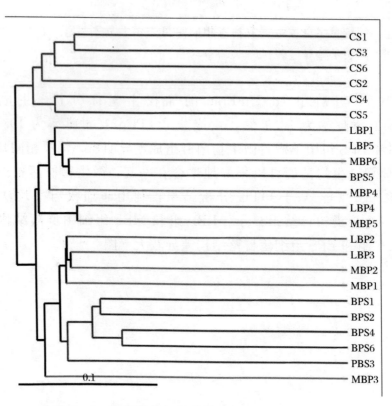

图 5－3　基于非加权距离的 UPGMA 聚类树分析

（四）瘤胃细菌群落组成分析

1. 杂交构树青贮对务川白山羊瘤胃菌群门水平结构的影响

杂交构树青贮对务川白山羊瘤胃细菌门水平的组成和相对丰度的影响见图5－4和表5－4，本次试验共检测到20种菌门，包括拟杆菌门、厚壁菌门、疣微菌门、变形菌门、未分类菌门、黏胶球形菌门、丝状杆菌门、螺旋体门、暂定螺旋体门、迷踪菌门、蓝藻菌门、软壁菌门、互养菌门、浮霉菌门、放线菌门、广古菌门、SR1菌门、绿弯菌门、酸杆菌门、装甲菌门。各组山羊瘤胃细菌主要为拟杆菌门、厚壁菌门、疣微菌门和变形菌门，4种菌门合计占总细菌的91.37%～92.26%。与CS组相比，随着杂交构树青贮比例的增加，拟杆菌门的相对丰度呈先升高后降低的趋势，且LBP组和MBP组的拟杆菌门相对丰度分别比BPS组高18.91%和25.28%（$P<0.05$），MBP组暂定螺旋体门的相对丰度分别比CS组、LBP组和BPS组低55.81%、48.12%和44.58%（$P<0.05$）；LBP组、MBP组和BPS组瘤胃液中酸杆菌门的相对丰度显著高于CS组（$P<0.05$）。其他各组菌门的相对丰度无显著差异（$P>0.05$）。

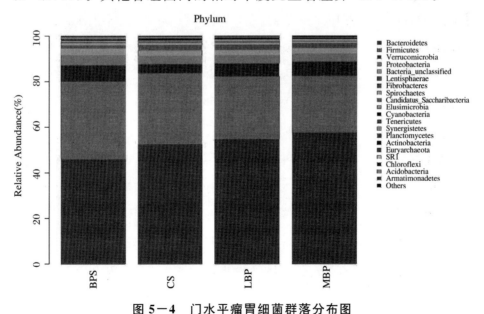

图5－4　门水平瘤胃细菌群落分布图

注：*Bacteroidetes*：拟杆菌门；*Firmicutes*：厚壁菌门；*Verrucomicrobia*：疣微菌门；*Proteobacteria*：变形菌门；*Bacteria* _ unclassified：未分类菌门；*Lentisphaerae*：黏胶球形菌门；*Fibrobacteres*：丝状杆菌门；*Spirochaetes*：螺旋体门；*Candidatus* _ Saccharibacteria：暂定螺旋体门；*Elusimicrobia*：迷踪菌门；*Cyanobacteria*：蓝藻菌门；*Tenericutes*：软壁菌门；*Synergistetes*：互养菌门；*Planctomycetes*：浮霉菌门；*Actinobacteria*：放线菌门；*Euryarchaeota*：广古菌门；SR1：SR1 菌门；*Chloroflexi*：绿弯菌门；*Acidobacteria*：酸杆菌门；*Armatimonadetes*：装甲菌门；others：其他。

表 5—4　杂交构树青贮对务川白山羊瘤胃细菌群落门水平相对丰度的影响　　单位：%

项目	组别				SEM	P 值
	CS	LBP	MBP	BPS		
拟杆菌门	52.46[ab]	54.63[a]	57.56[a]	45.95[b]	1.486	0.033
厚壁菌门	31.18	27.57	24.90	34.15	1.630	0.187
疣微菌门	4.00	5.70	6.24	6.98	0.680	0.305
变形菌门	3.73	3.62	3.57	4.44	0.317	0.850
未分类菌门	2.18	2.17	2.25	2.90	0.118	0.131
黏胶球形菌门	1.44	1.52	1.40	1.06	0.134	0.611
丝状杆菌门	1.04	0.88	0.89	0.43	0.110	0.290
螺旋体门	0.83	0.83	0.58	0.80	0.069	0.402
暂定螺旋体门	0.84[a]	0.72[a]	0.37[b]	0.67[a]	0.055	0.018
迷踪菌门	0.33	0.75	0.82	0.50	0.154	0.883
蓝藻菌门	0.75	0.62	0.45	0.39	0.088	0.460
软壁菌门	0.26	0.36	0.31	0.50	0.047	0.632
互养菌门	0.42	0.16	0.14	0.59	0.086	0.128
浮霉菌门	0.13	0.14	0.14	0.23	0.024	0.743
放线菌门	0.14	0.11	0.20	0.14	0.029	0.775

续表

项目	组别				SEM	P 值
	CS	LBP	MBP	BPS		
广古菌门	0.08	0.07	0.09	0.10	0.007	0.257
SR1 菌门	0.13	0.09	0.05	0.07	0.014	0.465
绿弯菌门	0.05	0.04	0.02	0.07	0.007	0.056
酸杆菌门	<0.01[b]	0.02[a]	0.01[a]	0.02[a]	0.002	0.003
装甲菌门	0.02	0.01	<0.01	<0.01	0.001	0.311
其他	<0.01	<0.01	<0.01	0.01	0.001	0.289

2. 杂交构树青贮对务川白山羊瘤胃细菌属水平结构的影响

杂交构树青贮对务川白山羊瘤胃细菌属水平的组成和相对丰度的影响见图 5-5 和表 5-5。4 组山羊瘤胃液菌群共包含 230 个属，其中有 13 个菌属占总菌数的 1% 以上，分别为普雷沃氏菌属、未分类拟杆菌属、未分类瘤胃球菌科、位置未定的亚门 5 属、未分类紫单胞菌科、未分类的拟杆菌目、理研菌属、未分类细菌、梭菌属、解琥珀酸菌属、瘤胃球菌属、克里斯滕森菌属、未分类的毛螺菌科。其中，CS 组和 MBP 组瘤胃液中的普雷沃氏菌属相对丰度分别比 BPS 组高 66.27% 和 64.56%（$P<0.05$）；LBP 组、MBP 组和 BPS 组的未分类毛螺菌科相对丰度分别比 CS 组低 29.60%、44.50% 和 38.27%（$P<0.05$）。

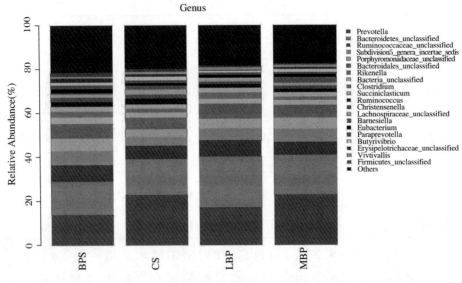

图 5—5 属水平上瘤胃细菌群落分布图

注：*Prevotella*：普雷沃氏菌属；*Bacteroidetes* _ unclassified：未分类拟杆菌属；*Ruminococcaceae* _ unclassified：未分类瘤胃球菌科；Subdivision5 _ genera _ incertae _ sedis：位置未定的亚门 5 属；*Porphyromonadaceae* _ un-classified：未分类紫单胞菌科；*Bacteroidales* _ unclassified：未分类的拟杆菌目；*Rikenella*：理研菌属；*Bacteria* _ unclassified：未分类细菌；*Clostridium*：梭菌属；*Succiniclasticum*：解琥珀酸菌属；*Ruminococcus*：瘤胃球菌属；*Christensenella*：克里斯滕森菌属；*Lachnospiraceae* _ unclassified：未分类的毛螺菌科；*Barnesiella*：巴恩斯氏菌属；*Eubacterium*：真杆菌属；*Paraprevotella*：帕拉普氏菌属；*Butyrivibrio*：丁酸弧菌属；*Erysipelotrichaceae* _ unclassified：未分类韦荣氏球菌科；*Victivallis*：食物谷菌属；*Firmicutes* _ unclassified：未分类厚壁菌门；others：其他。

表5-5　　杂交构树青贮对务川白山羊瘤胃细菌属
水平相对丰度的影响　　　　单位:%

项目	组别				SEM	P 值
	CS	LBP	MBP	BPS		
普雷沃氏菌属	22.93ª	16.95ᵃᵇ	22.70ª	13.79ᵇ	1.307	0.027
未分类拟杆菌属	15.98	23.14	18.03	15.07	1.135	0.156
未分类瘤胃球菌科	6.30	7.55	5.97	7.53	0.342	0.188
位置未定的亚门5属	3.87	5.18	5.96	6.40	0.629	0.390
未分类紫单胞菌科	3.55	4.48	5.05	5.67	0.559	0.455
未分类的拟杆菌目	3.17	2.64	3.06	4.18	0.241	0.182
理研菌属	2.17	4.25	2.80	2.59	0.321	0.281
未分类细菌	2.18	2.17	2.25	2.90	0.115	0.131
梭菌属	1.87	2.95	1.44	2.52	0.288	0.120
解琥珀酸菌属	1.90	2.09	2.03	2.33	0.175	0.799
瘤胃球菌属	2.74	1.70	1.64	2.19	0.186	0.166
克里斯滕森菌属	1.84	1.13	1.45	2.05	0.169	0.232
未分类的毛螺菌科	2.17ª	1.53ᵇ	1.20ᵇ	1.34ᵇ	0.110	0.011
巴恩斯氏菌属	1.87	0.27	2.69	0.59	0.585	0.721
真杆菌属	1.04	1.30	1.32	1.86	0.134	0.275
帕拉普氏菌属	1.32	1.04	0.92	1.71	0.231	0.444
丁酸弧菌属	1.65	0.82	1.30	1.25	0.150	0.529
未分类韦荣氏球菌科	1.15	0.36	0.87	1.87	0.343	0.219
食物谷菌属	1.10	1.16	1.10	0.77	0.106	0.483
未分类厚壁菌门	1.17	0.70	0.64	1.77	0.173	0.028

三、讨论

作为反刍动物的重要消化器官，瘤胃主要依靠各类瘤胃微生物的代谢活动来实现饲料的消化和营养代谢。瘤胃微生物的群落结构受多种因素影响，其中日粮的变化是影响瘤胃微生物区系的重要因素。Alpha 多样性反映微生物群落的丰富度和多样性，Observed_species 指数和 Chao1 指数反映样本中菌群丰富度，数值越大，丰富度越高；Shannon 指数和 Simpson 指数则用于估计瘤胃微生物的丰富度，Shannon 指数越大，Simpson 指数越低，说明微生物群落多样性越高。在本试验中，MBP 组和 BPS 组的 OTU 数目、Observed_species 指数和 Chao1 指数显著高于 CS 组，BPS 组的 Shannon 指数显著高于 CS 组和 LBP 组，而 LBP 组和 CS 组间的 Alpha 多样性指标无显著差异。这表明低比例的杂交构树青贮对务川白山羊的瘤胃微生物菌群多样性无显著影响，但随着杂交构树青贮比例的提高，瘤胃微生物群落结构呈现更高的多样性。圣平等人（2021）在青贮杂交构树替代花生秸秆饲喂湖羊的试验中发现，瘤胃中细菌群落的丰富度和多样性未见显著差异，结果与本研究不同，这可能是基础日粮组成和动物品种不同所致，也说明杂交构树青贮的应用研究尚不充分。Beta 多样性和聚类分析反映了各组样本间的相似性。据分析可知，各个样本大致根据试验处理不同而聚集在一起，CS 组与杂交构树青贮各组在主坐标分析图上距离较远，说明高比例的杂交构树青贮改变了瘤胃细菌多样性。

反刍动物瘤胃中的优势菌门是拟杆菌门和厚壁菌门（Niu 等，2016；Malaník 等，2020）。本试验中各组的拟杆菌门为第一优势菌群，厚壁菌门的总量位居第二，两者丰度之和占瘤胃微生物总量的 80% 以上，与前人研究结果一致。（陈丽娟等，2020；李与琦等，2020）拟杆菌门主要参与蛋白质和非纤维素植物多糖的分解（Pitta 等，2014），厚壁菌门是反刍动物瘤胃中降解纤维素的主要微生物（Klieve 等，2016）。在本研究中，随着日粮中杂交构树青贮比例的提高，拟杆菌门的相对丰度逐渐提高，以 MBP 组最高。这是由于杂交构树青贮比例的提高使瘤胃发酵底物中的粗蛋白质含量增加，进而诱导拟杆菌门丰度上升。但是，当粗饲料全部为杂交构树青贮时（BPS组），拟杆菌门的相对丰度则显著降低。这可能是由于随着构树比例提高，饲料中单宁等抗营养因子浓度持续增加，抗营养成分过多会抑制拟杆菌门的增殖或活性。（Abdullah 等，2018）在本研究中，杂交构树青贮替代基础饲粮中的青贮玉米对瘤胃液中厚壁菌门的丰度无显著影响，说明饲喂杂交构树青贮未改变瘤胃对植物纤维的降解能力，这一结果与日粮中 ADF 和 NDF 含量随杂交构树青贮比例的增加变化幅度较小相一致。疣微菌门的一些细菌在动物的胃肠道消化、代谢炎症和免疫耐受方面起重要作用（De Vos 等，2011；李美锋等，2017；韩伟等，2019），其在肠道的定植可减缓脂肪沉积（Axling 等，2012）。此外，疣微菌门的一些成员还具有多糖水解酶活性。（孙佳丽等，2020）本研究中的疣微菌门的相对丰度位居第三，与前人多个研究结果不同（Chaucheyras-Durand 等，2014；Dias 等，2018；陈凤梅等，2020），推测其在提高务川白山羊的免疫力和减少机体脂肪沉积方面有积极影响，但这是否与饲喂杂交构树青贮有关尚需进一步研究。

从属水平上来看，普雷沃氏菌属是反刍动物瘤胃中数量最多的一类拟杆菌门普雷沃氏菌科有益微生物菌属，其主要参与蛋白质、淀粉及木聚糖和果胶的降解（金鹿等，2021），并在碳水化合物的代谢中起关键作用（孙佳丽等，2020）。Pitta 等人（2014）的研究发现，普雷沃氏菌属的相对丰度与日粮中 NDF 水平呈负相关关系。本试验中，日粮的 NDF 水平随杂交构树青贮比例增加而提高，但普雷沃氏菌属的相对丰度呈现先升高后降低的趋势，与前述拟杆菌门相对丰度的变化一致。这说明杂交构树青贮主要通过影响普雷沃氏菌属的数量来改变拟杆菌门的相对丰度，推测普雷沃氏菌属的相对丰度受 NDF 水平和单宁等抗营养因子的共同作用。未分类的毛螺菌科是瘤胃中的一类半纤维降解菌，普宣宣等人（2020）的研究发现，卡拉库尔羊瘤胃中未分类的毛螺菌科的相对丰度随日粮 NFC 水平的增高呈先升高后下降的趋势，这与本研究结果不同。本试验中添加的杂交构树青贮降低了务川白山羊瘤胃未分类的毛螺菌科的相对丰度，可能是由于粉碎后杂交构树较为粗硬的树枝部分在采食时更容易被剩下，使肉羊实际摄入的半纤维素和木质素水平较青贮玉米更低，从而导致未分类的毛螺菌科数量减少。但是，本试验中日粮的NFC水平是否与未分类的毛螺菌科相对丰度的变化有关有待进一步研究。

四、结论

高比例杂交构树青贮显著提高了务川白山羊瘤胃微生物的丰富度；在门和属两个水平上，日粮中添加杂交构树青贮导致与蛋白质、淀粉和非纤维植物多糖降解有关的拟杆菌门和普雷沃氏菌属有升高趋势，以替代50%青贮玉米时相对丰度最高，杂交构树青贮替代100%青贮玉米时则抑制相关菌群的增殖；添加杂交构树青贮未对纤维降解菌的数量造成不良影响。

第六章　青贮菌制剂的分离、筛选与应用

第一节　青贮菌制剂

一、青贮菌制剂的青贮原理

青贮菌制剂（*Silage Inoculants Bacteria*）亦称青贮接种菌、生物青贮剂、青贮饲料发酵剂，是专门用于饲料青贮的一类微生物添加剂，由 1 种或 1 种以上乳酸菌、酶和一些活化剂组成，主要作用是有目的地调节青贮料内微生物区系，调控青贮发酵过程，促进乳酸菌大量繁殖，更快地产生乳酸，从而有效地保留青贮物的营养物质。

刈割后的青绿牧草含有各种不同的微生物，以腐败细菌最多，而有益于青贮的乳酸菌则很少。如 1 g 的青玉米秆中含有腐败细菌 4200 万个，而乳酸菌则只有 17 万个，酵母菌是 50 万个。刈割牧草堆放在田间 2~3 d 后其中的腐败细菌迅速增加，在 1 g 青绿牧草中可高达数十亿个。青绿牧草切碎后，经压紧埋贮于青贮窖或塔、壕中，主要因乳酸菌的作用，饲料中的糖类转变为乳酸，乳酸的不断产生抑制了其他微生物的繁殖，当 pH 值达到 4.2 时，青贮饲料中的微生物（包括乳酸菌本身）在厌氧条件下几乎完全停止活动，使青贮饲料能够长期保存。在青贮物中加入生物添加剂，特别是添加乳酸菌，可使有效菌数显著增加，在青贮料成熟初期加强乳酸发酵，使之迅速酸化，pH 值快速下降，抑制有害微生物尤其是梭

菌属细菌的生长，使得肠杆菌数量大减（Gordon 等，1992），从而迅速阻止植物养分的分解，抑制了蛋白质水解（Whittenbury 等，1967）。

二、不同发酵类型青贮菌制剂对青贮发酵的影响

乳酸菌利用糖生成乳酸，根据发酵形式不同可分为两种：一是同型发酵乳酸菌，如干酪乳杆菌（*Lactobacillus casei*）、植物乳杆菌（*Lactobacillus plantarum*）、乳酸片球菌（*Pediococcus acidilactici*）、粪链球菌（*Streptococcus faecalis*）、屎链球菌（*Streptococcus faecium*）等，利用 1 mol 葡萄糖或果糖产生 2 mol 乳酸；二是异型发酵乳酸菌，如短乳杆菌（*Lactobacillus brevis*）、布氏乳杆菌（*Lactobacillus buchneri*）、发酵乳杆菌（*Lactobacillus fermentum*）、肠膜明串球菌（*Leuconstoc mesenteroides*）。在异型发酵中，1 mol 葡萄糖则生成等摩尔的乳酸、乙酸（或乙醇）和二氧化碳。

异型乳酸菌利用 1 mol 葡萄糖只能生成 1 mol LA，而同型乳酸菌则能生成 2 mol LA，所以异型发酵转化 LA 的效率比同型发酵低，降低 pH 值的效果差，并且因为有二氧化碳气体产生，会造成一定的营养损失。因此，在过去的几十年中，人们一直把异质型乳酸菌看作不良微生物，尽量减少其使用。但近十多年来，因为异质型乳酸菌能够抑制青贮饲料的好养变质，又引起人们的极大重视。综上所述，不同发酵类型的青贮菌制剂会对青贮物的营养品质以及有氧稳定性等产生深刻的影响，下面对其进行分析和讨论。

（一）同型发酵对青贮发酵的影响

同型乳酸菌发酵后仅产生 LA，是将 1 分子葡萄糖转化为 2 分子的 LA，能量耗损较少，可以快速降低 pH 值，提高乳、乙酸的比值，并显著减少乙醇和氨态氮的含量。（Weinberg 等，2010）由于同型乳酸菌在发酵过程中没有物质损失，且青贮饲料的发酵品质、DM 回收率和剩余 WSC 含量都高于没有添加剂的青贮饲料，因此被用于青贮发酵。研究发现，添加同型乳酸菌后，苜蓿青贮

的 pH 值降低，乙酸、丁酸、NH$_3$-N 的含量较少而 LA 的含量有所增加。许庆方等人（2004）的研究揭示，同型乳酸菌通常导致 pH 值的更快降低，较低的 NH$_3$-N，较高的乳酸盐（乙酸盐比率和当它用作青贮饲料接种剂的时候 DM 回收率提高了 1%～2%）。（Yitbarek 等，2013）侯建建（2016）在紫花苜蓿青贮中添加植物乳杆菌和干酪乳杆菌，显著降低了苜蓿青贮饲料的 NH$_3$-N 含量（$P<0.05$），并且均未检测到丁酸。添加量为 1×10^7 cfu/g 的植物乳杆菌处理组中的 NH$_3$-N 含量最低，LA 含量最高；除添加量为 1×10^5 cfu/g 的植物乳杆菌和干酪乳杆菌组合处理组外，其他乳酸菌处理组的 pH 值均显著低于无添加剂处理组（$P<0.05$）。

Kung 等人（2001）通过在两个不同干物质水平的苜蓿青贮中（30%、54%）以粉状和液体两种形式添加 *Lactobacillus plantarum* MTD1，研究其接种后的青贮效果。实验发现，干物质含量为 30% 的苜蓿青贮，在 8～45 d 青贮中的几次检测，乳酸菌的两种添加形式与不添加乳酸菌的对照组相比较，乙酸的含量低。两个添加组的氨态氮含量在 45 d 以前的几次检测中都低于对照组，而在第 45 d 检测时，与对照组无显著差异。在第 45 d 检测时，两个添加组的可溶性糖和乳酸含量与对照组无显著差异。对于干物质含量为 54% 的苜蓿青贮，液态和粉状添加在 4～14 d，pH 值下降，显著低于对照组，而以液态添加的效果更为明显。对于干物质含量为 54% 的苜蓿青贮，在 8～45 d 中，两个添加组的氨态氮含量显著低于对照组。第 45 d 检测时，两个添加组的可溶性糖含量显著低于对照组。乳酸和乙酸含量各组之间无显著差异。

Sheperd 等人（1995）在实验中也得出相同的结论。在苜蓿青贮的第 8 天，L-乳酸与 D-乳酸的比例为 1∶1，处理乙酸的含量低于对照组。对照组的乙酸含量在 51 d 中由 1.8% 升至 4.7%，到第 177 d 又降至 3.5%。相反，处理组经过 177 d 的青贮乙酸仅由 0.5% 升至 1.41%。处理之间没有差异。低含量的乙酸和高含量的乳酸反映出接种的青贮有更多的乳酸发酵。

除青贮产物的各营养成分含量对评价青贮菌剂重要之外，青贮产物在接触空气后的有氧稳定性对评价青贮菌剂同样重要。空气对青贮十分有害，可以使腐败微生物，如酵母菌和霉菌得以活跃、繁殖。（Woolford 等，1990）当开封饲喂和长期贮存时，青贮接触到空气，青贮物的温度和 pH 值会升高，主要的发酵酸、氨基酸、蛋白质和残糖会损失，产生 CO_2、水和氨，这样青贮物的质量和消化性能会降低。（Pitt 等，1991；Honing 等，1980）其中 DM 损失最大，而且超过了青贮饲料制备过程中总的 DM 损失，即青贮饲料发酵制备过程中，在建立厌氧条件前，植物和微生物呼吸损失，农作物中过多的水分蒸发损失，由于密封不严而引起的表面物料损失。Honing 等人（1980）的研究表明，暴露于空气中的青贮饲料的 DM 损失大约为 300 g/kg。随着好氧发酵的进行，青贮饲料中丁酸或乙酸的含量分别超过了 15 g/kg 或 40 g/kg DM。由于这些酸的抗微生物特性，贮料在空气中相对稳定。

Muck 等人（1997）证实，添加同型发酵乳酸菌会降低青贮物的有氧稳定性，这与 Moon 等人（1983）先前得出的乳酸本身并不是高效抗真菌剂的认识相一致。另外，当青贮物处于有氧条件下，乳酸还会被酵母菌作为生长的底物。有实验表明，在大麦青贮中添加同型发酵乳酸菌——植物乳杆菌，其发酵产物会在 155 小时腐败，而不添加任何添加剂的对照组的腐败时间为 377 小时。（Kung 等，2001）其他学者也有类似研究，当青贮添加同型发酵乳酸菌后，其有氧稳定性会降低，有氧腐败发生时间要快于不加任何添加剂的对照组。（Weinberg 等，1999）青贮有氧腐败是十分严重的问题，所以青贮物的抗腐败能力是评价青贮质量的重要指标，需要开发新的青贮菌制剂来提高青贮产物的抗有氧腐败能力。

（二）异型发酵对青贮发酵的影响

青贮的有氧变质不仅会引起大量干物质损失，而且需氧菌真菌会生成对动物有害的真菌毒素，因此用腐败的青贮物饲喂奶牛时会减少采食量和降低生产性能。异型发酵过程中，除了生成 LA 外，还通过果胶聚糖单磷酸盐途径生成乙酸和 CO_2，将碳水化合物转化为乳酸的效率仅为同型发酵乳酸菌的 17%～50%。但是，乙酸含量的提高对提高青贮产物的有氧稳定性，防止有氧变质至关重要。

青贮饲料暴露于空气中会腐败变质，而酵母菌被认为是引起饲料变质的元凶，它能够利用乳酸发酵，使青贮饲料的 pH 值升高，从而引起条件性细菌和真菌的生长繁殖，进一步加剧饲料腐败。青贮饲料在青贮窖或饲槽中保持新鲜（不变质）的能力通常用有氧稳定性表示。有氧稳定性是指青贮饲料暴露于空气中，饲料温度高于环境温度 2 ℃所需要的时间。Muck 等人（1996）第一次提出布氏乳杆菌或许可以提高青贮饲料的有氧稳定性后，后人就此做了大量的研究。Filya 等人（2003）发现，布氏乳杆菌通过将乳酸转化为乙酸来提高青贮饲料的有氧稳定性，但目前关于异型发酵乳酸菌的作用效果仍然有很多争议。首先，有些学者怀疑异型发酵乳酸菌改变青贮饲料发酵过程和提高有氧稳定性的能力；其次，有些学者认为，添加了布氏乳杆菌的青贮饲料中产生的高剂量乙酸会降低动物的采食量，进而影响动物的生产性能。当然，其中也不乏怀疑异型发酵乳酸菌功效的人，因为他们认为异型发酵乳酸菌没有有效的途径能够利用大量的干物质。布氏乳杆菌的应用改变了接种剂原有的定义和标准。除此之外，丙酸菌也作为接种剂使用，其目的和使用布氏乳杆菌相似，即利用其生产丙酸的能力来提高青贮饲料的有氧稳定性。

在大麦青贮中添加异型发酵乳酸菌 *L. buchneri*，其青贮物中的乙酸浓度是对照组的三到四倍，而乙酸有很强的抗真菌功能。Kung 等人 2001 年就指出，添加 *L. buchneri* 后，青贮物中含有的较高浓度乙酸是其有氧稳定性提高的基本原因。在其他一些玉米和小麦青贮实验中，添加 *L. buchneri* 后，青贮物有氧稳定性都得到提高。（Driehuis 等，1999；Ranjit 等，2000；Weiberg 等，1999）

Kung 等人（2003）在实验室苜蓿青贮（DW 39%）中分别添加 1×10^5 cfu/g、5×10^5 cfu/g 和 1×10^8 cfu/g 三个不同水平的乳酸菌制剂（*Lactobacillus buchneri* 40788），在前 8 d 的青贮中，添加组与

对照组发酵的产物差异不显著。发酵 56 d 后，添加组与对照组相比，pH 值较高（4.55VS4.38），添加组的乙酸含量平均为 6.40%，大于对照组的 4.24%，同时丙酸（0.18VS0.06%）和氨态氮含量（0.35VS0.29%）都高于对照组。添加组的乳酸含量（3.51%）低于对照组（4.12%）。在添加组中，中水平和高水平乳酸菌添加组经过 56 d 青贮后，干物质回收率大于对照组（97.6%，93.4%VS86.8%）。笔者又在农场规模进行苜蓿青贮（DW 43%）奶牛饲养试验，苜蓿青贮分为不添加和添加 *Lactobacillus buchneri* 40788（4 × 10⁵ cfu/g）两个处理组。添加组的乙酸含量高（5.67VS3.35%）、乳酸含量低（3.50% VS4.39%）。当将奶牛的混合饲料暴露于空气中时，添加乳酸菌的混合饲料可以保持其品质稳定达 100 小时，而含有对照组青贮的混合饲料在 68 小时后出现腐败。荷斯坦奶牛饲养试验为期 6 周，其饲料为 32% 的苜蓿青贮（添加和不添加乳酸菌青贮），11% 玉米青贮，5% 苜蓿干草和 52% 精料。试验得出结论，添加乳酸菌（*L. buchneri* 40788）的苜蓿青贮与不添加乳酸菌的苜蓿青贮，奶牛干物质采食量和乳成分没有差异，但添加组的产奶量高于对照组 0.8 kg。在其他两个青贮营养试验中，也同样得出乙酸对采食量没有负面影响的结论。（Driehuis 等，1999）但 Rook 等人（1990）认为，当青贮中含有的乙酸水平高时，会降低动物的采食量。

（三）同质型和异质型乳酸菌协同作用对青贮发酵的影响

由于同/异型乳酸菌在发酵过程中各有利弊，所以青贮添加剂的选择常为同/异型乳酸菌配伍使用。联合接种的组合主要为"戊糖片球菌＋布氏乳杆菌"（Kleinschmit 等，1996）或"植物乳杆菌＋布氏乳杆菌"（Filya 等，2006）。青贮发酵前期，片球菌的生长增殖较快，在发酵过程中占有主要地位，当 pH 值下降到 5.0 以下时，抑制了其活性发展，但为杆菌奠定了较好的生长基础；乳酸菌的发酵作用进一步降低 pH 值，当 pH 值下降到 4.2 以下，霉菌和酵母菌等的活性受到限制，青贮饲料得以保存。

Filya 等人（2003）的研究表明，在高水分玉米和高粱青贮90 d

后的品质检测中，添加 *L. buchneri* 组和添加 "*L. buchneri* ＋ *L. pIantarum*" 组与对照组和添加 *L. plantarum* 组相比较，乙酸含量显著提高，*L. plantarum* 处理组的乙酸含量同时显著低于对照组。*L. buchneri* 处理组和 "*L. buchneri* ＋ *L. plantarum*" 处理组的酵母菌和霉菌受到抑制，两个处理组在玉米和高粱青贮中酵母和霉菌的数量都小于 10^2 cfu/g。而 *L. plantarum* 处理组和对照组的酵母和霉菌数量为 10^3 cfu/g 数量级，同时 *L. plantarum* 处理组的酵母菌数要大于对照组。在玉米和高粱青贮中，*L. buchneri* 处理组的氨态氮含量显著高于其余三个处理组，同时 *L. plantarum* 和 "*L. buchneri* ＋ *L. plantarum*" 两个处理组的氨态氮含量显著低于对照组。*L. buchneri* 处理组的 pH 值最高，其余三组之间没有显著差异。

　　笔者同时进行了青贮物的有氧稳定性检测，将青贮处理暴露于空气中 5d 后测定 pH 值、CO_2 产生量和酵母、霉菌数量。结果表明，经过 5 d 暴露于空气之后，*L. plantarum* 处理组的 pH 值与暴露于空气之前相比增幅最大，5 d 后该处理组的 pH 值显著高于对照组和其余两个处理组，*L. plantarum* 处理组和 *L. buchneri* ＋ *L. plantarum* 处理组的 pH 值增幅很小，5 d 后 pH 值显著低于对照组。*L. plantarum* 处理组的 CO_2 产生量同样显著高于对照和其余两个处理组；而其余两个处理组的 CO_2 产生量又显著低于对照。*L. plantarum* 处理组在玉米和高粱青贮中酵母菌数量为 $10^{8.87}$ cfu/g、$10^{9.18}$ cfu/g，霉菌为 $10^{3.76}$ cfu/g、$10^{4.19}$ cfu/g，而 *L. buchneri* 处理组的对应各指标都小于 10^2 cfu/g，"*L. buchneri* ＋ *L. plantarum*" 处理的对应微生物数量也都小于或等于 10^2 cfu/g 数量级。从青贮品质和有氧稳定性各指标综合来看，*L. buchneri* ＋ *L. plantarum* 处理组即同型发酵和异型发酵菌剂的混合使用更利于作物在厌氧青贮条件下营养成分的保存和有氧条件下的品质稳定。

　　Stokes 等人（1992）指出，在豆科牧草青贮时，仅添加接种菌剂会产生更多的同型乳酸发酵，而在青贮中添加酶则会产生更多的异型发酵。然而，Taylor 等人（2002）在实验中发现，在青贮中添加酶对青贮发酵的最后产物并没有明显的影响。

在青贮菌制剂中添加纤维素分解酶是从两个方面考虑的，一是为了增加发酵糖的含量，二是为了有机质的消化率。有试验研究把纤维素分解酶和碳酸钙缓冲剂在青贮前加入高粱中，结果发现，处理组比未处理组青贮纤维素少了 20%，消化率则略有提高。有实验表明，在青贮饲料中添加酶制剂，可使青贮料中果胶含量降低 29.1%～36.4%，半纤维素含量降低 22.8%～40.0%，纤维素含量减少 10%～14.4%。同时，可水解青贮饲料中的多糖，使其转化成单糖，以利于产生足量的乳酸，从而得到品质优良的青贮料。在青贮饲料中添加秸秆发酵乳杆菌，pH 值仅为 3.8，开启 40 d 内未出现二次发酵。因此，若在添加乳酸菌的同时，添加酶制剂效果更为理想。

三、青贮菌制剂发展展望

（一）研制复合青贮菌制剂

在微生物菌剂的研究中，微生物混合培养或混合发酵已为人们所重视。在长期的试验和生产实践中，人们发现很多重要生化过程是单株微生物不能完成或只能微弱地进行的，必须依靠两种或两种以上的微生物来共同完成。复合青贮菌制剂并不是将和青贮发酵有关的菌株任意拼凑在一起，而是必须注意不同微生物之间的协同性、互补性，不同细菌各有所长、协同作用，总体发挥出正组合效应，最终达到菌制剂活性稳定、作用范围广泛、提高青贮效果的目的。复合青贮菌制剂的性能会超过单个菌种的能力。例如，现代生物青贮剂通常含有菌种植物乳杆菌（*Lactobacillus Plantarum*），而只含植物乳杆菌的单菌种青贮剂的适宜活性范围是 pH 值 4.4～5.5 和 9～25 ℃，多菌种（包括唾液乳杆菌）青贮剂的活性范围可达 pH 值 4.0～6.5 和 5～38 ℃。

当前的微生物青贮添加剂多为多菌种组合。匈牙利研制的 *Silaferm* 青贮菌剂就是由特性不完全一致，功能互补的屎链球菌（*Streptococcus faecium*）、啤酒片球菌（*Pediococcus cerevisiae*）、植物乳杆菌三种乳酸菌混合培养制成。粪链球菌开始繁殖速度快，倍增期仅 12 分钟，但在 pH 值 4.5 时就停止生命活动。啤酒片球菌的繁殖能力也强，在 37 ℃高温下能产生大量乳酸。植物乳杆菌的抗酸能力高，但繁殖能力低于前两种菌。在青贮饲料中，粪链球菌和啤酒片球菌启动发酵，当 pH 值低于 4.5～4.8 时植物乳杆菌参与发酵。英国的青贮菌剂种类多，由下列菌株组成：植物乳杆菌、嗜酸乳杆菌、棒状乳杆菌、保加利亚乳杆菌、嗜热链球菌、粪链球菌。加拿大的青贮菌剂是乳酸杆菌、嗜酸菌和米曲霉的混合制剂。瑞典的青贮菌剂是由乳酸片球菌、植物乳杆菌组成。

（二）筛选有利于提高青贮物有氧稳定性的青贮菌制剂

青贮物的有氧稳定性是评价青贮质量的重要指标。青贮的有氧变质不仅会引起大量干物质损失，而且需氧菌——真菌会生成对动物有害的真菌毒素。使用腐败的青贮物饲喂奶牛时会减少采食量和降低生产性能。Kung 等人（2001）使用乳酸菌（*L. buchneri*）作为青贮微生物添加剂，提高了青贮物中乙酸的浓度，抑制了酵母菌的数量，增加了青贮产物对氧气的稳定性。基于以上原因，人们研制了能够增加青贮物中乙酸等抗青贮腐败物质的青贮菌制剂，以提高青贮物的有氧稳定性。

（三）筛选发酵产生 L（＋）乳酸比例高的青贮菌制剂

青贮饲料中乳酸菌生成的乳酸有 L（＋）型和 D（－）型两种乳酸异构体，在动物营养学中，前者被认为是代谢型，后者为非代谢型或难代谢型。McDonald 等人（1991）指出，尽管在苜蓿发酵初期有 L（＋）乳酸形成，但是之后的一些乳酸菌或其他微生物的外消旋体会将 L（＋）乳酸转变为 D（－）乳酸。因为 L（＋）乳酸较 D（－）乳酸更容易被奶牛消化吸收，所以人们更希望得到 L（＋）乳酸。当奶牛采食大量含 D（－）乳酸的青贮饲料时，D（－）乳酸会在反刍胃或血液中异常蓄积，进而导致泌乳牛频发乳酸中毒症。因此，筛选发酵产生 L（＋）乳酸比例高的青贮菌制剂，在家畜饲养中具有重要的意义。

（四）筛选适应不同青贮底物的专用乳酸菌制剂

每种微生物都有其特定的生活环境，对培养基中的C/N及干物质含量等培养条件都有特殊的要求。例如，在日本西南部温暖地区接种适应温度较高的某菌种，乳酸发酵品质好，但在温度较低的北海道接种此菌种，则发酵品质不良。（纪亚君等，1996）在泡菜发酵液中分离出一株植物乳杆菌，将它作为青贮菌剂分别加入苜蓿和玉米中，结果玉米的青贮效果不如苜蓿。因此，在青贮过程中，要针对不同的青贮物，选择不同的菌株，筛选专用的青贮菌剂。

（五）筛选适应高水分青贮条件的乳酸菌制剂

青贮作物的含水量是影响青贮品质的重要因素。在生产实践中，苜蓿青贮时的含水量要在一定的范围内，但受生产条件、气候等因素的影响，这一范围很难保证。含水量越高，生产中的pH值就越要求稳定在一定低的数值范围内。另外，在青贮调制过程中，生理生化活动、机械操作和雨淋等因素也会造成牧草的养分损失。有试验结果表明，苜蓿茎的粗蛋白质含量为10.6%，叶片的粗蛋白质含量为24.0%，叶片含蛋白质的量约为茎秆的2.5倍。随着含水量的降低，苜蓿叶片的易脱落程度会增加，如苜蓿在晾晒过程中遭遇雨淋，苜蓿的营养成分损失就会更大。因此，筛选能够在高水分青贮条件下迅速发酵，快速降低pH值的乳酸菌制剂，以抑制有害微生物，减少苜蓿营养成分的损失就十分重要。

（六）建立科学的评价体系

青贮产品缺乏科学统一的评价体系，对其品质的研究仅限于一部分物理特性、化学特性，而忽略了生物学特性和动物营养评价这两个重要方面，这样就很难科学地对其进行评价。物理学特性是从颜色、气味和触觉等方面进行感观评定。化学特性包括常规化学成分（DM、NDF、ADF、可溶性糖、CP、P、Ca）和发酵参数（总酸、乳酸、乙酸、丙酸、丁酸、NH_3-N、pH）等。青贮产品的品质评价应从物理特性、化学特性、生物学和动物营养指标等几个方面进行综合评价。生物学特性的评价指标包括活菌数、维生素、酶、氨基酸的含量以及未知促生长因子等。青贮牧草主要用于饲喂家畜，满足其营养需要，进而提高其生产性能。因此，从动物营养角度出发对牧草青贮提出建议和要求，并对青贮牧草进行评价十分有意义。

第二节　木质纤维素的研究进展

一、木质纤维素资源及其利用

木质纤维素作为地球上最丰富的可再生资源之一，具有制备生物能源和生物材料的巨大潜能。自然界中可再生的木质纤维素资源极其丰富，据统计，植物体每年通过光合作用产生的干物质达 $(1.5\sim2.0)\times10^{11}$ t，是地球上唯一能超大规模再生的实物性资源。目前，人们对这些天然的纤维素资源的利用率极低，仅有约 11% 被用于造纸，生产燃料、饲料、农作物产品和建筑等方面，剩余的绝大多数在自然界中被微生物降解转化，最终生成 CO_2 和 H_2O，构成了生态系统中碳循环的一个重要环节。但从人类利用自然能源的角度来看，这是一个巨大的浪费。我国天然纤维素资源相当丰富，年产量超过 1.1×10^9 t，其中仅农作物秸秆资源就超过 7×10^8 t，约占世界总量的 25%，列世界之首，其中又以玉米秆、稻秆、麦秆为主，约占秸秆资源的 75.6%。（王慧等，2011）此外，森林采伐加工剩余物超过 10^7 t，蔗渣超过 4×10^6 t，但每年用于工业过程或燃烧的纤维素资源仅占 2% 左右，绝大部分没有得到有效利用。（曲音波，2011）因此，充分有效地利用木质纤维素资源，对解决当前世界上存在的资源和能源危机以及环境保护等难题有重大意义。

二、木质纤维素的组成及结构

植物细胞壁中的木质纤维素是植物的结构和支撑组织，在亿万年的进化过程中，植物进化出了复杂的结构和化学机制来应对微生物与动物对其结构多糖的攻击及降解，使木质纤维素资源的成分多样、结构复杂，构成了抵抗微生物及其酶攻击的天然屏障。从化学成分上看，木质纤维素材料主要有三类化学组分：纤维素约35％～50％、半纤维素约20％～40％、木质素约15％～25％。植物天然纤维素原料中除了含有上述三大主要成分外，还含有少量的树脂、单宁、香油精、色素、生物碱、果胶、蛋白质和灰分等组分。

纤维素是植物细胞壁的主要成分，是普遍存在于植物细胞壁中的一种聚糖，也是自然界中分布最广、含量最多的一种多糖，它不溶于水。纤维素的结构式为 $(C_6H_{10}O_5)_n H_2O$，由葡萄糖经 β-1，4糖苷键结合而成的链状高分子化合物（黄祖新等，2004），其所形成的长链为"硬而直的"。纤维二糖是其基本单元，纤维素分子表面平整，易于向长伸展，加上吡喃葡萄糖环上的侧基，十分利于氢键的形成，使这种带环、刚性的分子链聚集在一起。纤维素分子的聚合度变化很大，一般为8000～10000个葡萄糖残基，值得注意的是，占重要比重的植物纤维素聚合度高达14000左右。它的高聚合度、毛细管结构、木质素和半纤维素形成的保护层，再加上其超分子结构中的结晶区存在大量氢键，从而使纤维素难以被很好地利用（邓勇等，2007），只有纤维素酶能有效降解纤维素（黄祖新等，2004）。

半纤维素是植物细胞壁中除纤维素、果胶质及少量淀粉以外的全部碳水化合物的统称，也称为非纤维素碳水化合物，又被称为非纤维素类多糖。半纤维素是由多种糖基（戊糖基、己糖基）和糖醛酸基组成的，大部分带短的侧链，是分子中往往带有支链的复合聚糖的总称。构成半纤维素的糖主要有木糖、葡萄糖、甘露糖、阿拉伯糖、半乳糖及它们的衍生物，如秸秆的半纤维素主要是糖醛酸、阿拉伯糖和木糖缩合体。由于半纤维素的聚合度低，支链不能形成紧密的结合，从而使无定形区增大，试剂的可及性增大，所以其溶解度和化学反应速度都比纤维素大。而半纤维素组成复杂，其分解需要多种酶的作用。半纤维素的彻底降解需要木聚糖酶、木糖苷酶、阿拉伯糖苷酶和葡萄糖醛酸酶的共同作用，其分解产物主要是木糖、阿拉伯糖和葡萄糖醛酸。（黄祖新等，2004）木聚糖的主链由 β-1，4糖苷键相连的 β-D-吡喃型木糖残基聚合而成。主链和侧链糖基上有多种取代基团，主要是乙酰基、葡萄糖醛酸基和阿拉伯糖基（可进

一步与香豆酸、阿魏酸等酚酸相连）等，同时与植物中的纤维素、木质素结合在一起。（江小华，2007）

　　木质素是植物界中仅次于纤维素的一种丰富的大分子有机物质。木质素是由苯基丙烷结构单元通过碳—碳键和醚键连接而成的具有三度空间结构的高分子网状聚合物，其基本结构单元有三种：愈创木基丙烷、紫丁香基丙烷和对羟基苯丙烷。（曲音波，2011）木质素分子大，没有容易被水解的键，溶解性差，且含有各种稳定的复杂键型及重复的单元，微生物及其分泌的胞外酶不易与之结合，对酶的水解作用呈抗性，是微生物难以降解的芳香族化合物。秸秆中主要存在紫丁香基丙烷和愈创木基丙烷结构单体及少量的对羟基丙烷结构单体。木质素是细胞壁微纤丝之间的"填充剂"，也是将相邻的细胞黏结在一起的"黏结剂"，起加固木质化植物组织的作用。除了内部有强大的氢键外，木质素与碳水化合物之间还以酯键、醚键和缩酮键等方式相互连接，形成稳定的木质素碳水化合物复合体（LCC），由于附着的木质素限制了酶对碳水化合物的接近，所以LCC难以水解。秸秆类原料和农业废弃物中存在较多的LCC结构。

　　木质素是一种复杂的、非结晶性的、三维网状酚类高分子聚合物，它广泛存在于高等植物细胞中，是针叶树类、阔叶树类和草类植物的基本化学组成之一。在植物体内，木质素、纤维素与半纤维素等一起构成超分子体系，其中木质素是纤维素的黏合剂，可以增强植物体的机械强度。木质素结构中的羟基主要是酚羟基和醇羟基，这些羟基既以游离的形式存在，也以醚的形式与其他烷基、芳基连接。羟基的存在使木质素具有很强的分子内和分子间氢键。（Schmidt等，1995）甲氧基一般是连接在苯环上的，它是木质素最有特征的功能基团，甲氧基在针叶木木质素中的含量为$14\%\sim16\%$，阔叶木木质素中的含量为$19\%\sim22\%$，草本类木质素中的含量为$14\%\sim15\%$。这些功能基团的存在使木质素具有很强的反应活性。

　　在细胞壁结构中，纤维素分子链有规则地排列聚集成原细纤维，由原细纤维进一步组成微细纤维，微细纤维组成细小纤维。原细纤维之间填充着半纤维素，木质素和半纤维素间存在化学连接，这样在细胞壁中纤维素以微细纤维的形式构成纤维素骨架，木质素和半纤维素以共价键的方式交联在一起，形成三维框架结构，把微纤维束镶嵌在里面。在细胞壁外，即两个细胞之间的胞间层，果胶质等物质把两个细胞粘接在一起。（陈洪章，2011）通过这种方式，纤维素、半纤维素和木质素相互交织、相互缠结，形成了复杂稳定的结构。正是这种结构，决定了任何一类成分的降解必然受到其他成分的制约。秸秆的主要结构成分是化学性质稳定的高分子化合物，这些高分子化合物不溶于水，也不溶于一般的有机溶剂，常温条件下，也不被稀酸和稀碱水解。由于木质素对秸秆中的碳水化合物有空间阻碍作用，即使利用纤维素酶和半纤维素酶，降解效果也十分有限。

三、秸秆类木质素资源开发的意义

我国地域辽阔，农作物资源丰富，每年产出农作物秸秆的数量居世界首位。据调查统计，2022 年，我国秸秆理论资源量高达 9.77 亿吨，其中稻草为 2.2 亿吨，麦秆为 1.75 亿吨，玉米秆为 3.4 亿吨，棉秆为 2100 万吨，油料秆为 4200 万吨，豆类秆为 3600 万吨，薯类秆为 2200 万吨。随着化石能源短缺和环境污染的日益严重，人们不断寻求可再生的绿色能源。而农作物秸秆是一种重要的生物质资源，是当今世界上仅次于石油、煤炭、天然气的第四大资源。我国农作物秸秆具有分布广、数量大、体积大、不便运输等特点。因此，各地区均倡导秸秆资源的综合利用，将秸秆资源应用于肥料、饲料、生活燃料等方面。但焚烧现象仍有发生，秸秆的焚烧不仅会带来严重的安全隐患，造成大气污染，还会浪费宝贵的生物质资源。（Gaind 等，2005）为此，国务院办公厅发布了《关于加快推进农作物秸秆综合利用的意见》，国家发展改革委、农业农村部发布了《关于印发编制秸秆综合利用规划的指导意见的通知》等文件以加快秸秆的综合利用。如何有效利用农作物秸秆成为农业能源与环境领域需要解决的重大问题。（Perlack 等，2005）探讨农作物秸秆资源化及合理开发利用技术，具有重要的现实意义。近年来，我国农作物秸秆的产量每年以 2.33% 的平均增长率增长，随着我国政府对农业投入的加大及农业可持续发展政策的实施，农作物秸秆产量仍呈增加趋势。

秸秆由大量的有机物和少量的矿物质及水分构成。有机物主要为碳水化合物及少量的粗蛋白（一般在 2%～8% 之间）和脂类物质（占秸秆重量的 1%～2%）。碳水化合物由纤维性物质和可溶性糖类构成，其中纤维性物质包括纤维素、半纤维素和木质素，统称粗纤维。秸秆中的矿物质主要由硅酸盐和其他少量矿物质微量元素组成。

我国秸秆的利用方式很多，主要分为能源化利用、饲料化利用、还田利用、作为工业原料以及食用菌基料等。受地域经济发展水平及产业结构的影响，其利用方式也有较大差异。

（一）能源化利用

秸秆能源化利用主要包括直接燃烧（通过节能炉燃烧及直接发电等）、固体成型燃料、气化（生物质燃气、沼气等）和液化（燃料乙醇和生物柴油等）等。

生物质能是一种重要的可再生资源（邓可蕴，2000），其用量占我国农村生活用能的 30%～35%（何旭荣，2009）。生物质能源转换的方式包括直接燃烧、固化、气化、液化、热解和生物转化等。其中，生物质的热解气化是热化学转化中最主要的方式之一，广泛应用于集中供气领域。（蒋剑春，2007）但是，秸秆的热解气化过程具有燃气洁净度偏低、燃气组分不稳定的弊端。秸秆生物转化中另一主要方式是发酵制沼气。秸秆制沼是在厌氧条件下，秸秆经多种微生物厌氧发酵产生沼气，并伴有沼液和沼渣等副产物产生的过程。秸秆制沼技术具有良好的经济、环境和生态效益，已发展成为相对成熟的技术体系。

（二）饲料化技术

我国是畜牧大国，饲料的年消耗量高。近年来，作为饲料原料的粮食向供求偏紧方面转变。玉米秸秆粗纤维含量高，还含有少量粗蛋白、矿物质、维生素，秸秆的饲料化可大大减少粮食的用量，解决畜牧业原料不足的难题。（王曦等，2009）但是，将玉米秸秆直接作为饲料，具有消化利用率低、适口性差的弊端。如何提高玉米秸秆的营养成分及消化率成为关注的热点。当前，较为成熟的技术体系多集中于将玉米秸秆进行处理后部分替代瘤胃动物饲料。

（三）肥料化技术

据估算，我国的化肥利用率约为 30％，其余近 70％流入江、河、湖、海，造成严重的农业污染。农作物秸秆中含有大量的有机物和微量元素，将其粉碎后直接还田或经微生物发酵后还田，不仅可以减少化肥的使用量，改良土壤，提高土壤中的有机质含量，促进农作物增产，还可以减轻农业污染，保护生态环境。但是，秸秆的自然腐烂周期较长，部分未被降解的秸秆无法为土壤提供养分，因此需要对秸秆还田过程中加速秸秆降解为有机质的关键技术展开研究。

（四）工业利用技术

秸秆是纤维组分含量很高的农业废弃物，其纤维可用来生产各类复合材料，如可降解餐盒、餐具，还可用于生产秸秆板材、缓冲材料等。由于秸秆资源丰富、价格低廉，且含有丰富的微量元素等营养成分，已被开发为多种食用菌的培养基质。（翁伯琦等，2009）而玉米秸秆以其含量丰富的纤维组分，已被广泛应用于生产各类有机产品，如乙醇、木糖醇、羧甲基纤维素等。近年来，科研工作者致力于通过物理、化学及生物等途径将玉米秸秆转化为高附加值的化工产品。

在农业生产中，秸秆作为饲料和还田运用较多。反刍动物主要以玉米秸秆等粗饲料为食，但秸秆中的粗纤维细长而坚韧，特别是木质素坚硬粗糙，使秸秆适口性差、采食量低，秸秆的这种特殊结构使其营养物质的利用率受到限制，直接饲喂家畜效果较差。例如，反刍动物的瘤胃微生物虽然能够高效利用秸秆类纤维原料，被称为天然的发酵罐，但仍有 20％～70％的纤维不能被反刍动物的瘤胃细菌所降解（刘丽雪等，2008），特别是木质素几乎不能被降解。在实际生产中，对秸秆等粗饲料进行适当的加工调制，可使其利用率、适口性、采食量增加，对提高其饲喂效果及降低养殖业生产成本有着积极的意义。秸秆饲料的加工调制方法分为物理处理（粉碎、铡切或揉搓、浸泡、蒸煮以及膨化等）、化学处理（碱化、氨化、酸处理等）和生物处理（青贮和微贮等）。（于海燕等，2003）物理处理简单易行，但通常不能增加饲料的营养价值；化学处理可以提高秸秆的采食量和体外消化率，但易造成化学物质的过量摄入，使用范围狭窄、推广费用较高；生物处理可以提高秸秆的营养价值，但技术要求较高。（石磊等，2005）在生产中，应综合考虑成本、操作难易及环境污染等问题，并结合家畜习性、养殖规模等当地实际情况，采取切实可行的方法，以提高秸秆的利用效率。

秸秆不仅粗纤维含量高，而且含有丰富的有机质、氮、磷、钾，以及镁、钙、硫和其他重要的微量元素。秸秆腐解过程中，这些养分陆续释放出来为作物所利用。据分析，小麦、玉米和水稻秸秆的含氮量分别为 0.51%、0.05% 和 0.60%，P_2O_5 含量分别为 0.12%、0.20% 和 1.40%，K_2O 含量分别为 2.70%、0.60% 和 0.90%。利用秸秆还田，能够增加土壤有机质和速效养分的含量，培肥地力，缓解氮、磷、钾肥比例失调的矛盾；调节土壤理化及生物学性能，改良中低产田，优化农田生态环境，增加作物产量。秸秆还田技术形式多样，主要分为直接还田、间接还田及生化腐熟还田三大类。（陈洪章，2011）其中，生化腐熟还田包括催腐堆肥技术、速腐堆肥技术和酵菌堆肥技术，其优点是机械自动化程度高、易实现产业化、腐熟周期短、产量高；采用好氧发酵，无环境污染；肥效高且稳定。但是，也存在优良微生物复合菌种和化学制剂难筛选、操作条件需要严格控制、设备成本和运行费用较高等困难。

四、原料预处理技术

天然木质纤维素材料具有的结构致密、组成成分多样和化学结构复杂等特点，使天然纤维素材料对酶水解具有抗性，直接进行酶水解效率极低，是公认的难降解物质。（Blanchette 等，2000）木质纤维原料在酶解成可发酵性糖之前需要进行预处理，使木质素解聚或改变木质纤维素的理化结构，如破坏表面结构、增加比表面积、增加孔隙度、降低结晶度等，以增加纤维素酶与底物的可及性，进而提高纤维素的转化率（Mosier 等，2005），这也是影响生产成本的关键因素。农业废弃资源无害化及资源化处理过程中存在同样的问题，如生产沼气时，纤维原料不经预处理，存在产气率低等问题；秸秆还田能够改良土壤理化性质，利用适当的秸秆预处理技术促进秸秆腐烂，对推动循环农业的发展有积极的意义。

木质纤维原料预处理可降低能量消耗和生产成本。有研究指出，去除原料中的半纤维素和木质素以后，纤维素中形成了更理想的反应通道，可使纤维素更好地与酶接触。在过去的几十年里，人们已经提出了很多不同的预处理方法，尽管这些方法采取不同的策略来提高原料的酶解效果，但最根本的出发点都是去除或降低原料中半纤维素和木质素的含量，破坏其固有结构，增加纤维素的比表面积，降低结晶度，使酶容易接近纤维素表面并进行水解。这些预处理方法大体上分为以下几种不同的类型：物理法（如球磨、碾磨、辐射）、化学法（如碱、稀酸、氧化剂和有机溶剂）和生物法，以及上述方法的结合使用。

（一）物理法

物理法主要是利用机械、热能等方法来改变原料的内部组织结构或外部形态，通过降低生物质材料的粒度来提高底物与酶的接触面积。经物理粉碎后，生物质材料的结晶度和集聚度降低，使后处理中的木质纤维素水解效率得到提升。物理预处理方法包括机械粉碎处理、热处理、微波处理等。李稳宏等人（1997）通过研究证实，小麦秸秆粉碎程度与酶解速度呈正相关，将小麦秸秆粉碎至 $120\sim150$ 目，再经 1% 的 NaOH 溶液浸泡处理后，可获得很高的还原糖得率。徐忠等人（2004）的研究结果表明，在 140 目以下，酶解液还原糖量随着大豆秸秆粉碎目数的增加而增加，这可能是因为随着大豆秸秆目数的提高，酶与底物接触面积不断增大。Lynd 等人（2000）先采用高温分解生物质材料，再进行中浓度酸水解，纤维素的转化率高达 $80\%\sim85\%$，其中葡萄糖在 50% 以上。

（二）化学法

化学法主要指用酸、碱、有机溶剂等，破坏原料细胞壁中半纤维素与木质素形成的共价键，进而破坏纤维素的晶体结构，打破木质素与纤维素的连接，同时使半纤维素溶解。稀酸法可有效去除木质纤维材料中的半纤维素，使纤维素被暴露出来，从而增加纤维素酶与纤维素的接触面积。（Wyman 等，2005）氧化剂和 Ca（OH）$_2$、NaOH 预处理也是有效提高纤维素转化率的方法，其原理是皂化连接半纤维素和其他组分的分子间酯键，胀润木质纤维材料，使木质素发生解聚。Mcmillan 等人（2016）采用稀碱法预处理秸秆，预处理后，木质素去除率达 77％、纤维素和半纤维素的水解率分别超过 95％和 44％。孙万里等人（2010）采用稀酸和酸碱结合的方法处理稻草秸秆，葡萄糖获得率显著提升，分析原因是木质素与半纤维素的去除增加了木质纤维材料的比表面积，从而增加了酶与底物的接触面积，使秸秆更易酶解。酸或碱预处理法虽然具有预处理时间短、效果好的优势，但都会带来对环境的二次污染。因此，寻求安全有效、环境友好的秸秆预处理方法至关重要。

（三）生物法

生物法一般是指利用自然界存在的参与天然纤维材料降解的微生物（包括真菌、细菌和放线菌）分泌的酶选择性地降解天然纤维材料中的某一种或某几种组分，如白腐真菌分泌的胞外木素降解氧化酶类，能够选择性地降解原料中的木质素。自然界中可降解木质纤维素的微生物种类繁多，木质素的完全降解是各个微生物体系共同作用的结果。在这一过程中，真菌发挥主要作用，真菌的菌丝可侵入木质细胞腔内，释放出的特殊胞外酶作用于植物细胞壁中的木质纤维素，使其发生解聚和溶解。自然界中能够降解木质纤维素的微生物主要包括白腐菌、褐腐菌和软腐菌。

判断一种预处理方法的优劣，需要综合考虑多方面的因素。一般而言，有效的预处理工艺有下列特点：①对原料种类的适应性强；②促进糖的生成并有利于后面的水解；③碳水化合物回收效率高；④糖降解最小化；⑤预处理后纤维素的酶解性能好；⑥糖的降解产物少；⑦避免生成对水解和发酵有害的副产品；⑧可发酵糖的浓度高；⑨预处理具有经济性。此外，在预处理过程中最好能有效地分离出木质素组分，这样可以在纤维材料水解时，减少木质素对纤维素酶的吸附和降低纤维素酶的失活，进而减少水解过程的纤维素酶用量。此外，如果预处理能破坏细胞壁结构，降低纤维素的结晶度、聚合度和粒子尺寸，增加比表面积，同时尽可能地除去半纤维素和木质素组分，增大孔隙容积，使可被酶解利用的纤维素和半纤维素的表面积增加，将更有利于后续纤维素的酶水解过程。但是，截至目前，还没有任何一种预处理方法能够同时满足上述的所有要求。因此，具体采用何种预处理方法，要根据原料的种类、化学组成和结构特点，以及对工艺的要求和现场实际情况等多种因素进行选择。

五、分解木质纤维素的微生物及其筛选

（一）分解木质纤维素的微生物

能够利用纤维素材料生长、繁殖并将其进行生物转化的微生物称为纤维素微生物。纤维素微生物分为纤维素细菌、纤维素真菌、纤维素放线菌。纤维素细菌的纤维素酶产量不高，主要是葡聚糖内切酶，且大多数对结晶纤维素没有活性，所分泌的是胞内酶或吸附在细菌细胞壁上，很少能分泌到细胞外。纤维素放线菌的纤维素酶产量极低，故研究较少。纤维素真菌是纤维素材料的主要分解者，其产生的多为胞外酶，且产酶效率高，纤维素酶的酶系较为健全，常应用于工业产酶。另外，纤维素真菌还能够产生多种半纤维素酶、果胶酶和淀粉酶等。

根据降解天然纤维素原料分解过程中不同阶段出现的微生物，可将其分为以下四种。

一是迅速在草本落叶上出现的微生物。这种微生物只能分解落叶分泌的资出物、昆虫及小动物的粪便和落叶中的淀粉、果胶等易分解的成分，分解纤维素能力很弱，如毛霉目的犁头霉、被孢霉、毛霉、丝核霉、短梗霉、枝孢、交链孢等。它们有的来自落叶之前，有的是土壤定居菌，但在分解末期较少出现。毛霉目的这些菌对天

然纤维素资源的利用主要依赖它们的生长速度和很强的增殖能力，它们能够先于其他微生物占领资源，但随着可利用营养物质的逐渐减少及其他微生物的侵入很快消失。

二是分解初期到中期常见的微生物。这类微生物包括属于子囊菌的毛光霉和大多半知菌类，它们以复杂的纤维素和半纤维素为营养，从分解初期到中期均比较常见。

三月分解初期几乎看不到的微生物。这类微生物以具有木质素分解能力的担子菌为主，如小菇、小皮伞、环柄菇、金钱菌等。它们利用复杂有机物能力强、种群密度低的特征，能持久地保持稳定。在腐生性真菌中，木腐性担子菌更是其中的典型代表。很多放线菌和担子菌真菌能够在木质素、几丁质和腐殖质的环境中稳定地生存发展。

四是从初期直到末期为止全期出现的一些微生物。例如，半知菌的枝孢、木霉、青霉、曲霉等。另外，一些酵母菌也自始至终参与落叶分解。

根据降解天然纤维原料的不同组分，可将微生物分为以下三种。

一是分解纤维素的微生物。真菌、放线菌和细菌都能分解纤维素，其中真菌的分解能力较强，包括一些子囊菌、半知菌和担子菌。例如，真菌中的无隔担子菌（多孔菌属和伞目的一些种，木霉属和漆菌属的一些种等），细菌中的粘球生孢噬纤维菌和放线菌中的抗生素链霉菌等。

二是分解半纤维素的微生物。真菌在分解半纤维素初期较为活跃，后期主要靠放线菌的作用。能够分解半纤维素的真菌广泛分布在真菌的各大种类中，其数量大大超过能分解纤维素的细菌。

三是分解木质素的微生物。分解木质素的主要微生物是担子菌亚门、非褶菌目的真菌，如层孔菌属、多孔菌属的一些种等。

（二）木质纤维素分解菌的筛选

微生物分解是木质纤维素最主要的分解方式。纤维素类生物质在自然环境中，如堆肥、腐烂的植物材料、反刍动物的瘤胃液及其排泄物、森林和有植被的土壤环境中，都存在大量的纤维素降解微生物，甚至在没有植物的极端环境，如热温泉等环境中，也能分离出纤维素降解微生物。多年来，人们将大量的纤维素降解微生物从各种环境系统中分离出来，并对其进行了研究。目前，用于工业生产的纤维素酶的菌种大多是丝状真菌，尤以木霉、曲霉、青霉最多，全球约90%以上的纤维素酶是通过木霉产生的，其中瑞氏木霉的纤维素酶能有效地将纤维素转化为葡萄糖，被普遍认为是最具有工业应用价值的纤维素酶生产菌。木霉属中的其他种，如康氏木霉（*T. koningi*）、绿色木霉（*T. viride*）和拟康氏木霉（*T. pseadokoningi*）等都具有很高的纤维素酶活力。（曲音波，2011）

实际上，酶活性高的纤维素降解微生物不一定对天然纤维材料具有较强的分解能力，如木霉菌的纤维素酶活性较高，但其酶系不够完整，通常需要补加 β-葡萄糖苷酶、61 家族糖苷水解酶和部分半纤维素酶组分，才能高效分解天然木质纤维素材料。究其原因，主要是天然纤维素原料组成复杂、结构稳定，仅靠一种或几种微生物极难将其分解，我们通常所说的高产酶菌株仅是某一种或某几种酶的活性较高，尚达不到彻底分解天然纤维材料的要求。

纤维素、半纤维素和木质素相互交织而形成的植物细胞壁具有高度有序的晶体结构，任何一类成分的降解必然受到其他成分的制约。以往木质纤维素分解菌的研究，多基于经过化学预处理后的纤维素原料，王洪媛等人（2013）筛选的一株扩张青霉，对经 2% NaOH 处理的小麦秸秆 10 d 分解率为 56.3%。在自然界中，纤维素是在多种微生物共同作用下被分解从而进入碳素循环的。因此，微生物群体功能的研究越来越受到关注。利用菌种协同理念筛选的菌群对经 NaOH 预处理的秸秆等天然木质纤维原料有极强的分解能力，其中复合系 WSC-6 接种 3 d 后对经过碱处理的稻草秸秆的分解率达 81.3%。

第三节 乳酸菌的分离鉴定及其在青贮中的应用

乳酸菌（*Lactic acid bacteria*），兼性厌氧型微生物，呈球状或杆状，不生成芽孢，耐酸，能够附着在植物表面，能将 50％糖分转化为乳酸，大多数能够在 20～40 ℃进行正常的生命活动。乳酸菌共包含 23 个属，包括乳杆菌、乳球菌、肠球菌、片球菌、双歧杆菌以及明串珠菌等。乳酸菌应用广泛，可被用于发酵酸奶、腌制酸菜、制作大酱等，还可应用于青贮饲料。（Pahlow 等，2003）

一、乳酸菌的作用机理

乳酸菌的作用机制是指在密封空间内利用碳水化合物快速繁殖产生乳酸，快速降低 pH 值，形成酸性无氧环境，抑制有害菌繁殖，减少青贮营养物质损失，使饲料可以长期保存。（徐进益等，2021）常用的乳酸菌剂包括乳杆菌属、明串珠菌属、肠球菌属、片球菌属等。

乳杆菌属是青贮饲料微生物添加剂的有益菌群，多为同型乳酸菌，包括植物乳杆菌、布氏乳杆菌、短乳杆菌、类谷糠乳杆菌等。发酵初期，同型乳酸菌能够提高乳酸产量，迅速降低 pH 值，抑制丁酸等有害物质产生，利于提高青贮发酵品质。但是，同型乳酸菌发酵产生的挥发性脂肪酸含量较低，无法有效抑制酵母和霉菌生长，导致青贮饲料出现一定程度腐败。明串珠菌属具有发酵潜力的异型乳酸菌菌群，包括柠檬明串珠菌、肠膜明串珠菌等。异型乳酸菌在发酵过程中不仅产生乙酸，还可产生乙醇等。乙酸对提高青贮饲料的有氧稳定性、防止有氧变质起重要作用。乙醇具有杀菌作用，可抑制有害细菌繁殖。异型乳酸菌虽消耗底物能量较多，但发酵产生大量的乙酸（乙醇）可抑制有害细菌、真菌的繁殖，提高青贮饲料的有氧稳定性，防止开窖后二次发酵，进而弥补发酵过程中造成的营养损失。肠球菌属因其能够产生抑制致病菌和有害菌的细菌素而被广泛应用在食品工业中，具有成为饲料添加剂的潜力，其优势菌种为粪肠球菌、耐久肠球菌、屎肠球菌、蒙氏肠球菌等。研究发现，在青贮中添加肠球菌可有效降低病原的存活率，提高青贮发酵品质，降低营养成分的损失。但肠球菌属不同菌株差异较大，实践应用中须进一步研究，粪肠球菌、蒙氏肠球菌、耐久肠球菌可作为青贮微生物发酵菌株，屎肠球菌的应用潜力则有待发掘。片球菌属是兼性异型厌氧菌，具有产酸能力，分布于植物和动物体内，包括戊糖片球菌、乳酸片球菌等。研究发现，添加戊糖片球菌作为青贮的微生物制剂能够提高青贮有氧稳定性，显著提高乳酸菌含量，有效降低有害菌存活率，提高青贮品质。

二、青贮乳酸菌剂的不同来源

（一）青贮饲料中筛选乳酸菌

青贮饲料是筛选乳酸菌的主要来源。地域、饲草种类、茬次、刈割时期、储藏温度等条件对青贮饲料均可产生影响。因此，需要根据不同的青贮原料和环境条件，筛选合适的乳酸菌添加剂。（马丰英等，2019）从青贮饲料中筛选乳酸菌简单、易操作、来源广泛，筛选出的乳酸菌特异性强、生长速度快、产酸能力强，在国内外的研究应用较为广泛。

（二）植物叶表面筛选乳酸菌

自然界中的植物叶表面或植物枝干上附着的天然乳酸菌，经过筛选能够成为青贮发酵菌剂的潜力菌株。从饲草原料表面筛选的乳酸菌具有很强的特异性，对专一饲草的发酵品质促进效果明显。新鲜植物组织上附着的乳酸菌数量极少，需在实验室条件下进行纯化培养，通过后期青贮发酵试验判断其发酵特性。而从植物叶表面筛选，材料来源更广泛、试验周期短，易筛选出具有特异性的功能乳酸菌。

（三）动物消化道筛选乳酸菌

动物胃肠道中存在微生物菌群，乳酸菌作为动物胃肠道中的优势菌群可以用作饲料添加剂。瘤胃是反刍动物的第一胃，是纤维降解能力最强的天然发酵罐。瘤胃微生物包括细菌、产甲烷菌、真菌与原虫，以及少数噬菌体。其中的优势菌群包括纤维降解菌、淀粉降解菌、半纤维降解菌、蛋白降解菌、脂肪降解菌、酸利用菌、乳酸菌等。瘤胃中具有大量的细菌微生物且降解纤维能力较强，故从瘤胃中分离筛选乳酸菌较为简便，且获得的乳酸菌均具有较好的分解纤维能力。

从动物瘤胃和粪便中分离出的乳酸菌能够提高青贮饲料的发酵品质。究其原因，瘤胃的特殊生态微环境使从中筛选分离出的乳酸菌多具有益菌性和耐受性，故其为青贮乳酸菌添加剂的开发和应用提供了新的途径。

（四）其他来源

日常生活中常见的发酵食物中也存有乳酸菌，如泡菜、酸奶、酒酿、豆酱、臭豆腐等。但是，此类乳酸菌在应用前需要进行动物饲喂试验，避免对家畜产生不利影响。从发酵食物中筛选得到的乳酸菌具有特定的功能性，青贮饲料发酵具有目的性地改善青贮品质，为特异功能性乳酸菌的筛选与应用提供参考。

三、乳酸菌分子鉴定技术

乳酸菌应用广泛，除了应用在青贮饲料中，还应用于酸奶、泡菜中。研究青贮饲料发酵过程中乳酸菌的动态变化对于青贮饲料的发酵有重要意义。诸多研究表明，我们通常使用纯培养方法来鉴定复杂样品中的乳酸菌，但这种方法较为耗时，需要在特定的培养基中培养微生物，且无法根据微生物的形态特征进行准确分类。随着分子生物学技术的逐步发展，非培养技术逐渐应用于复杂样品的微生物鉴定分析中。根据分子技术的分析对象，可将乳酸菌的分子鉴定技术分为四大类：第一类主要指基于 PCR 的 DNA 指纹图谱技术，如限制性片段长度多态性（RFLP）；第二类为基于 rDNA 序列的分子标记技术，主要包括 16S rDNA 序列分析、16S－23S rDNA 间区、16S rDNA 扩增片段的碱基差异分析；第三类为种间特异性 PCR；第四类为电泳核型标记技术（EK）。（董振玲等，1992）其中，

RAPD 及 RFLP 使用较多，但这些方法会用到纯培养技术，因而存在重复性差、费时费力等缺点。该方法应用广泛，可以通过使用合适的 PCR 引物对复杂样品中的目标微生物进行分析，且该方法不依靠微生物培养技术，故而得到了广泛应用。

韩吉雨等人（2009）使用 PCR-DGGE 技术分析青贮饲料在不同的发酵时间内存在的乳酸菌。研究发现，乳杆菌大量存在于青贮饲料中，主要为乳酸乳球菌及魏斯氏菌，且植物乳杆菌及乳酸乳球菌出现在青贮饲料发酵的 0～1 天，此后逐渐消失，这说明该菌在青贮饲料前期发挥作用。并且，苜蓿青贮与玉米青贮的乳酸菌菌群不同，说明不同乳酸菌对于不同作物的吸附能力不同。王福金等人使用 PCR-DGGE 技术对全混合日粮（啤酒渣、豆腐渣）中的乳酸菌进行了鉴定分析。研究发现，在不同的发酵时间内，不同的全混合日粮中存在的乳酸菌不同。在啤酒渣及豆腐渣的发酵过程中，植物乳杆菌能够较为稳定地存在于整个发酵过程，而布氏乳杆菌及短乳杆菌均在发酵后期出现。（王福金等，2010）

四、乳酸菌的分离与鉴定

乳酸菌在青贮发酵过程中起着重要的作用，参与发酵的乳酸菌的种类、青贮过程中拥有乳酸菌的数量和乳酸菌在青贮过程中能否充分发挥作用是影响青贮饲料是否成功的重要因素。（王红梅等，2016）在自然界，植物表面附着的乳酸菌很少，不足以满足良好青贮发酵所需的最低数量（10^5 cfu/g FW）（Liu 等，2014），而乳酸菌数量不足，使发酵过程不能迅速产生大量的酸，导致 pH 值不能迅速下降，助长了不良微生物的生长活动，导致大量蛋白质、碳水化合物等被消耗利用，使发酵品质变差。为了解决乳酸菌数量不足的问题，青贮过程中通常会添加乳酸菌菌剂，但这也不一定会改善青贮品质。（Lindgren 等，1983）环境条件也会影响微生物的生理代谢，并影响青贮发酵过程。（Avila 等，2014）因此，寻找适合当地青贮原料及气候条件的青贮添加菌剂是全世界研究人员都在努力的方向。使用 MRS 培养基在厌氧条件下从青贮样品中分离微生物，可以定向筛选出适合青贮发酵的乳酸菌菌株。（Sifeeldein 等，2019）大量研究表明，从不同青贮原料分离获得的乳酸菌多为植物乳杆菌、乳酸片球菌、粪肠球菌和戊糖片球菌等，说明这些乳酸菌是青贮发酵过程中的功能性微生物。

用于青贮的乳酸菌应具有耐酸性强、生长速率快、产酸速率快的特征，从而可以快速降低青贮的 pH 值，抑制不耐酸的有害微生物的生长繁殖，如酵母、梭菌和霉菌等，使饲料的营养价值得以保存。

第四节　高效木质纤维素分解菌的筛选及复合菌系降解秸秆效果研究

中国作为粮食生产大国，每年产生的秸秆废弃物数量庞大。2021 年，我国秸秆产生量为 8.65 亿吨，秸秆综合利用量在 7.62 亿吨左右，资源化利用率约为 81.68%，其中秸秆肥料化利用率为 53.93%，燃料化利用率为 14.27%，基料、原料化利用率为 8.29%，饲料化利用率仅占 23.42%。（张晓庆等，2021）近年来，国家多次提出要"大力推进秸秆综合利用，推动秸秆综合利用产业提质增效"。可见，农作物秸秆综合利用率仍有提升空间，多元化利用途径还需进一步拓展。然而，秸秆中含有的由纤维素、半纤维素和木质素共同构成的木质纤维素类物质，使秸秆结构紧密、牢固，若未经处理直接饲喂，家畜很难消化利用，这限制了农作物秸秆饲料化的高效利用。

随着对木质纤维素降解方法的深入研究，人们普遍认为，生物降解法较物理、化学等方法更低耗能、低成本、绿色环保，是有效解开木质纤维素中聚合物网络并促进酶水解的重要方法。（Ahmed 等，2019；Xin 等，2020）目前，对于真菌降解木质纤维素的研究最为广泛，以白腐菌、木霉菌和黑曲霉为代表的真菌，因产酶种类多、产量高等优点被广泛应用到工业领域，但将真菌运用到秸秆饲料化生产中存在周期长、环境适应性差，且可能有霉味等问题，较难满足大规模的生产实际需要。越来越多的研究显示，细菌在生物多样性、条件适应性等方面比真菌更具优势，也更具备商业化应用前景。(Raj 等，2007；Wang 等，2013；谢长校等，2015) 近年来，如何充分利用微生物间的协同作用，使其在降解木质纤维素过程中发挥更大效能已成为研究热点。(种玉婷等，2011) 前人的研究表明，自然条件下，复合菌系对木质纤维素的生物降解效率远高于单一菌株，这是由于复合菌系可以提供更平衡的木质纤维素降解酶系(李静等，2016；Wang 等，2021；Vu 等，2022；宋雨等，2023)，从而提高秸秆纤维素的降解率。

目前，关于木质纤维素降解细菌的研究多集中于单一菌株的筛选及其产酶特性方面，而对于由细菌构建的木质纤维素降解复合菌系研究较少。因此，本试验从不同样品来源中筛选木质纤维素降解菌，对无拮抗作用的菌株进行复配以构建复合菌系，探讨不同组合的复合菌系对玉米秸秆中木质素、纤维素和半纤维素的降解效果，以期为玉米秸秆饲料化的推广应用以及新型青贮添加剂的研发提供科学依据。

一、材料与方法

（一）样品采集

腐烂的水稻秸秆、森林腐殖质和腐殖土采自贵州省农业科学院，采集的样品装到无菌袋置于 4 ℃ 冰箱中保存，备用。

（二）培养基

LB 培养基：酵母提取物 15 g，NaCl 10 g，胰蛋白胨 10 g，蒸馏水 1 L，pH 自然。

筛选培养基：CMC-Na 15 g，$CaCl_2$ 0.5 g，$MgSO_4 \cdot 7H_2O$ 0.5 mg，$CoCl_2 \cdot 6H_2O$ 3.7 mg，KH_2PO_4 1 g，尿素 0.5 g，琼脂 15 g，$(NH_4)_2SO_4$ 0.5 g，$MnSO_4 \cdot H_2O$ 2.5 mg，$ZnSO_4 \cdot 7H_2O$ 3.6 mg，$FeSO_4 \cdot 7H_2O$ 2 g，刚果红 0.4 g，酵母提取物 1 g，蒸馏水 1 L，pH 自然。

产酶发酵培养基：CMC-Na 10 g，KH_2PO_4 2 g，$(NH_4)_2SO_4$ 4 g，$MgSO_4 \cdot 7H_2O$ 0.5 g，蛋白胨 10 g，牛肉膏 5 g，蒸馏水 1 L，pH 自然。

秸秆培养基：KH_2PO_4 1 g，$CaCl_2$ 0.1 g，$MgSO_4 \cdot 7H_2O$ 0.3 g，NaCl 0.1 g，$FeCl_3$ 0.01 g，$NaNO_3$ 2.5 g，玉米秸秆 23 g，蒸馏水 1 L，pH 自然。

（三）纤维素分解菌的筛选

1. 菌株的分离纯化

分别称取 20 g 秸秆、腐殖质和腐殖土样品加入盛有 200 mL 无菌水的锥形瓶中，摇床 120 r/min 震荡 15 min，静置 30 min，取 2 mL 上清液至 50 mL 液体 LB 培养基 150 r/min 培养 24 h 后，取 1 mL LB 培养液逐步稀释，制成 10^{-1}、10^{-3}、10^{-5}、10^{-7}、10^{-9} 的菌液，每个稀释度 3 个重复，而后各取 200 μL 的菌液涂布到筛选培养基上，30 ℃ 培养 48 h 后，挑取不同形态的菌落进行反复划线纯化，以得到单菌株。

2. 纤维素分解菌的初筛

采用刚果红法初筛，将分离纯化的单菌株点种于筛选培养基上培养 48 h，出现刚果红水解圈的菌株为纤维素分解菌。测量水解圈直径（D）和菌落直径（d），并通过计算水解圈直径与菌落直径的比值（D/d）初步判断菌株纤维素酶活性的高低。（张立霞等，2013）

3. 纤维素分解菌的复筛

粗酶液制备：选取 D/d 值较大的菌株分别接种到 LB 培养基中，30 ℃，150 r/min 培养 48 h 后，以 7%（V/V）的接种量接入产酶发酵培养基中，30 ℃，150 r/min 培养 5 d 后于 4 ℃ 条件下 6500 r/min 离心 15 min 取上清液，即为粗酶液。（蒋玉俭等，2015）分别采用蒽酮比色法、DNS 法和紫外吸收法测定粗酶液中羧甲基纤维素酶（CMCase）、滤纸酶（FPA）和木质素过氧化物酶（LiP）的活性，对初筛菌株进行复筛，试剂盒购于苏州科铭生物技术有限公司。CMCase 酶活力单位定位：每 1 mL 粗酶液每分钟催化产生 1 μg 葡萄糖为一个酶活力单位（U）；FPA 酶活力单位定位：在 50 ℃，pH

值为 4.6 条件下，每 1 mL 粗酶液每分钟降解滤纸产生 1 mg 葡萄糖所需的酶量为一个酶活力单位（U）；LiP 酶活力单位定位：每 1 mL 粗酶液每分钟氧化 1 nmol 藜芦醇所需的酶量为一个酶活力单位（U）。

（四）菌种鉴定

采用 TSINGKE 植物 DNA 试剂盒提取菌株基因组 DNA，以基因组为模板采用通用引物 27F（5'-AGAGTTTGATCCTGGCTCAG-3'）和 1492R（5'-TACGGYTACCTTGTTACGACTT -3'）进行 PCR 扩增获取 16S rDNA 序列，扩增产物经北京擎科生物科技股份有限公司测序后，所得序列在 NCBI 中进行 BLAST 比对分析，通过 Mega 软件构建系统发育树。

（五）复合菌系的构建

参照嵇少泽等人（2020）的方法，将筛选出的菌株在 LB 平板培养基上两两相交划线，30 ℃培养 48 h 后，观察两菌株交叉处是否有萎缩断开的情况，若有萎缩形成则表示两菌株之间有拮抗作用，不能进行复配。基于拮抗试验和单菌株酶活性构建等体积复合菌系，并按照 7%（V/V）接种量将复合菌系接种至产酶发酵培养基中，30 ℃，150 r/min 培养 5 d 后，6500 r/min 离心 15 min 取上清液，所得上清液作为粗酶液用于酶活力测定，方法同复筛纤维素分解菌。

（六）秸秆降解率测定

实验秸秆提前粉碎过 40 目筛，按比例配制成秸秆培养基，灭菌备用。将复合菌系在 LB 培养基中 30 ℃，150 r/min 培养 48 h 后，按 2%（V/V）接种量转接到秸秆培养基中振荡培养。以添加等量无菌水作为对照组，每个处理 3 个重复，分别在培养第 7 d、13 d 和 25 d 用滤纸过滤取样。样品经蒸馏水多次冲洗后，于 65 ℃烘干至恒重，采用减重法测定秸秆失重率，采用 Van Soest 洗涤法测定纤维素、半纤维素和木质素含量，计算降解率。

$$失重率（\%）=（W_0-W_1）/W_0×100\%$$

W_0：初始秸秆干重；W_1：培养后秸秆干重。

纤维组分降解率（%）=（处理前纤维组分含量－处理后纤维组分含量）/处理前纤维组分含量×100%

（七）数据分析

使用 Microsoft Excel 2007 对数据进行整理，而后采用 SPSS 18.0 进行方差分析，多重比较用 Duncan 法，试验结果以"平均数±标准差"表示，以 $P<0.05$ 作为差异显著性判断标准。

二、结果分析

（一）纤维素分解菌的筛选

1. 初筛

从水稻秸秆、森林腐殖质和腐殖土中分离纯化获得纤维素分解菌 31 株，经过刚果红平板法初步筛选获得 25 株产生水解圈的菌株，如表 6－1 所示。其中，水解圈直径最大的是菌株 R18，其直径达 2.66 cm；菌落直径最大的是菌株 R12-1，其直径达 0.63 cm。25 株菌株中 D/d 值大于 5.00 的菌株有 9 个，从大到小分别是菌株 H7（7.22）、菌株 H8（6.59）、菌株 R18（6.13）、菌株 E10（6.01）、菌株 R17（5.63）、菌株 C25（5.32）、菌株 R11（5.16）、菌株 K3（5.12）以及菌株 R12（5.10）。

表 6－1　　　　　　菌株水解圈直径、菌落直径及其比值

菌株编号	来源	水解圈直径/cm	菌落直径/cm	D/d
K1	腐殖质	2.19 ± 0.16^{gh}	0.50 ± 0.03^{c}	4.50 ± 0.48^{hi}
E2	腐殖质	0.37 ± 0.05^{i}	0.28 ± 0.04^{h}	1.33 ± 0.33^{n}
K3	腐殖质	2.08 ± 0.12^{ghi}	0.41 ± 0.02^{f}	5.12 ± 0.23^{fg}
K4	水稻秸秆/中度腐烂	2.04 ± 0.16^{gh}	0.49 ± 0.02^{c}	4.14 ± 0.41^{ij}
P4	水稻秸秆/中度腐烂	2.40 ± 0.13^{fg}	0.59 ± 0.01^{b}	4.04 ± 0.28^{ij}
P5	水稻秸秆/中度腐烂	0.93 ± 0.13^{ghi}	0.45 ± 0.01^{d}	2.07 ± 0.29^{m}
P6	水稻秸秆/中度腐烂	0.87 ± 0.09^{ghi}	0.41 ± 0.02^{ef}	2.13 ± 0.24^{m}
H7	水稻秸秆/轻度腐烂	2.49 ± 0.18^{hi}	0.35 ± 0.02^{g}	7.22 ± 0.61^{a}
H8	水稻秸秆/轻度腐烂	2.27 ± 0.22^{cd}	0.34 ± 0.02^{g}	6.59 ± 0.68^{b}

菌株编号	来源	水解圈直径/cm	菌落直径/cm	D/d
R9	水稻秸秆/轻度腐烂	2.32 ± 0.15^{cd}	0.49 ± 0.01^{c}	4.70 ± 0.29^{c}
E10	水稻秸秆/轻度腐烂	2.37 ± 0.21^{cd}	0.39 ± 0.02^{f}	6.01 ± 0.59^{cd}
R11	水稻秸秆/轻度腐烂	2.23 ± 0.30^{d}	0.43 ± 0.05^{de}	5.16 ± 0.51^{efg}
R12	水稻秸秆/轻度腐烂	2.58 ± 0.24^{ab}	0.51 ± 0.01^{c}	5.10 ± 0.45^{fg}
R12-1	水稻秸秆/轻度腐烂	2.62 ± 0.28^{ab}	0.63 ± 0.05^{a}	4.13 ± 0.18^{ij}
K13	水稻秸秆/轻度腐烂	2.45 ± 0.08^{bc}	0.49 ± 0.02^{c}	4.99 ± 0.21^{fgh}
R14	腐殖土	0.76 ± 0.16^{f}	0.21 ± 0.01^{i}	3.68 ± 0.74^{jk}
E15	腐殖土	1.09 ± 0.20^{e}	0.31 ± 0.01^{h}	3.56 ± 0.61^{kl}
E16	腐殖土	1.01 ± 0.06^{e}	0.29 ± 0.02^{h}	3.44 ± 0.15^{kl}
R17	水稻秸秆/重度腐烂	2.29 ± 0.30^{cd}	0.41 ± 0.01^{f}	5.63 ± 0.61^{de}
R18	水稻秸秆/重度腐烂	2.66 ± 0.32^{a}	0.43 ± 0.05^{de}	6.13 ± 0.34^{c}
R19	水稻秸秆/重度腐烂	2.39 ± 0.21^{cd}	0.51 ± 0.02^{c}	4.72 ± 0.37^{gh}
P24	腐殖质	0.96 ± 0.09^{e}	0.31 ± 0.01^{h}	3.13 ± 0.27^{l}
C25	腐殖质	1.09 ± 0.12^{e}	0.20 ± 0.01^{i}	5.32 ± 0.47^{ef}

表注：同列数据肩标不同小写字母表示差异显著（$P<0.05$）。

2. 复筛

对 D/d 值大于 3.50 的 18 个菌株进行产酶发酵培养，测定粗酶液中 CMCase、FPA 和 LiP 酶活性，结果如表 6-2 所示。其中，CMCase 酶活性最高的菌株是菌株 H7（107.38 U/mL），其次是菌株 K4（94.71 U/mL），菌株 K3、P4 和 K1 的 CMCase 酶活性较为接近，数值仅次于菌株 K4；FPA 酶活性大于 0.200 U/mL 的菌株总共有 5 个，从高到低依次是菌株 R18（0.248 U/mL）、菌株 R17（0.247 U/mL）、菌株 R9（0.232 U/mL）、菌株 C25（0.226 U/mL）和菌株 R11（0.203 U/mL）；菌株间 LiP 酶活性差异较大，菌株 K3 的 LiP 酶活性最高，达 26.95 U/mL，其次是菌株 R14 和

C25，LiP 酶活性分别为 14.72 U/mL 和 9.60 U/mL，酶活性最低的
是菌株 K1 和 K4，均小于 1.00 U/mL。综上，将 CMCase 酶活性较
高的 H7、K3、P4，以及 FPA、LiP 酶活性较高的 R18 和 C25 作为
目的菌株进行后续试验。

表 6-2　　　　　　　　纤维素分解菌菌株酶活

菌株编号	CMCase（U/mL）	FPA（U/mL）	LiP（U/mL）
K1	87.89±2.03[c]	0.096±0.001[i]	0.56±0.06[k]
K3	89.52±0.56[c]	0.071±0.003[j]	26.95±1.80[a]
K4	94.71±1.87[b]	0.065±0.001[j]	0.49±0.02[k]
P4	88.54±0.30[c]	0.070±0.002[j]	1.76±0.04[hij]
H7	107.38±2.13[a]	0.072±0.005[j]	3.41±0.21[ef]
H8	63.12±1.17[e]	0.156±0.008[f]	1.07±0.03[jk]
R9	59.36±1.83[efg]	0.232±0.008[b]	6.76±0.20[d]
E10	47.06±0.58[j]	0.130±0.002[g]	2.24±0.09[ghi]
R11	58.05±3.97[fg]	0.203±0.005[c]	8.71±0.43[c]
R12	62.43±2.10[ef]	0.104±0.009[i]	3.14±0.12[fg]
R12-1	32.11±1.40[k]	0.170±0.008[e]	4.44±0.16[e]
K13	62.87±1.24[e]	0.189±0.005[d]	3.44±0.17[ef]
R14	68.00±2.09[d]	0.118±0.007[h]	14.72±0.87[b]
E15	56.34±2.47[gh]	0.136±0.003[g]	1.16±0.06[ijk]
R17	52.03±3.17[hi]	0.247±0.009[a]	1.45±0.07[hijk]
R18	70.44±1.62[d]	0.248±0.003[a]	2.42±0.11[fgh]
R19	68.36±3.68[d]	0.168±0.004[ef]	1.28±0.07[ijk]
C25	48.14±2.53[ij]	0.226±0.006[b]	9.60±0.46[c]

表注：同列数据肩标不同小写字母表示差异显著（$P < 0.05$）。

（二）纤维素分解菌的鉴定

将 18 株纤维素分解菌的 16S rDNA 序列在 NCBI 中进行 BLAST 比对分析，其 16S rDNA 序列与参考菌株的序列同源性均高于 99%，可鉴定为 4 株克雷伯氏菌、1 株菠萝泛菌、2 株草螺菌、1 株弗氏柠檬酸杆菌、8 株解鸟氨酸拉乌尔菌和 2 株肠杆菌，如表 6－3 所示。其中，基于 16S rDNA 目标菌株 K3、P4、H7、R18 和 C25 的系统发育树如图 6－1 所示。

表 6－3　　纤维素分解菌的 16S rDNA 序列在 NCBI 中的 BLAST 分析

菌株编号	参考菌株16S rDNA 序列号	拉丁文	同源性/%	鉴定结果
K1	LR607336.1	*Klebsiella* sp.	99	克雷伯氏菌
K3	LR607336.1	*Klebsiella* sp.	99	克雷伯氏菌
K4	CP054063.1	*Klebsiella* sp.	100	克雷伯氏菌
P4	MT367861.1	*Pantoea ananatis*	99	菠萝泛菌
H7	AY227703.2	*Herbaspirillum seropedicae*	99	草螺菌
H8	AF164065.2	*Herbaspirillum seropedicae*	99	草螺菌
R9	MF429129.1	*Raoultella ornithinolytica*	99	解鸟氨酸拉乌尔菌
E10	MG491595.1	*Enterobacter* sp.	99	肠杆菌
R11	MW582675.1	*Raoultella ornithinolytica*	99	解鸟氨酸拉乌尔菌
R12	MH127773.1	*Raoultella ornithinolytica*	99	解鸟氨酸拉乌尔菌
R12-1	MT568560.1	*Raoultella ornithinolytica*	100	解鸟氨酸拉乌尔菌
K13	LC484748.1	*Klebsiella* sp.	99	克雷伯氏菌
R14	CP017802.2	*Raoultella ornithinolytica*	100	解鸟氨酸拉乌尔菌
E15	CP003026.1	*Enterobacter soli*	99	肠杆菌
R17	MH127773.1	*Raoultella ornithinolytica*	99	解鸟氨酸拉乌尔菌
R18	CP049752.1	*Raoultella ornithinolytica*	100	解鸟氨酸拉乌尔菌
R19	MN273751.1	*Raoultella ornithinolytica*	99	解鸟氨酸拉乌尔菌
C25	KR698931.1	*Citrobacter freundii*	99	弗氏柠檬酸杆菌

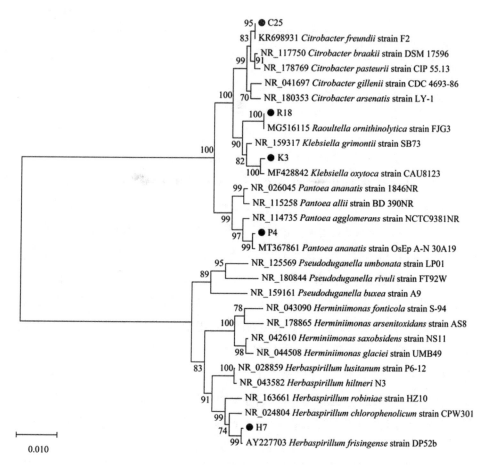

图 6—1　基于 16S rDNA 木质纤维素分解菌系统发育树

（三）拮抗实验与复合菌系的构建

将筛选出的菌株在 LB 平板培养基上两两相交划线，观察两菌株的交叉处有无萎缩断开情况并记录。从表 6—4 可知，H7 菌株与 R18、C25 菌株存在拮抗作用，不能组合。

表 6—4　　　　　　　　　　　菌株间的拮抗关系

菌株编号	K3	P4	H7	R18	C25
K3		—	—	—	—
P4	—		—	—	—

续表

菌株编号	K3	P4	H7	R18	C25
H7	—	—		＋	＋
R18	—	—	＋		—
C25	—	—	＋	—	

注：—表示无拮抗或拮抗不明显；＋表示有拮抗。

综合分析单菌株的 CMCase、FPA 和 LiP 酶活性，最终以 2～4 株菌为基础进行组合，分别为 A（K3＋H7），B（P4＋R18），C（R18＋C25），D（K3＋P4＋H7），E（K3＋P4＋R18），F（K3＋R18＋C25），G（P4＋R18＋C25），H（K3＋P4＋R18＋C25）。测定 8 组复合菌系酶活，由表 6—5 可知，复合菌系 H 的 CMCase 和 FPA 酶活性显著高于其余菌系（$P<0.05$），其中复合菌系 H 的 CMCase 酶活性较复合菌系 D 的 CMCase 酶活性提高了 243.96%，复合菌系 H 的 FPA 酶活性较复合菌系 E 的 FPA 酶活性提高了 83.33%；LiP 酶活性方面，复合菌系 H 的 LiP 酶活性显著高于复合菌系 D 和 E（$P<0.05$）。综合考虑 8 组菌系的酶活性，最后将复合菌系 B、C、F、G 和 H 作为优势复合菌，用于测定其对玉米秸秆的降解效果。

表 6—5　　　　　　复合菌系酶活比较

菌株组合	CMCase (U/mL)	FPA (U/mL)	LiP (U/mL)
A	107.08±10.76[c]	0.219±0.006[c]	8.17±2.15[ab]
B	101.65±6.41[c]	0.254±0.005[b]	8.79±0.32[ab]
C	138.72±6.98[b]	0.222±0.006[c]	9.91±0.24[ab]
D	58.92±4.44[d]	0.176±0.006[d]	5.78±1.14[b]
E	79.50±11.84[cd]	0.174±0.005[d]	6.04±1.61[b]
F	142.88±7.72[b]	0.264±0.014[b]	9.37±2.15[ab]
G	141.91±4.00[b]	0.275±0.012[b]	10.38±1.31[ab]
H	202.66±14.33[a]	0.319±0.004[a]	12.26±0.60[a]

（四）复合菌系降解秸秆

从图 6-2 可以看出，不同复合菌系对玉米秸秆的失重率以及纤维素、半纤维素、木质素的降解率表现出不同程度的影响。在处理前期，0~13 d，不同复合菌系接种的玉米秸秆各组分的降解速率较快，增长趋势明显；在处理后期，13~26 d，各处理组的不同组分降解率增长趋势变缓。经复合菌系 H 处理 26 d 的玉米秸秆失重率达 46.41%，分别较复合菌系 B、C、F、G 显著提升了 43.59%、59.65%、40.81%和 28.06%（$P<0.05$）。纤维素降解率方面，经复合菌系 B、C、F、G、H 处理 26 d 的玉米秸秆纤维素降解率分别是 CK 对照组的 4.11 倍、4.81 倍、4.73 倍、4.99 倍和 5.11 倍（$P<0.05$）；同时，经复合菌系 H 处理 26 d 的半纤维素和木质素降解率最高，分别达 36.31%、25.16%，表现出较强的降解秸秆木质纤维素的能力，其次是复合菌系 G，复合菌系 C 的降解能力相对较弱。

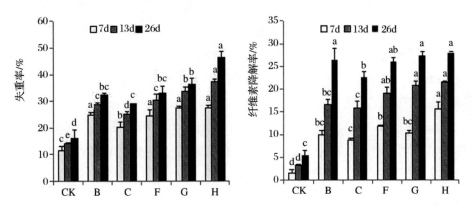

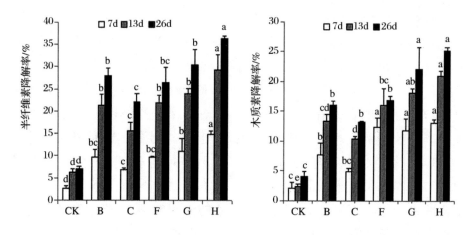

图 6-2 不同复合菌系对玉米秸秆降解率的影响

三、讨论

本试验以羧甲基纤维素钠为唯一碳源，经刚果红染色初筛，相关酶活性复筛，最终筛选出 5 株木质纤维素降解菌，通过 16S rDNA 基因序列鉴定分别为克雷伯氏菌（*Klebsiella* sp.，K3）、菠萝泛菌（*Pantoea ananatis*，P4）、草螺菌（*Herbaspirillum seropedicae*，H7）、解鸟氨酸拉乌尔菌（*Raoultella ornithinolytica*，R18）和弗氏柠檬酸杆菌（*Citrobacter freundii*，C25）。Woo 等人（2014）在热带森林土壤中厌氧分离出了克雷伯氏菌 BRL6-2（*Klebsiella* sp.），通过基因测序发现该菌株含有编码木质纤维素水解碳水化合物活性酶的基因库，同时基因组分析还揭示了四种可能的过氧化物酶，其中包括谷胱甘肽和 DyP 型过氧化物酶。侯进慧等人（2013）从土壤中筛选到一株产纤维素酶菌株 P5，经分子鉴定是菠萝泛菌（*Pantoea ananatis*），而后对该菌株的 β-1，4-内切葡聚糖酶进行重组表达分析，结果显示，重组内切葡聚糖酶基因在大肠杆菌中有较高表达，并且纯化后的重组酶 CMCase 酶活性最高达 2245 U/mL。（侯进慧等，2016）姜乃文等人（2020）从海域潮间带沙泥和藻类的混合水样中筛选出 1 株产纤维素酶的草螺菌（*Herbaspirillum huttiense*），通过正交试验优化其产酶条件，纤维素酶活力为 10.498

U/mL。李锋等人（2020）从白蚁肠道中筛选出具有高漆酶（Lac）和 LiP 活性的解鸟氨酸拉乌尔菌 MP-132，以碱木质素为唯一碳源培养 7 d 后，木质素降解率达 53.2%。Ram 等人（2013）从造纸厂污水中筛选出 2 株能降解木质素的细菌，分别为弗氏柠檬酸杆菌 IITRL1（*Citrobacter freundii*）和柠檬酸杆菌 IITRSU7（*Citrobacter* sp.）。研究发现，将这两种菌株混合能使合成木质素和硫酸盐木质素脱色 85% 和 62%。以上研究说明克雷伯氏菌、菠萝泛菌、草螺菌、解鸟氨酸拉乌尔菌和弗氏柠檬酸杆菌具有分泌木质纤维素降解相关酶的能力，这与本试验研究结果一致。

　　秸秆中的木质纤维素结构较为复杂，降解过程需要多种酶的协同参与。因此，本试验通过 CMCase、FPA 和 LiP 多种酶活性指标对菌株进行复筛，旨在提高菌株筛选的准确性。纤维素酶是一类作用于纤维素的水解酶系，包括外切葡聚糖酶（Cex）、内切葡聚糖酶（CMCase）和 β-葡萄糖苷酶（β-Gase），其中 CMCase 能切割纤维素链内部的 β-糖苷酶，将长链纤维素水解成短链纤维素（侯进慧等，2016；毛丽春等，2018），同时为 Cex 提供反应末端以生成纤维二糖，因而 CMCase 是纤维素酶系中最重要的酶类。FPA 是衡量菌株降解纤维素能力的重要指标，其数值高低反映了纤维素酶系协同水解纤维素能力的强弱（李海红等，2014）。LiP 属于氧化还原酶家族，具有较低的底物专一性，可在 H_2O_2 存在下与木质素及其衍生物发生反应。（张根等，2023）本试验筛选得到的 18 株木质纤维素降解菌，CMCase 酶活性在 32.11～107.38 U/mL，FPA 酶活性在 0.065～0.248 U/mL，LiP 酶活性在 0.49～26.95 U/mL，不同菌株间酶活性差异较大，这与王雪郦（2021）等人的研究发现一致。张悦（2019）和王丽萍等人（2018）的研究结果还表明，即使相同种属菌株的同一酶活指标也存在明显差异。本研究中 CMCase 酶活性最高的菌株为草螺菌 H7，数值为 107.38 U/mL，明显高于王伟等人（2019）和路垚等人（2022）发现的枯草芽孢杆菌（*Bacillus subtilis*）和白蚁菌（*Isoptericola* sp.）菌株。目前，对于草螺菌的研究多集中于其对植物的促生作用（王宁等，2021；庞杰等，

2021），而鲜见对草螺菌的纤维素降解功能的研究，因而本试验分离获得的高产纤维素酶草螺菌可为木质纤维素的综合利用提供优良菌株资源。FPA 酶活性最高的菌株是解鸟氨酸拉乌尔菌 R18，在此之前，鲍文英等人（2016）通过全基因组分析首次揭示了 *Raoultella ornithinolytica* S12 具有木质素降解通路中的重要酶类编码基因，如过氧化物酶、Fe－Mn 型超氧化物歧化酶、邻苯二酚 1,2-双加氧酶等，从基因层面证明了解鸟氨酸拉乌尔菌具备有效的木质纤维素降解性能。此外，本试验中筛选的克雷伯氏菌 K3 具有较高的 LiP 酶活性。前人的研究也表明，克雷伯氏菌能通过 β-芳基醚键的裂解以及 β-酮己二酸途径降解木质素（Melo-Nasimento 等，2020），而芳基醚在木质素中含量最为丰富，约占 50%，因而芳基醚键的断裂对于木质素的降解尤为重要，这可能是菌株 K3 的 LiP 酶活性最高的原因。

目前，筛选木质纤维素降解复合菌有两种途径，一种是采用限制性培养基筛选培养单一微生物菌株，通过不同组合方式对多种菌株进行复配以获得复合菌系；另一种是从堆肥（崔宗均等，2002）、动物肠道（冯光志等，2020）、牛瘤胃液和粪便（Cheng 等，2017）等不同来源中直接筛选具有降解能力的复合菌系，经过继代培养获得稳定的复合菌系。本试验采用第一种方法，通过对无拮抗作用的菌株进行等比复配，获得五组酶活性较高的复合菌系 B、C、F、G 和 H，除 LiP 酶活性以外复合菌系的 CMCase 和 FPA 酶活性均比单一菌株的酶活性明显提高，说明不同种类的混合菌株产纤维素酶能力较强，该试验结果与冯红梅等人（2016）的研究结果相一致。王继莲等人（2023）的研究也表明，由微杆菌属（*Microbacterium* sp.）和类芽孢杆菌属（*Paenibacillus* sp.）组成的复合菌系 B 的 CMCase 酶活性较最强单菌株高出 58.3%。李阳阳等人（2021）将筛选出的贝莱斯芽孢杆菌（*Bacillus velezensis*，B2）、黑曲霉（*Aspergillus niger*，F5）和长枝木霉（*Trichoderma longibrachiatum*，F12）复配成复合菌系 d，获得了较高的 FPA 酶活性（19.2 U/mL），将其液体培养 15 d 可使秸秆的失重率达 40.3%，表现出良好的秸秆降解能力。他们还发现复合菌系 d 能增加土壤的有机质含量，进而促进农作物产量的提高。宋云皓等人（2017）构建的复合菌系对秸秆粗纤维的降解率达 48.6％，并且菌系中 CMCase 酶活性较单一菌株提高了 105.07％，表现出较高的纤维素降解能力。在本试验条件下，复合菌系 H 处理玉米秸秆 26 d 后，秸秆失重率为 46.41％，纤维素、半纤维素和木质素的降解率分别达 28.02％、36.31％和 25.16％。这说明利用多种菌株的产酶多样性，在不同降解酶的协同作用下，可以显著提高微生物对木质纤维素的降解能力。后续将对该菌系产酶条件进行优化，以期发挥其最大产酶效能。

四、结论

本试验筛选获得了 5 株酶活性较高的木质纤维素降解菌，其中由菌株 K3＋P4＋R18＋C25 组配成的复合菌系 H 能较好地降解玉米秸秆中的木质纤维素，纤维素、半纤维素和木质素的降解率分别为 28.02％、36.31％和 25.16％。

第五节　两种乳酸菌对金荞麦和串叶松香草青贮品质的影响

金荞麦（*Fagopyrum dibotrys*）为蓼科荞麦属多年生宿根性草本植物（罗庆林等，2020），是一种富含营养成分且兼具药用价值的优质饲草，具有易繁殖、产量高、高蛋白和适口性好等特点（侯振平等，2021），牛、羊、猪和家禽等喜食。串叶松香草（*Silphium perfoliatum* L.）属菊科多年生草本植物，富含 SOD 和黄酮类成分等，其蛋白质含量较高（郭云霞等，2019；王玮等，2004），氨基酸种类丰富，赖氨酸含量达蛋白质总量的 5％（谭兴和等，2003），具有易种植、抗逆性强和分蘖能力强等特点。金荞麦和串叶松香草的生长均具有明显的季节性，夏季生长旺盛，秋冬枯黄停止生长，不能满足周年供应的需求。青贮能有效长期保存青绿饲草，减少其营养损失，提高适口性和消化率，是贵州调制饲草料，解决草食家畜冬春季草料短缺，拓展饲草在牛、羊和猪等养殖中更好应用的重要贮存措施。但是，金荞麦和串叶松香草的水分含量高，可溶性碳水化合物含量低，直接青贮效果不佳。乳酸菌作为青贮成功的关键微生物，能促进乳酸生成，快速降低 pH 值，抑制霉菌等有害微生物的增殖和代谢，从而提高发酵品质。（李旺等，2020）因此，筛选适宜的乳酸菌菌种，提高青贮效果，对充分开发金荞麦和串叶松香草等优质饲草资源的利用潜力具有现实意义。

乳酸菌种类较多，不同的乳酸菌在青贮发酵过程中所起作用不同。王丽学等人（2019）研究发现，添加植物乳杆菌和乳酸片球菌能显著提高苜蓿青贮的发酵品质；许兰娇等人（2016）利用乳酸粪肠球菌发酵油菜秸秆和皇竹草混合青贮，可提高饲料养分的表观消化率。目前，有关乳酸片球菌（*Pediococcus acidilactici*）和粪肠球菌（*Enterococcus faecalis*）在金荞麦和串叶松香草青贮中的作用效果鲜见报道。因此，本试验拟在探究乳酸片球菌和粪肠球菌对金荞麦和串叶松香草青贮发酵品质的影响，筛选出适宜金荞麦和串叶松香草青贮的乳酸菌菌种，为生产上推广应用提供参考。

一、材料与方法

（一）试验地概况

金荞麦和串叶松香草种植于贵州省草业研究所独山基地（25°86′15″N，107°57′81″E），试验地海拔 1112 m，属中亚热带湿润季风性气候，年平均气温 15 ℃，极端最高气温 35.5 ℃，极端最低气温－4.0 ℃，年降雨量 1429.9 mm，无霜期 297 d。

（二）试验材料

乳酸片球菌（有效活菌数≥$1×10^{11}$ CFU/g）和粪肠球菌（有效活菌数≥$1×10^{11}$ CFU/g）购自山东创益生物科技有限公司。金荞麦在第 2 茬生长至高 60 cm 刈割，留茬 5～10 cm；串叶松香草于初花期刈割，留茬 2～5 cm。

（三）试验设计

采用单因素试验设计，金荞麦和串叶松香草青贮各设 3 个处理组：以添加等量糖蜜为对照组（CK），添加乳酸片球菌 1×10^{11} CFU/g（T_1）和添加粪肠球菌 1×10^{11} CFU/g（T_2），每个处理组重复 3 次。

青贮调制：取 20 g 糖蜜（添加比例 1%）、1 g 乳酸片球菌和 1 g 粪肠球菌，分别用 10 mL 蒸馏水溶解，充分混合后室温下放置 2 h 备用。将收获的金荞麦和串叶松香草鲜样（FM）使用小型铡草机分别粉碎至 5 cm 长，置于阳光下晾晒 3 h，两种饲草分别称取 3 份，每份 2 kg，共 6 份。青贮时，CK 在原料上均匀喷洒 20 mL 糖蜜溶液，T_1 喷洒 20 mL 糖蜜乳酸片球菌混合溶液，T_2 喷洒 20 mL 糖蜜粪肠球菌混合溶液。搅拌均匀后分别取 500 g 样品装入聚酯乙烯袋中真空密封，室温条件发酵 40 d。

（四）试验方法

1. 感官评定

依据德国农业协会标准（DLG）分别对两种饲草青贮的色泽、气味和质地进行评分，分为优、中、可和下 4 个等级。

2. 营养成分

将青贮样品于烘箱中 65 ℃ 烘 48 h 以上至恒重。参照张丽英（2007）的方法测定干物质（DM）、粗蛋白质（CP）、粗脂肪（EE）、可溶性碳水化合物（WSC）、粗灰分（Ash）、粗纤维（CF）、中性洗涤纤维（NDF）和酸性洗涤纤维（ADF）。

3. pH 值和发酵指标

采用 PHB-5 pH 计（杭州齐威仪器有限公司）测定 pH 值；苯酚-次氯酸比色法测定 NH_3-N（许庆方，2005）；高效液相色谱法测定乳酸（LA）、乙酸（AA）、丙酸（PA）和丁酸（BA）（孙蕊等，2019）。

（五）数据统计与分析

采用 Microsoft Excel 2010 和 SPSS 22.0 对试验数据进行统计与分析，用 Duncan's 法进行多重比较。

二、结果分析

(一) 不同处理组金荞麦和串叶松香草青贮的感官品质

从表 6-6 可知，金荞麦：CK 色泽为黄绿色，气味酸，茎叶粘连，感官评定等级为中；T_1 和 T_2 色泽均为黄绿色，气味酸香，茎叶清晰，结构良好，感官评定等级为优。串叶松香草：CK、T_1 和 T_2 间感官品质无明显差异，色泽均为黄褐色，接近青贮前的原料颜色，气味酸，茎叶结构良好，感官评定等级为中。综合来看，金荞麦青贮时添加两种乳酸菌的色泽、气味和质地较串叶松香草好，以 T_2 得分最高，达 18 分。

表 6-6　不同处理组金荞麦和串叶松香草青贮的感官评定

饲草种类	处理	色泽	气味	质地	得分/分	等级
金荞麦	CK	黄绿色	酸味	茎叶粘连	15	中
	T1	黄绿色	酸香味	结构良好	17	优
	T2	黄绿色	酸香味	结构良好	18	优
串叶松香草	CK	黄褐色	酸味	结构良好	14	中
	T1	黄褐色	酸味	结构良好	14	中
	T2	黄褐色	酸味	结构良好	15	中

(二) 不同处理组金荞麦和串叶松香草青贮的营养成分

由表 6-7 可知，添加乳酸菌对金荞麦和串叶松香草青贮的营养成分有一定影响。金荞麦：DM、EE 和 WSC 含量以 T_1 最高，分别为 19.17%、5.23% 和 2.18%；CP、NDF 和 ADF 以 T_2 最高，分别为 23.67%、42.31% 和 31.09%；Ash 和 CF 以 CK 最高，分别为 7.64% 和 56.41%。除 T_1 和 T_2 的 EE 含量显著高于 CK 外（$P < 0.05$），其他指标处理组间差异均不显著（$P > 0.05$）。串叶松香草：DM、WSC、NDF 和 ADF 含量以 T_1 最高，分别为 31.00%、0.69%、37.09% 和 24.02%；Ash 以 T_2 最高，为 15.65%；CP、EE 和 CF 以 CK 最高，分别为 12.91%、4.50% 和 27.23%。除 T_2

的 DM 显著高于 T_1 和 CK 外（$P<0.05$），其他指标处理组间差异均不显著（$P>0.05$）。

表 6-7　不同处理组金荞麦和串叶松香草青贮的营养成分　　单位：%

指标	金荞麦			串叶松香草		
	CK	T_1	T_2	CK	T_1	T_2
DM	16.41± 0.66[a]	19.17± 3.99[a]	15.78± 0.75[a]	30.70± 0.84[a]	31.00± 0.56[a]	28.78± 0.80[b]
CP	23.43± 1.11[a]	21.51± 0.17[a]	23.67± 1.49[a]	12.91± 0.25[a]	12.77± 0.26[a]	12.77± 0.42[a]
EE	4.29± 0.27[b]	5.23± 0.37[a]	5.11± 0.13[a]	4.50± 0.61[a]	4.32± 0.12[a]	4.36± 0.13[a]
WSC	1.88± 0.17[a]	2.18± 0.33[a]	1.90± 0.25[a]	0.65± 0.03[a]	0.69± 0.06[a]	0.62± 0.02[a]
Ash	7.64± 1.33[a]	6.25± 0.23[a]	6.93± 0.44[a]	15.53± 0.80[a]	15.52± 0.23[a]	15.65± 0.80[a]
CF	56.41± 2.31[a]	54.12± 1.14[a]	54.91± 4.46[a]	27.23± 2.36[a]	25.38± 0.20[a]	25.27± 2.77[a]
NDF	37.51± 5.58[a]	32.19± 3.49[a]	42.31± 4.09[a]	26.44± 3.30[a]	37.09± 6.80[a]	33.38± 7.49[a]
ADF	28.45± 4.53[a]	22.31± 1.22[a]	31.09± 4.77[a]	19.84± 2.73[a]	24.02± 3.95[a]	23.68± 4.66[a]

注：同牧草同列不同小写字母表示差异达显著水平（$P<0.05$）。

（三）不同处理组金荞麦和串叶松香草青贮的 pH 值和发酵品质

从表 6-8 可知，金荞麦：pH 值为 3.69～4.45，T_1 显著低于 CK 和 T_2；LA 含量为 53.24～135.21 mg/g，T_1 显著高于 CK 和 T_2（$P<0.05$）；AA 和 PA 分别为 7.04～18.23 mg/g 和 2.26～3.03 mg/g，处

理组间差异均不显著（$P > 0.05$）；NH_3-N 为 2.93～0.36 mg/g，CK 显著高于 T_2 和 T_1（$P < 0.05$）；各处理组均未检出 BA。串叶松香草：pH 值为 4.92～4.94，处理组间差异均不显著（$P > 0.05$）；LA 为 21.03～33.43 mg/g，以 T_1 最高；PA 均为 0.31 mg/g；BA 为 2.81～6.32 mg/g，T_2 显著高于 CK（$P < 0.05$）；AA 和 NH_3-N 分别为 12.37～16.34 mg/g 和 0.07～0.09 g/kg，均以 T_2 最高。试验结果表明，添加乳酸片球菌和粪肠球菌对串叶松香草青贮的 pH 值和发酵品质影响不大。

表 6-8　　不同处理组金荞麦和串叶松香草青贮的 pH 值和发酵品质

指标	金荞麦			串叶松香草		
	CK	T_1	T_2	CK	T_1	T_2
pH 值	4.23± 0.38[a]	3.69± 0.01[b]	4.45± 0.03[a]	4.92± 0.02[a]	4.93± 0.04[a]	4.94± 0.03[a]
LA/ (mg/g)	67.05± 28.05[ab]	135.21± 23.06[a]	53.24± 8.14[b]	21.03± 1.52[a]	33.43± 7.57[a]	29.69± 10.20[a]
AA/ (mg/g)	13.91± 3.72[a]	7.04± 0.69[a]	18.23± 3.61[a]	13.64± 3.01[a]	12.37± 0.92[a]	16.34± 1.73[a]
PA/ (mg/g)	2.49± 0.24[a]	2.26± 0.54[a]	3.03± 0.50[a]	0.31± 0.30[a]	0.31± 0.07[a]	0.31± 0.08[a]
BA/ (mg/g)	—	—	—	2.81± 0.60[b]	4.95± 1.18[ab]	6.32± 0.25[a]
NH_3-N/ (mg/g)	0.36± 0.05[b]	0.31± 0.01[b]	2.93± 0.78[a]	0.08± 0.01[a]	0.07± 0.01[a]	0.09± 0.02[a]

三、讨论

乳酸菌是青贮发酵过程中影响发酵质量的主要微生物，除乳酸菌的数量和活性外，其种类和组成对青贮品质也有重要影响。乳酸菌的种类较多，根据其发酵形式不同，可分为同型发酵乳酸菌和异型发酵乳酸菌。（辛亚芬等，2021）试验选用的乳酸片球菌和粪肠球菌属同型发酵乳酸菌，一般认为，此类乳酸菌具有促进乳酸生成，快速降低 pH 值和改善青贮发酵品质的作用。（李翠霞，2009）试验结果表明，添加乳酸片球菌和粪肠球菌的金荞麦青贮料感官评定等级均为优，在一定程度上提高了金荞麦青贮料的适口性，但对串叶松香草没有明显影响。青贮料的营养成分是直观反映青贮效果的重要指标。添加乳酸片球菌的金荞麦青贮料的 DM、EE 和 WSC 含量较高，Ash、CF、NDF 和 ADF 的含量较低，从而降低了金荞麦青贮的营养损失，提高其消化率和饲用价值。可能是由于乳酸片球菌代谢产生的某些酶类对金荞麦的纤维结构有一定水解作用，降低纤维含量的同时，释放更多的 WSC。（岳碧娥等，2022）乳酸片球菌和粪肠球菌对串叶松香草的营养成分未产生积极影响，可能是由于串叶松香草的 WSC 含量较低，乳酸菌缺少必要的发酵底物。

pH 值是反映青贮发酵是否良好的重要指标，发酵良好的青贮料 pH 值在 3.8～4.5（徐春城等，2013），pH 值的快速降低主要是由于乳酸菌消耗 WSC 迅速产生大量乳酸。试验中，金荞麦青贮各处理组的 pH 值均在 4.5 以下，以添加乳酸片球菌的处理组 pH 值最低，为 3.69；串叶松香草青贮各处理组的 pH 值均高于 4.5；乳酸片球菌处理组金荞麦的乳酸含量显著高于 CK 和粪肠球菌处理组，串叶松香草各处理组的乳酸含量较低，且差异均不显著（$P>0.05$），与各处理组 pH 值的差异情况相吻合。

丁酸主要由丁酸梭菌生成，丁酸会将蛋白质降解为胺或氨，降低青贮品质，甚至散发恶臭味，引起腐败（王超等，2021）；NH_3-N 主要由青贮过程中的蛋白质和氨基酸分解产生，NH_3-N 含量越高，说明蛋白质和氨基酸分解越多，青贮品质越差（牟怡晓等，2021）。本次试验表明，金荞麦青贮各处理组均未检出丁酸，串叶松香草青贮处理组检出少量丁酸，且添加粪肠球菌的处理组的丁酸含量显著高于 CK；金荞麦青贮 CK 和添加乳酸片球菌处理组的 NH_3-N 含量显著低于添加粪肠球菌的处理组，表明添加粪肠球菌不利于金荞麦青贮过程中蛋白质的保存；串叶松香草青贮各处理组的 $NH_3\text{-}N$ 含量差异不显著（$P > 0.05$），且低于金荞麦青贮处理组。上述差异可能是由于青贮原料不同，两种饲草的可溶性碳水化合物、蛋白质和氨基酸种类不同。（唐振华等，2018）

四、结论

乳酸片球菌、粪肠球菌对金荞麦和串叶松香草青贮品质的影响存在差异，添加乳酸片球菌 1×10^{11} CFU/g 的金荞麦青贮料的感官品质、营养成分和发酵品质较添加粪肠球菌的好，具有较高的感官评分（17 分）、粗脂肪（5.23%）和乳酸含量（135.21 mg/g），较低的 pH 值（3.69）和 $NH_3\text{-}N$ 含量（0.31 g/kg），有利于提高其青贮品质。添加乳酸片球菌 1×10^{11} CFU/g 和粪肠球菌 1×10^{11} CFU/g 的串叶松香草青贮料的各项指标均不佳。

参考文献

[1] Abdullah M a M, Farghaly M M, Youssef I M I. Effect of feedingAcacia niloticapods to sheep on nutrient digestibility, nitrogen balance, ruminal protozoa and rumen enzymes activity[J]. Journal of Animal Physiology and Animal Nutrition, 2018, 102(3): 662－669.

[2] Ahmed F, Yan Z, Bao J. Dry biodetoxification of acid pretreated wheat straw for cellulosic ethanol fermentation[J]. Bioresources and Bioprocessing, 2019, 6: 24.

[3] An F Y, Li M, Zhao Y, et al. Metatranscriptome－based investigation of flavor－producing core microbiota in different fermentation stages of dajiang, a traditional fermented soybean paste of Northeast China[J]. Food Chemistry. 2021, 343(1): 128509.

[4] Attaelmannan M A, Dahl A A, Reid R S. Analysis of volatile fatty acid in rumen fluid by proton NMR spectroscopy. Canadian Veterinary Journal La Revue Veterinaire Canadienne, 1999, 79(3): 401－404.

[5] Axling U, Olsson C, Xu J, Fernandez C, et al. Green tea powder and Lactobacillus plantarum affect gut microbiota, lipid metabolism and inflammation in high－fat fed C57BL/6J mice[J]. Nutrition & metabolism, 2012, 9(1): 1－18.

[6] Baldwin R. L. V. M K R K. 2004. Rumen Development, Intestinal Growth and Hepatic Metabolism In The Pre－and Postweaning Ruminant. JOURNAL OF DAIRY SCIENCE(87): 55－65.

[7] Bayatkouhsar J, Tahmasebi, A M, Naserian, A A. The

effects of microbial inoculation of corn silage on performance of lacta-ting dairy cows[J]. Livestock Science,2011:142(1－3),170 - 174.

[8] Bhat S,Wallace R,Orskov E. Adhesion of cellulolytic rumi-nal bacteria to barley straw[J]. Applied and Eneironmental Microbi-ology,1990,56(9):2698－2703.

[9] Blanchette R A. Areviewofmicrobial deterioration found in archaeological wood from different

[10] Bush S J,McCulloch M,Muriuki C,et al. 2019. Compre-hensive Transcriptional Profiling of the Gastrointestinal Tract of Ru-minants from Birth to Adulthood Reveals Strong Developmental Stage Specific Gene Expression. G3(Bethesda),9(2):359－373.

[11] Carl R Woese,George E Fox. Phylogenetic structure of the prokaryotic domain:The primary kingdoms. Proceedings of the Na-tional Academy of Sciences,USA,1977,74(11):5088－5090.

[12] Castro－Montoya J,Dickhoefer U. Effects of tropical leg-ume silages on intake,digestibility and performance in large and small ruminants:A review[J]. Grass and Forage Science,2018,73(1):26－39.

[13] CATCHPOOLE V R,HENZELL E F. Silage and silage－making from tropical herbage species[J]. Herbage Abstracts,1971,41(3):213－221.

[14] Chambers S M,Liu G,Cairney J W G. Its rDNA sequence comparison of ericoid mycorrhizal endophytes from Woollsia pun-gens. Mycological Research,2000,104(2):168－174.

[15] Chaucheyras－Durand F,Ossa F. REVIEW:The rumen microbiome:Composition,abundance,diversity,and new investigative tools[J]. The Professional Animal Scientist,2014,30(1):1－12.

[16] Chen M.,Zhai X.,Zhang H.,et al. Study on control strat-egy of the vine clamping conveying system in the peanut combine har-vester[J]. Computers and Electronics in Agriculture, 2020, 178:

105744.

[17] Cheng Y,Wang Y,Li Y,et al. Progressive colonization of bacteria and degradation of rice straw in the rumen by illumine sequencing[J]. Frontiers in Microbiology,2017,8:1—10.

[18] Cornu A,Besle J M,Mosoni P,et al. Lignin—carbohydrate complexes in forages:structure and consequences in the ruminal degradation of cell wall carbohydrates[J]. Reproduction Nutrition Development,1994,34(5):385—98.

[19] DANNER H. Effect of acetic acid on the aerobic stability of silage[J]. Applied and Environmental Microbiology, 2003, 69: 562—567.

[20] De Vos W M,Müller M,Norin E,Hooiveld G,et al. Modulation of Mucosal Immune Response,Tolerance,and Proliferation in Mice Colonized by the Mucin — Degrader Akkermansia muciniphila [J]. Frontiers in Microbiology,2011,2:166.

[21] Dehority B A,Tirabasso P A. Antibiosis between Ruminal Bacteria and Ruminal Fungi. Applied & Environmental Microbiology,2000,66(7):2921—2927.

[22] Dias J,Marcondes M I,Motta De Souza S,et al. Bacterial Community Dynamics across the Gastrointestinal Tracts of Dairy Calves during Preweaning Development[J]. Applied and Environmental Microbiology,2018,84(9):e02675—17.

[23] Dong L,Zhang H,Gao Y,et al. Dynamic profiles of fermentation characteristics and bacterial community composition of Broussonetia papyrifera ensiled with perennial ryegrass[J]. Bioresource Technology,2020,310:123396.

[24] Driehuis,F. ,S. J. W. H. Oude Elt—rink,and S. F. Spoelstra. Anaerobic lactic acid degradationduring ensilage of whole crop maize inoculated with Lactobacillus buchneri inhibits yeast growthand improves aerobic stability. J. Appl. Microbial. 1999,87:585—594.

[25] Dunière L,Sindou J,Chaucheyras—Durand F,et al. Silage processing and strategies to prevent persistence of undesirable micro-organisms[J]. Animal Feed Science and Technology,2013,182(1—4):1—15.

[26] Elsden S R,Phillipson A T. Ruminant Digestion. Annual Review of Biochemistry,1948,17:705—726.

[27] Feng J M,Jiang C Q,Sun Z Y,et al. Single—cell transcriptome sequencing of rumen ciliates provides insight into their molecular adaptations to the anaerobic and carbohydrate—rich rumen micro-environment[J]. Mol Phylogenet Evol,2020,143:106687.

[28] Fernando S C,Purvis H T,Najar F Z,et al. Rumen microbial population dynamics during adaptation to a highgrain diet. Appl Environ Microbiol,2010,22:7482—7490.

[29] Ferraretto L F,Shaver R D,Luck B D. Silage review:recent advances and future technologies for whole—plant and fractionated corn silage harvesting[J]. Journal of Dairy Science,2018,101(5):3937—3951.

[30] Filya I,Sucu E,Karabulut A. The effect of Lactobacillus buchneri on the fermentation,aerobic stability and ruminal degradability ofmaize silage. [J]. Journal of applied microbiology,2006,101(6).

[31] Filya I,Sucu E. Effect of a chemical preservative on fermen—tation,aerobic stability and nutritive value of whole—crop wheat silage[J]. J Appl Anim Res,2007,32(2):133—138.

[32] Filya I. The effect of Lactobacillus buchneri and Lactobacillus plantarum on the fermentation,aerobicstability,and ruminal degradability of low dry matter corn and sorghum silages[J]. Journal of DairyScience,2003,86(11):3575—3581.

[33] Fliegerová K,Mrázek J,Hoffmann K,et al. Diversity of anaerobic fungi within cow manure determined by ITS1 analysis. Foli-

a Microbiological,2010,55(4):319—325.

[34] Fonty G,Gouet P,Ratefiarivelo H,Jouany J P. Establishment of Bacteroides succinogenes and measurement of the main digestive parameters in the rumen of gnotoxenic lambs. Canadian Journal of Microbiology,1988,34(8):938—946

[35] Franzosa E A. ,Morgan X C,Segata N,et al. Relating the metatranscriptome and metagenome of the human gut. Proceedings of the National Academy of Sciences of the United States of America. 2014,111:E2329—2338.

[36] Gaind S,Pandey A K,Dr L. Biodegradation study of crop residues as affected by exogenous inorganic nitrogen and fungal inoculants[J]. Journal of Basic Microbiology,2005,45(4):301—311.

[37] Guo X S,Undersander D J,Combs D K. Effect of Lactobacillus inoculants and forage dry matter on the fermentation and aerobic stability of ensiled mixed—crop tall fescue and meadow fescue [J]. Journal of Dairy Science,2013,96(3):1735—1744.

[38] Han K J ,Collins M ,Vanzant E S ,et al. Bale Density and Moisture Effects on Alfalfa Round Bale Silage[J]. CropScience,2004, 44(3):914—919.

[39] HE L,LV H,CHEN N,et al. Improving fermentation,protein preservation and antioxidant activity of Moringa oleifera leaves silage with gallic acid and tannin acid[J]. Bioresour Technol,2020, 297122390.

[40] Henderson N. Silage additives[J]. Animal Feed Science and Technology. 1993,45(1):35—56.

[41] Hong rui Zhang,Xiao Xue,Mingming Song,et al. Comparison of feeding value,ruminal fermentation and bacterial community of a diet comprised of various cornsilages or combination with wheat straw in finishing beef cattle[J]. Livestock Science, 2022, 1871—1413.

[42] Honig, H. & Woolford, M. K. Changes in silage on exposure to air. Occasional Symposium of theBritish Grassland Society, 1980,11,76－87.

[43] Hristov A N, Harper M T, Roth G, et al. Effects of ensiling time on corn silage neutral detergent fiber degradability and relationship between laboratory fiber analyses and in vivo digestibility. Journal of Dairy Science,2020,103(30):2333－2346.

[44] Hu Z F, Ma D Y, Niu H X, et al. Enzyme additives influence bacterial communities of medicago sativa silage as determined by Illumina sequencing[J]. AMB Express,2021,11(1):1－11.

[45] Hungate R E. The rumen and its microbes. Rumen & Its Microbes,1966,44(2):466－525.

[46] Huws S A, Creevey C J, Oyama L B, et al. Addressing global ruminant agricultural challenges through understanding the rumen microbiome:past, present, and future. Front Microbiol,2018,9:2161.

[47] Ishaq S L, Wright A D. Design and validation of four new primers for next－generation sequencing to target the 18S rRNA genes of gastrointestinal ciliate protozoa. Applied & Environmental Microbiology,2014,80(17):5515－5521.

[48] Iwen P C, Hinrichs S H, Rupp M E. Utilization of the internal transcribed spacer regions as molecular targets to detect and identify human fungal pathogens. Medical mycology, 2002, 40 (1):87－109.

[49] J A Schmidt, C S Rye, N Gurnagul. Lignin inhibits autoxidative degradation of cellulose[J]. Polymer Degradation and Stability,1995,49:291－297.

[50] Jami E, Israel A, Kotser A, Mizrahi I. 2013. Exploring the bovine rumen bacterial community from birth to adulthood. ISME Journal,7(6):1069－1079.

[51] Jewell K A,Mccormick C A,Odt C L,et al. Ruminal Bacterial Community Composition in Dairy Cows Is Dynamic over the Course of Two Lactations and Correlates with Feed Efficiency[J]. Applied and Environmental Microbiology,2015,81(14):4697－4710.

[52] Joblin K N,Akin D E,Ljungdahl L G,et al. Bacterial and protozoal interactions with ruminal fungi. [C] Proceedings of the Tri－National Workshop Microbial and Plant Opportunities to improve lignocellulose utilization by ruminants held in Athens,Georgia,April 30－May 4. 1990

[53] Joblin K N,Akin D E,Ljungdahl L G,et al. Bacterial and protozoal interactions with ruminal fungi. [C] Proceedings of the Tri－National Workshop Microbial and Plant Opportunities to improve lignocellulose utilization by ruminants held in Athens,Georgia,April 30－May 4. 1990

[54] Joy M,Rufinomoya P J,Lobón S,et al. The effect of the inclusion of pea in lamb fattening concentrate on in vitro and in situ rumen fermentation. [J]. Journal of the Science of Food and Agriculture. 2020,101(7):3041－3048.

[55] Kaewpila C,Gunun P,Kesorn P,et al. Improving ensiling characteristics by addinglactic acid bacteria modifies in vitro digestibility and methane production of forage－sorghum mixture silage[J]. Scientific Reports,2021,11(1):1968.

[56] KE W C,DING W R,XU D M,et al. Effects of addition of malic or citric acids on fermentation quality and chemical characteristics of alfalfa silage[J]. Journal of Dairy Science,2017,100(11):

[57] Kennedy S. J. Comparison of the fermentation quality and nutritive value of sulphuric and formic acid－treated silages feed to beef cattle. [J]Grass Forage Sci. 1990,45:17－28.

[58] Khan M A,Lee H J,Lee W S,et al. 2007. Structural growth,rumen development,and metabolic and immune responses of

Holstein male calves fed milk through step－down and conventional methods. Journal of Dairy Science,90(7):3376－3387

[59] Kleinschmit D H,Kung L. The effects of Lactobacillus buchneri 40788 and Pediococcus pentosaceusR1094 on the fermentation of corn silage[J]. Journal of dairy science,2006,89(10):3999－4004.

[60] Klieve A V,Wang L,Xu Q,et al. Exploring the Goat Rumen Microbiome from Seven Days to Two Years[J]. PLoS ONE,2016,11(5). e0154354.

[61] Koike S,Kobayashi Y. Fibrolytic rumen bacteria:their ecology and functions[J]. Asian Australasian Journal of Animal Sciences,2009,22(1):131－138.

[62] Krooneman J,Faber F,Alderkamp A C,Elferink S J H W Oude,Driehuis F,Cleenwerck I,Swings J,Gottschal J C,Vancanneyt M. Lactobacillus diolivorans sp. nov. ,a 1,2－propanediol－degrading bacterium isolated from aerobically stable maize silage. [J]. International journal of systematic and evolutionary microbiology,2002,52.

[63] Kung Jr. ,L. ,and N. K. Ranjit. The Effect of Lactobacillus buchneri and other additives on thefermentation and aerobic stability of barley silage. J. Dairy Sci. 2001,84:1149－1155

[64] KUNG L,JR. ,SHAVER R D,GRANT R J,et al. Silage review:Interpretation of chemical,microbial,and organoleptic components of silages[J]. Journal Dairy Science,2018,101(5):4020－4033.

[65] KUNG L, TUNG R S, MACIOROWSKI K G, et al. Effects of plant cell－walldegrading enzymes and lactic acid bacteria on silage fermentation and composition[J]. Journal of Dairy Science,1991,74(12):4284－4296.

[66] Kung R L,Shaver R D,Grant R J,et al. Silage review:Interpretation of chemical microbial and organoleptic components of silages[J]. Journal of Dairy Science,2018,101(5):4020－4033.

[67] Kung, J. , L. , J. W. Thomas, and J. T. Huber. Added ammonia oe microbial innocula for fermentationand nitrogenous compounds of alfalfa ensiled at various percents of dry matter. J. Dairy Sci. 1984,67:299

[68] Kung,JT. ,L. C. C. Taylor,M. P. Lynch,and J. M. Neylon. The effect of treating alfalfa withLactobacillus buchneri 40788 on silage fermentation, aerobic stability, and nutritive value forlactating dairy cows. J. Dairy Sci. 2003,86:336—343.

[69] Lane M A,Baldwin R T,Jesse B W. Developmental changes in ketogenic enzyme gene expression during sheep rumen development. Journal of Dairy Science,2002,80(6):1538—1544.

[70] Lascano G J,Heinrichs A J. Effects of feeding different levels of dietary fiber through the addition of corn stover on nutrient utilization of dairy heifers precision—fed high and low concentrate diets. Journal of Dairy Science,2011,94(6):3025—3036.

[71] Lettat A,Hassanat F,BenchaarC. Corn silage in dairy cow diets to reduce ruminal methanogenesis:Effects on the rumen metabolically active microbial communities[J]. Journal of Dairy Science. 2013,96(8):5237—5248.

[72] Li J,Lei S,Gong H,et al. Field performance of sweet sorghum in salt—affected soils in China:A quantitative synthesis[J]. Environmental Research,2023,222(1):115362.

[73] Li P,Ji S R,Hou C,et al. Effects of chemical additives on the fermentation quality and N distribution of alfalfa silage in south of China[J]. Animal science journal = Nihon chikusan Gakkaiho,2016, 87(12).

[74] Li R,Teng Z,Lang C,et al. Effect of different forage—to—concentrate ratios on ruminal bacterial structure and real — time methane production in sheep[J]. PLoS ONE,2019,14(5):e0214777.

[75] Li RW S M C E. Metagenomics and its applications in agri-

culture,biomedicine and environmental studies. New York:Nova Science Publishers,2011,135—164.

[76] Li Z,Wright A G,Liu H,et al. Response of the Rumen Microbiota of Sika Deer(Cervus nippon)Fed Different Concentrations of Tannin Rich Plants. PLoS ONE,2015,10(5):e123481.

[77] Lin H H,Liao Y C. Accurate binning of metagenomic contigs via automated clustering sequences using information of genomic signatures and marker genes. Scientific Report. 2016,6:24175.

[78] Lindgren, S. , Pettersson, K. , Kaspersson, A. , Jonsson, A. ,Lingvall,P. Microbial dynamics during aerobic deterioration of silages. Journal of the Science of Food Agriculture,1985,36(9):765—774.

[79] Liu L,Zhang W J,Yu H J,et al. Improved antioxidant activity and rumen fermentation in beef cattle under heat stress by dietary supplementation with creatine pyruvate[J]. Animal Science Journal. 2020,91(1):e13486.

[80] Liu Q H,Lindow S E,Zhang J G. Lactobacillus parafarraginis ZH1 producing anti—yeast substances to improve the aerobic stability of silage[J]. Animal Science Journal,2018,117(7):405—416.

[81] Liu,Q. H. ,Yang,F. Y. ,Zhang,J. G,Shao,T. Characteristics of Lactobacillus parafarraginis ZH1 and its role in improving the aerobic stability of silages. Journal of Applied Microbiology,2014,117(2):405.

[82] Lu Z Y,Xu Z H,Shen Z M,et al. Dietary Energy level promotes rumen microbial protein synthesis by improving the energy productivity of the ruminal microbiome. [J]. Frontiers in Microbiology. 2019,10:847.

[83] LUCHINI N D,BRODERICK G A,MUCK R E,et al. Effect of storage system and dry matter content on the composition of alfalfa silage[J]. Journal of Dairy Science,1997,80(8):1827—1832.

［84］ Luo R B,Zhang Y D,Wang F G,et al. Effects of sugar cane molasses addition on the fermentation quality,microbial community, and tastes of alfalfa silage［J］. Animals,2021,11(2):355.

［85］ Lynd L R,Elamder R T,Wyman C E. Likely features and costs of mature biomass ethanol technology［J］. Applied Biochemistry & Biotechnology,1996,57－58(1):741－761.

［86］ Malaník M,Treml J,Leláková V,et al. Anti－inflammatory and antioxidant properties of chemical constituents of Broussonetia papyrifera［J］. Bioorganic Chemistry,2020. 104:104298.

［87］ Marchesi J R,Ravel J. The vocabulary of microbiome research:a proposal. Microbiome,2015,3:31.

［88］ McDonald P,Henderson,A. R. Heron. The biochemistry, 2nd ed. ［M］. Chalcombe Publications; Marlow,UK. 1991.

［89］ McDonald,P. ,A. R. Henderson,and S. J. E. Heron. 1991. The Biochemistry of Silage. 2nd ed. Chalcombe Pub 1. ,Abcrsytwyth, U. K.

［90］ Mcmillan J D. Pretreatment of lignocellulosic biomass［C］. ACS symposium series(USA). 2016:292－324.

［91］ Mcsweeney C S,Denman S E. Effect of sulfur supplements on cellulolytic rumen micro－organisms and microbial protein synthesis in cattle fed a high fibre diet. Journal of Applied Microbiology, 2007,103(5):1757－1765.

［92］ Mehrez A Z,Rskov E R. A study of artificial fiber bag technique for determining the digestibility of feeds in the rumen［J］. The Journal of Agricultural Science,1977,88(6):645－650.

［93］ Melo－Nasimento A O D S,Anna B M M S,Gonçalves C C,et al. Complete genome reveals genetic repertoire and potential metabolic strategies involved in lignin degradation by environmental ligninolytic*Klebsiella variicola* P1CD1［J］. PLoS One,2020,15(12): e0243739.

[94] Millen D D,De Beni Arrigoni M,Pacheco R D L. 2016. Rumenology. Switzerland:Springer International Publishing.

[95] Moon,N. J. Inhibition of the growth of acid tolerant yeasts by acetate, lactate and propionate andtheir synergistic mixtures. J. Appl. Bacterial. 1983,55:454—460.

[96] Muck and Kung. Effects of silage additives on ensiling in Silage:Field to Feedbunk. NRAES—99. Northeast Regional Agricultural Engineering Service,Ithaca,NY. 1997,187—199.

[97] Muck R E,Pitt V G,Leibensperger R Y. A model of aerobic fungal growth in silage[J]. Grassand Forage Science,1991,46:283—299.

[98] Muck,R. E. A lactic acid bacteria strain to improve aerobic stability of silages. in U. S. DairyForage Research Center 1996 Research Summaries. Madison,WI. 1996,42—43.

[99] NADEAU E M G,BUXTON D R,LINDGREN E,et al. Kinetics of cell — wall digestion of orchardgrass and alfalfa silages treated with cellulase and formic acid[J]. Journal of Dairy Science,1996,79(12):2207—2216.

[100] Nadeau E. Effects of plant species,stage of maturity and additive on the feeding value of whole—rop cereal silage[J]. Journal of the Science of Food and Agriculture,2007,87(5):789—801.

[101] Nan L L,Shi S L,Zhang J H. Study on root system development ability of different root—type alfalfa[J]. Acta Prataculturae Sinica,2014,23(2):117—124.

[102] Ni K K,Wang f,Zhu b g,et al. Effects of lactic acid bacteria and molasses a dditives on the microbial community and fermentation quality of soybean silage[J]. Bioresource Technology,2017,238:706—715.

[103] Niu Y,Meng Q,Li S,Ren L,et al. Effects of Diets Supplemented with Ensiled Mulberry Leaves and Sun—Dried Mulberry

Fruit Pomace on the Ruminal Bacterial and Archaeal Community Composition of Finishing Steers[J]. PLoS ONE, 2016, 11(6): e0156836.

[104] Orpin C G. The role of ciliate protozoa and ungi in the rumen digestion of plant cell walls[J]. Animal Feed Science & Technology,1984,10(2—3):121—143.

[105] OWENS V N, ALBRECHT K A, MUCK R E. Protein degradation and fermentation characteristics of unwilted red clover and alfalfa silage harvested at various times during the day[J]. Grass and Forage Science,2002,57(4):329—341.

[106] Owens V, Albrecht K, Muck R, et al. Protein degradation and fermentation characteristics of red clover and alfalfa silage harvested with varying levels of total nonstructural carbohydrates[J]. Crop Science,1999,39(6):1873—1880.

[107] Pahlow, G, Muck, R. E. , Driehuis, F. , Elferink, S. J. W. H. O. , Spoelstra, S. F. Microbiology of Ensiling. Silage Science and Technology,2003.

[108] Park S, Fudhaili A, Oh S—S, et al. Cytotoxic effects of kazinol A derived from Broussonetia papyrifera on human bladder cancer cells,T24 and T24R2[J]. Phytomedicine,2016,23(12):1462—1468.

[109] Patti G J, Yanes O, Siuzdak G. Metabolomics:the apogee of the omics trilogy[J]. Nature reviews Molecular cell biology,2012,13(4):263—269.

[110] Perlack R D, Wright L L, Turhollow A F, et al. Biomass as feedstock for a bioenergy and bioproducts industry:the technical feasibility of a billion—ton annual supply[J]. DTIC Document,2005,34—39.

[111] Pitt, R. E. , Y. Lin, and R. E. Muck. Stimulation of the effect of additives on aerobic stability ofalthlfa and corn silages.

Trans. ASAE 1991,34:1633—1641.

[112] Pitta D W, Pinchak W E, Dowd S, et al. Longitudinal shifts in bacterial diversity and fermentation pattern in the rumen of steers grazing wheat pasture[J]. Anaerobe,2014,30:11—17.

[113] Playne M J, Mcdonald P. The buffering constituents of herbage and of silage[J]. Journal of the Science of Food; Agriculture, (6):264—268.

[114] Quin J I, Van D, Wath J G, Myburgh S. Studies on the alimentary tract of M erido sheep in South Africa. 4. Description of experimental technique[J]. Onderstepoort Journal of Veterinary Science,1938,11(7):341—360.

[115] Raj A, Reddy M M K, Chandra R. Decolourisation and treatment of pulp and paper mill effluent by lignin—degrading*Bacillus* sp. [J]. Journal of Chemical Technology and Biotechnology,2007, 82(4):399—406.

[116] Ram C, Ram N B. Bacterial degradation of synthetic and kraft ligninby axenic and mixed culture and their metabolic products [J]. Journal of environmental biology,2013,34:991—999.

[117] Ranit, N. K. and L. Kung, Jr. The effect of Lactobacillus plantarum and L. buchneri on thefermentation and aerobic stability of corn silage. J. Dairy Sci. 2000,83:526—535.

[118] Rodríguez V F. Environmental genomics the big picture? FEMS Microbiology Letters. 2004,231:153—158.

[119] Rohweder D A,Barnes R F,Neal J. Proposed hay grading standards based on laboratory analyses for evaluating quality[J]. Journal of Animal Science,1978,47(3):747—759.

[120] Rook,A. J. ,and M. Gill Prediction of the voluntary intake of grass silges by beef cattle. 1. Linearregression analyses. Anim. Prod. 1990,50:425—438.

[121] Rosnow J J,Anderson L N,Nair R N,et al. Profiling mi-

crobial lignocellulose degradation and utilization by emergent omics technologies. Crit Rev Biotechnol,2017,5:626—640.

[122] Rskov E R,Mcdonald I. The estimation of protein degradability in the rumen from incubation measurements weighted according to rate of passage[J]. The Journal of Agriculture Science,1979,92 (2):499—503.

[123] S F ,姚倩倩. 葡萄果渣粉、山竹果皮粉和莫能菌素对阉奶牛养分消化率、瘤胃发酵、氮平衡和微生物蛋白质合成的影响[J]. 中国畜牧兽医,2016,43(09):2508.

[124] Saleem F,Bouatra S,Guo A C,et al. The Bovine Ruminal Fluid Metabolome. Metabolomics,2013. 5(2):360—378.

[125] SANTOS W C C D,NASCIMENTO W G D,MAGALHāES A L R,et al. Nutritive value,total losses of dry matter and aerobic stability of the silage from three varieties of sugarcane treated with commercial microbial additives[J]. Animal Feed Science and Technology,2015,204

[126] Shabat S K,Sasson G,Doron—Faigenboim A,et al. Specific microbiome—dependent mechanisms underlie the energy harvest efficiency of ruminants[J]. ISME Journal:Multidisciplinary Journal of Microbial Ecology,2016,10(12):2958—2972.

[127] Sheperd, A. C. M,Maslanka,D,Quimn,and L,Kung,JR. Additives containing bacteria and enzymesfor Alfalfa silage. J Dairy Sci 1995,78:565—572

[128] Si H Z,Liu H L,Li Z P,et al. Effect of lactobacillus plantarum and Lactobacillus buchneri addition on fermentation,bacterial community and aerobic stability in lucerne silage[J]. Animal Production Science,2019,59(8):1528—1536.

[129] Skillman L C,Toovey A F,Williams A J,et al. Development and validation of a real—time PCR method to quantify rumen protozoa and examination of variability between Entodinium popula-

tions in sheep offered a hay—based diet. Applied & Environmental Microbiology,2006,72(1):200—206.

[130] Sneddon D. M. ,Thomas V. M. ,Roffer R. E. ,et al. Laboratory investigations of hydroxide—treatment sunflower or alfalfa—grass silage. [J]Journal of Animal Science. 1981,53(6):1623—1628.

[131] Stewart R D,Auffret M D,Warr A,et al. Compendium of 4941 rumen metagenome—assembled genomes for rumen microbiome biology and enzyme discovery. Nature Biotechnology. 2019,37:953—961.

[132] Stokes,M. R. Effects of an enzyme mixture,an inoculant, and their interaction on silagefermentation and dairv nroduction IDairv Sci 1992 75:764.

[133] T Ran,S X Tang,X Yu,et al. Diets varying in ratio of sweet sorghum silage to corn silage for lactating dairy cows:Feed intake milk production blood bioc hemistry ruminal fermentation and ruminal microbial community[J]. Journal of Dairy Science,2021,104 (12):12600—12615.

[134] Taylor,C. C. ,NJ. Ranji,J. MA. Mills, J. M. Neylon,and L. Kung。J. The effect of treatingwhole—plant barley with Lactobacillus buchneri 40788 on silage fermentation,aerobic stability,andnutritive value for dairy cows. J. Dairy Sci. 2002,85:1526—1532.

[135] Theodorou M K,Gill M,Kingspooner C,et al. Enumeration of Anaerobic Chytridiomycetes as Thallus—Forming Units:Novel Method for Quantification of Fibrolytic fungal Populations from the Digestive Tract Ecosystem[J]. Appl Environ Microbiol,1990,56 (4):1073—8.

[136] Theodorou M K,Gill M,Kingspooner C,et al. Enumeration of Anaerobic Chytridiomycetes as Thallus—Forming Units:Novel Method for Quantification of Fibrolytic fungal Populations from the Digestive Tract Ecosystem[J]. Appl Environ Microbiol,1990,56

(4):1073-8.

[137] Thoetkiattikul H,Mhuantong W,Laothanachareon T,et al. Comparative Analysis of Microbial Profiles in Cow Rumen Fed with Different Dietary Fiber by Tagged 16S rRNA Gene Pyrosequencing. Current Microbiology,2013,67(2):130-137.

[138] Van Soest P J,Robertson J B,Lewis B A. Methods for dietary fiber,neutaral detergent fiber,and nonstarch polysaccharides in relation to animal nutrition[J]. Journal of Dairy Science, 1911, 74(10):3583-3597.

[139] Vu V,Farkas C,Riyad O,et al. Enhancement of the enzymatic hydrolysis efficiency of wheat bran using the Bacillus strains and their consortium[J]. Bioresource Technology,2022,343,126092.

[140] Wambacp E,Latre JP,Haesaert G,The offect ofLactobacillus buchneri inoculation on the aerobic stability and fermentation charac teristics of alfalfa-ryegrass,red clover and maize silage[J]. Agriculture and Food science,2013,22(1):127-136.

[141] Wang B YU Z. Effects of moisture content and additives on then siling quality and vitamins changes of alfalfa silage with or without rain damage[J]. Animal Science Journal, 2020, 91 (1): e13379.

[142] Wang J,Chen L,Yuan X J,et al. Effects of molasses on the fermentation characteristics of mixed silage prepared with rich straw,local vegetable by-products and alfalfa in Southeast China [J]. Journal of Integrative Agriculture,2017,16(3):664-670.

[143] Wang L,Zhang H J,Zhu YU,et al. The fermentation quality of mixed silage of Medicago sativa and Roegneria turczaninovii [J]. Pratacultural Science,2011,28(10):1888-1893.

[144] Wang M S,Francom,CAI Y M,et al. Dynamics of fermentation profile and bacterial community of silage prepared with alfalfa whole-plant corn and their mixture[J]. Animal Feed Science

and Technology,2020,270:114702.

[145] Wang Q. Wang R. ,Wang C. ,et al. Effects of Cellulase and Lactobacillus plantarum on Fermentation Quality, Chemical Composition,and Microbial Community of Mixed Silage of Whole—Plant Corn and Peanut Vines[J]. Applied Biochemistry and Biotechnology,2022:1—16.

[146] Wang W,Li C,Li F,et al. 2016. Effects of early feeding on the host rumen transcriptome and bacterial diversity in lambs. Scientific Reports,6(1).

[147] Wang Y F,Elzenga T,van Elsas J D. Effect of culture conditions on the performance of lignocellulose—degrading synthetic microbial consortia [J]. Applied Microbiology and Biotechnology, 2021,105:7981—7995.

[148] Wang Y X,Liu Q,Yan L,et al. A novel lignin degradation bacterial consortium for efficient pulping[J]. Bioresource Technology,2013,139:113—119.

[149] Wang Y. Barbieri L R,Berg B Pet al. Effects of mixing sainfoin with alfalfa on ensiling,ruminal fermentation and total tract digestion of silage[J]. Animal Feed Science & Technology,2007,135 (3—4):296—314.

[150] Wang Z ,Wang Z,Lu Y Y,et al. SolidBin:improving metagenome binning with semi—supervised normalized cut. Bioinformatics. 2019,35:4229—4238.

[151] WEATHER M W. Phenol—hypochlorite reaction for determinations of ammonia[J]. Annual of Chemistry, 1967, 39:971—974.

[152] Weinberg Z G,Muck R E. New trends and opportunities in the development and use of inoculants forsilage[J]. Fems Microbiology Reviews,2010,19(1):53—68.

[153] WEINBERG Z G,MUCK R E. New trends and opportu-

nities in the development and use of inoculants for silage[J]. FEMS Microbiology Review,1996,9(19):53—68.

[154] Weinberg,Z. G,G Ashbell,Y. Hen. The effect of Lactobacillus bunchneri and L. plantarum,applied at ensiling,on the ensiling fermentation and aerobic stability of wheat and sorghum silages. J. Industr. Microbiol. 1999,23:218—222.

[155] WEN A Y,YUAN X J,WANG J,et al. Effects of four short—chain fatty acids or salts on dynamics of fermentation and microbial characteristics of alfalfa silage[J]. Animal Feed Science and Technology,2017,223:141—148.

[156] WHITER A G,KUNG L. The effect of a dry or liquid application of Lactobacillus plantarum MTD1 on the fermentation of alfalfa silage[J]. Journal of Dairy Science,2001,84(10):2195—2202.

[157] Wilkinson J. M. ,J. T. Huber,and H. E. Henderson. Acidity and proteolysis as factors affecting the nutritive value of corn silage. [J] Anim. Sci. 1976,42:208—218.

[158] Woo H L,Ballor N R,Hazen T C,et al. Complete genome sequence of the lignin — degrading bacterium*Klebsiella* sp. strain BRL6—2. Standards in Genomic Sciences,2014,9:19.

[159] Woolford,M. K. The detrimentai effects of air on silage Bacterial. AOAC. Official Methods ofnalysis Offic. Anal. Chem,Arlington,VA. 1990,68:101—116.

[160] Wyman C E,Dale B E,Elander R T,et al. Comparative sugar recovery data from Laboratory scaleapplication of leading pretreatment technologies to corn stover[J]. Bioresource Technology,2005,96(18):892026—2032.

[161] Xia Y,Kong Y H,Seviour R,et al. Fluorescence insitu hybridization probing of protozoal Entodinium spp. and their methanogenic colonizers in the rumen of cattle feed alfalfa hay or triticale straw[J]. Journal of Applied Microbiology. 2014,116(1):14—22.

[162] Xian J Y,Zhi H D,Seare T D,et al. Adding distiller's grains and molasses on fermentation quality of rice straw silage[J]. Ciência Rural,2016,46(12):2235—2240.

[163] Xin D,Yang M,Chen X,et al. Improving cellulose recycling efficiency by decreasing the inhibitory effect of unhydrolyzed solid on recycled corn stover saccharification[J]. Renewable Energy,2020,145(1):215—221.

[164] Yan Y H,Li X M,Guan H,et al. Microbial community and fermentation characteristic of Italian ryegrass silage prepared with corn stover and lactic acid bacteria[J]. Bioresource Technology,2019,279:166—173.

[165] Yang F Y,Wang Y P,Zhao S S,et al. Lactobacillus plantarum inoculants delay spoilage of high moisture alfalfa silages by regulating bacterial community composition[J]. Frontiers in Microbiology,2020,11:1989—1989.

[166] Yang J,Cao Y,Terada F. Natural populations of lactic acid bacteria isolated from vegetable residues and silage fermentation [J]. Journal of Dairy Science,2010,93(7):3136—45.

[167] Yang Y,Ferreirag,Corlba,et al. Production performance nutrient dige stability and milk fatty acid profile of lactating dairy cows fed corn silage or sorghum silage—baseddiets with and without xylanase supplementation[J]. Journal of Dairy Science,2019,102(3):2266—2274.

[168] Ye H,Liu J,Feng P,et al. Grain—rich diets altered the colonic fermentation and mucosa—associated bacterial communities and induced mucosal injuries in goats. Scientific Reports,2016,6:20329.

[169] Ye H,Liu J,Feng P,et al. Grain—rich diets altered the colonic fermentation and mucosa—associated bacterial communities and induced mucosal injuries in goats. Scientific Reports,2016,6:

20329.

[170] Yitbarek M B,Tamir B. Silage Additives:Review[J]. Open Journal of Applied Sciences,2013,

[171] Yu G,Jiang Y,Wang J,et al. BMC3C:binning met-agenomic contigs using codon usage sequence composition and read coverage. Bioinformatics. 2018,34:4172—4179.

[172] Yuan X J,Wen A Y,Desta S T,et al. Effects of four short—chain fatty acids or salts on the dynamics of nitrogen transformations and intrinsic protease activity of alfalfa silage[J]. Journal of the Science of Food& Agriculture,2017,97(9):2759—2766.

[173] Yuan X,Wen A,Dong Z,et al. Effects of formic acid and potassium diformate on the fermentation quality,chemical composition and aerobic stability of alfalfa silage[J]. Grass Forage Sci,2017,72(4):833—839.

[174] Z. G. Weinberg, G. Ashbell, Yaira Hen, A. Azrieli. The effect of applying lactic acid bacteria at ensiling on the aerobic stability of silages[J]. Journal of Applied Bacteriology,1993,75(6).

[175] Zhang J G. Roles of biological additives in silage production and utilization[J]. Research Advance in Food Science,2002,3:37—46.

[176] Zhang J. ,Wang Q. ,Xia G. ,et al. Continuous regulated deficit irrigation enhances peanut water use efficiency and drought resistance[J]. Agricultural Water Management,2021,255:106997.

[177] Zinn R A,L S. Bull and R. W. Henken. Degradation of supplemental proteins in the rumen[J]. Anim. Sci. 1981,52:587.

[178] 陈莉,王洪炯,等. 光叶紫花苕草粉饲喂肥育猪效果的试验 [J]. 饲料工业, 1991 (08): 17—18.

[179] 艾琪,蒋慧,郭睿,等. 添加残次苹果发酵物对稻草青贮品质及其微生物数量的影响 [J]. 农业工程学报, 2020, 36 (22): 316—323.

[180] 白春生，佟明昊，赵萌萌. 氮量和留茬高度对青贮高丹草品质的影响 [J]. 现代畜牧兽医，2020 (12)：14—17.

[181] 白杰，李德芳，陈安国，等. HPLC 法测定红麻青贮饲料中的有机酸 [J]. 中国麻业科学，2016，38 (03)：105—110.

[182] 白瑞. 中草药陈皮及其在动物生产中的应用 [J]. 河南畜牧兽医，2016，37 (4)：14—16.

[183] 包万华，卜登攀，周凌云等. 青贮饲料添加剂应用的研究进展 [J]. 中国畜牧兽医，2012，39 (08)：124—128.

[184] 鲍文英，江经纬，周云，等. 一株木质纤维素降解菌的筛选及其全基因组分析 [J]. 微生物学报，2016，56 (5)：765—777.

[185] 蔡阿敏，薛宵，赵佳浩，等. 春花生秧与夏花生秧的营养价值评价及瘤胃降解率比较 [J]. 动物营养学报，2019，31 (4)：1823—1832.

[186] 蔡敦江，周兴民，朱廉，等. 苜蓿添加剂青贮、半干青贮和与麦秸混贮的研究 [J]. 草地学报，1997 (2)：123—127.

[187] 曹庆云，周武艺，朱贵钊，等. 气相色谱测定羊瘤胃液中挥发性脂肪酸方法研究 [J]. 中国饲料，2006，(24)：26—28.

[188] 曹瑞华. 中草药提取物替代抗生素的可能性－青蒿素 [J]. 饲料博览，2020，3：39—41.

[189] 曹颖霞，李华，杨恒山，刘海宇，于晓红. 五种饲料作物草产量及粗蛋白质产量比较 [J]. 中国草食动物，2004 (01)：40—41.

[190] 曾黎，闫京阳，张想峰，等. 苜蓿与芦苇混合青贮效果研究 [J]. 新疆畜牧业，2011 (S1)：19—21.

[191] 曾荣妹，刘昕，蔡倪. 刺梨果渣的加工性能研究及综合利用 [J]. 食品工业，2018，39 (12)：230—234.

[192] 畅宝花，张艳秋，翟书林，等. 不同禾本科牧草在煤矿沉陷区的生长适应性与饲用价值比较 [J]. 中国草地学报，2022，44 (1)：64—70.

[193] 陈宝书. 牧草饲料作物栽培学 [M]. 北京：中国农业出版社，2001.

[194] 陈德奎，郭香，郑明扬，陈晓阳，周玮，张庆. 砂仁精油对紫花苜蓿青贮品质的影响 [J]. 草地学报，2021，29（04）：855－860.

[195] 陈冬梅，韦毅，陈耀等. 巨菌草与无糠壳高粱白酒糟混合青贮品质及营养成分变化 [J]. 饲料研究，2021，44（02）：85－88. DOI：10. 13557/j. cnki. issn1002－2813. 2021. 02. 020.

[196] 陈凤梅，程光民，王萍，等. 同源湖羊在不同生长环境条件下生长性能和瘤胃内容物微生物组成的差异 [J]. 动物营养学报，2020，32（09）：4230－4241.

[197] 陈光吉，吴佳海，尚以顺，等. 外源纤维素酶对发酵全混合日粮营养价值、发酵品质和酶活性的动态影响 [J]. 草业学报，2019，28（9）：123－134.

[198] 陈洪章. 2011. 纤维素生物技术 [M]. 北京：化学工业出版社.

[199] 陈雷. 甜高粱和紫花苜蓿混合青贮发酵品质、有氧稳定性和体外瘤胃发酵特性的研究 [D]. 南京农业大学，2018.

[200] 陈丽娟，李道捷，张云华. 不同比例构树与苜蓿混合对安格斯母牛瘤胃细菌多样性的影响 [J]. 草业科学，2020，37（8）：1579－1587.

[201] 陈鹏飞，白史且，杨富裕，等. 添加剂和水分对光叶紫花苕青贮品质的影响 [J]. 草业学报，2013，22（2）：80－86.

[202] 陈秋菊，王韵斐，汤化军，等. 不同调制方法对饲用燕麦草营养价值的影响 [J]. 畜禽业，2018，29（8）：22－23＋25.

[203] 陈文宁，王琤韡. 浅谈双乙酸钠在动物生产中的应用 [J]. 江西饲料，2018（1）：10－12.

[204] 陈鑫珠，张建国. 不同茬次和高度热研四号王草的乳酸菌分布及青贮发酵品质 [J]. 草业学报，2021，30（01）：150－158.

[205] 陈亚飞, 郁万瑞, 王芳芳, 等. 不同比例芦苇与甘草茎叶混合青贮效果研究 [J]. 动物营养学报, 2023, 35 (1): 460－468.

[206] 陈阳, 钟国清. 防霉剂双乙酸钠的合成研究进展 [J]. 食品科技, 2010, 35 (5): 277－280.

[207] 陈跃鹏, 郑爱荣, 孙骁, 等. 不同方法处理的全株玉米青贮与玉米秸秆青贮对肉牛生长性能及经济效益的影响 [J]. 动物营养学报, 2018, 30 (7): 2571－2580.

[208] 陈云鹏, 李莲芬, 沈丽坤, 等. 高丹草和全株玉米青贮育肥肉牛效果及屠宰测定 [C] //. 第三届中国牛业发展大会论文集., 2008: 351－354.

[209] 程方方. 中草药型青贮添加剂的筛选及在饲料青贮中的应用 [D]. 吉林农业大学. 2012.

[210] 崔浩然, 郭雪峰, 金巍. 反刍动物瘤胃微生物菌群结构影响因素的研究进展 [J/OL]. 中国畜牧杂志: 1－10 [2021－10－14]. https://doi.org/10.19556/j.0258－7033.20201124－08.

[211] 崔明, 赵立欣, 田宜水, 等. 中国主要农作物秸秆资源能源化利用分析评价 [J]. 农业工程学报, 2008, 24 (12): 291－296.

[212] 崔鑫, 刘信宝, 李志华. 紫花苜蓿与多花黑麦草不同质量比青贮饲料的品质分析 [J]. 草地学报, 2015, 23 (2): 394－400.

[213] 崔鑫. 添加甲酸及混合青贮对紫花苜蓿发酵特性和营养品质的影响 [D]. 南京农业大学, 2015.

[214] 崔宗均, 李美丹, 朴哲, 等. 一组高效稳定纤维素分解菌复合系 MC1 的筛选及功能 [J]. 环境科学, 2002 (03): 36－39.

[215] 代安娜, 张丽媛, 钱丽丽. 6 种植物精油对玉米中霉菌的抑菌作用 [J]. 中国粮油学报, 2022, 37 (01): 135－141.

[216] 代胜, 王飞, 董祥, 等. 紫花苜蓿与甜高粱混合比例对发酵全混合日粮营养品质及有氧稳定性的影响 [J]. 动物营养学报,

2020，32（5）：2306－2315.

[217] 邓可蕴. 21世纪我国生物质能发展战略［J］. 中国电力，2000，33（9）：82－84.

[218] 邓勇，陈方，陈斌，等. 工业生物技术系列专题报告纤维素乙醇［R］. 北京：中国科学院微生物研究所，2007.

[219] 丁浩，吴永杰，邵涛等. 纤维素酶和木聚糖酶对象草青贮发酵品质及体外消化率的影响［J］. 草地学报，2021，29（11）：2600－2608.

[220] 丁良，原现军，闻爱友，等. 添加剂对西藏啤酒糟全混合日粮青贮发酵品质及有氧稳定性的影响［J］. 草业学报，2016，25（7）：112－120.

[221] 丁松林. 花生秧青贮饲喂肉牛效果试验［J］. 中国草食动物，2002，（3）：30.

[222] 丁天宇. 牧草青贮中蛋白质降解的抑制［J］. 农业工程技术，2017，37（11）：69.

[223] 董臣飞，丁成龙，许能祥，等. 不同生育期和凋萎时间对多花黑麦草饲用和发酵品质的影响［J］. 草业学报，2015，24（6）：125－132.

[224] 董春晓，吕佳颖，牛骁麟，等. 粗饲料来源对育肥湖羊瘤胃微生物区系及肌肉脂肪酸组成的影响［J］. 草业科学，2019，36（11）：2926－2936.

[225] 董文成，林语梵，朱鸿福，等. 不同品种葡萄渣对苜蓿青贮品质和有氧稳定性的影响［J］. 草业学报，2020，29（04）：129－137.

[226] 董振玲，李艳. 乳制品中乳酸菌分子鉴定技术进展. 中国酿造，2012，31（6）：9－14.

[227] 韩吉雨，王海荣，侯先志，等. PCR－DGGE方法分析玉米及苜蓿青贮动态发酵体系中菌群多样性. 安徽农业科学，2009，37（19）：8888－8892.

[228] 段代祥，赵丽萍，赵凤娟等. 苜蓿青贮在牛、羊饲料中

的应用 [J]. 饲料研究, 2023, 46 (20): 169－172. DOI: 10. 13557/j. cnki. issn1002－2813. 2023. 20. 033.

[229] 段家昕. 紫花苜蓿、燕麦草和麦秆对牛奶异味的影响 [硕士论文]. 咸阳: 西北农林科技大学. 2016.

[230] 范娟. 探究调制青贮饲料的注意事项 [J]. 畜牧兽医科技信息, 2021 (09): 207.

[231] 范凯利, 苏亚军, 吴建平等. 青贮发酵促进剂和收获期对全株青贮玉米营养品质的影响 [J]. 草业科学, 2022, 39 (03): 586－596.

[232] 范美超. 高丹草收获及青贮加工技术研究 [D]. 呼和浩特市: 内蒙古农业大学, 2020.

[233] 冯豆. 花生秧营养价值的评定及其对奶牛瘤胃细菌多样性的影响 [D]. 河南农业大学, 2018.

[234] 冯光志, 石慧, 刘博, 等. 小龙虾肠道产纤维素酶细菌的分离与鉴定 [J]. 生物技术通报, 2020, 36 (2): 65－70.

[235] 冯红梅, 秦永胜, 李筱帆, 等. 高温纤维素降解菌群筛选及产酶特性 [J]. 环境科学, 2016, 37 (4): 1546－1552.

[236] 冯昕炜, 许贵善, 郎松林. 发酵葡萄渣营养成分分析及饲用价值评估 [J]. 黑龙江畜牧兽医, 2012 (17): 82－83. DOI: 10. 13881/j. cnki. hljxmsy. 2012. 17. 046.

[237] 冯仰廉, E. R. 澳斯柯夫 (ϕrskov). 反刍家畜降解蛋白质的研究 (一) 用尼龙袋法测定几种中国精饲料在瘤胃中的降解率及该方法稳定性的研究 [J]. 中国畜牧杂志, 1984 (05): 4－7.

[238] 冯仰廉. 反刍动物营养学 [M]. 北京: 科学出版社, 2004: 132－133.

[239] 冯仰廉. 反刍动物营养学. 北京: 科学出版社, 2004.

[240] 付晓悦. 甜高粱和玉米青贮饲粮育肥肉羊的养分利用与肉质性能研究 [D]. 兰州大学, 2018.

[241] 付阳洋, 刘佳敏, 卢小鸾, 等. 刺梨主要活性成分及药理作用研究进展 [J]. 食品工业科技, 2020, 41 (13): 328－335＋

342.

[242] 高宏岩，施海燕，王剑红，等. 甘肃禾本科饲用植物 11 个属的牧草质量分析（简报）[J]. 草业学报，2008，（1）：140－144.

[243] 高丽娟，包雨鑫，邱立峰. 青贮饲料添加剂的种类及研究进展 [J]. 中国畜禽种业，2022，18（02）：98－99.

[244] 高明，陆相龙，毛宏祥，等. 梯牧草和燕麦草的营养价值及其奶牛瘤胃降解特性 [J]. 湖南农业大学学报（自然科学版），2022，48（3）：335－341.

[245] 高巧仙，朱万清，李晓梅，等. 添加纤维素酶和布氏乳杆菌对葡萄渣全混合日粮发酵品质及有氧稳定性的影响 [J]. 中国饲料，2022（13）：28－33.

[246] 高岩. 新型多功能饲料添加剂——双乙酸钠 [J]. 饲料与畜牧，2014（2）：26－27.

[247] 高月娥，张美艳，徐驰，等. 苜蓿属拉伸膜裹包青贮品质变化规律 [J]. 中国草地学报，2016，38（2）：111－116.

[248] 葛剑，杨翠军，刘贵河，等. 混合比例和添加 EM 菌剂对紫花苜蓿和裸燕麦混贮品质的影响 [J]. 浙江农业学报，2015，27（12）：2093－2099.

[249] 葛剑，杨翠军，刘贵河，等. 添加剂对紫花苜蓿和裸燕麦混合青贮品质的影响 [J]. 草地学报，2016，24（4）：919－922.

[250] 葛剑，刘贵河，杨翠军等. 紫花苜蓿混合青贮研究进展 [J]. 河南农业科学，2014，43（09）：6－10＋17. DOI：10. 15933/j. cnki. 1004－3268. 2014. 09. 041..

[251] 葛影影，何国戈，郑经成等. 菠萝渣和甘蔗渣在动物饲粮中的应用 [J]. 养殖与饲料，2021，20（10）：93－96. DOI：10. 13300/j. cnki. cn42－1648/s. 2021. 10. 034.

[252] 顾仁勇，付伟昌，银永忠. 丁香和肉桂精油联合抗菌作用初步研究 [J]. 食品科学，2008，29（10）：115.

[253] 顾雪莹，玉柱，郭艳萍，等. 白花草木樨与燕麦混合青

贮的研究 [J]. 草业科学，2011，28 (1)：152－156.

[254] 关皓，张明均，宋珊，郭旭生，干友民. 添加剂对不同干物质含量的多花黑麦草青贮品质的影响 [J]. 草业科学，2017，34 (10)：2157－2163.

[255] 郭刚，原现军，林园园，等. 添加糖蜜和乳酸菌对燕麦秸秆和黑麦草混合青贮品质的影响 [J]. 草地学报，2014，22 (2)：409－413.

[256] 郭刚. 意大利黑麦草和象草不同刈割时间对青贮发酵品质的影响 [D]. 南京农业大学，2017.

[257] 郭晖. 不同比例紫花苜蓿与高丹草混贮饲料的发酵品质和营养成分分析 [J]. 河南农业科学，2021，50 (06)：149－155. DOI：10. 15933/j. cnki. 1004－3268. 2021. 06. 018.

[258] 郭金桂，宋灵峰，玉柱，等. 混合比例对紫花苜蓿与燕麦混贮品质的动态影响 [J]. 中国草地学报，2018，40 (1)：73－78.

[259] 郭睿，艾琪，陈亚飞，等. 添加残次苹果发酵物对玉米秸秆青贮品质的影响 [J]. 动物营养学报，2021，33 (7)：3970－3979.

[260] 郭睿，彭宏鑫，周正，等. 不同水平乳酸菌组合对残次香梨发酵物营养成分、发酵品质及有氧稳定性的影响 [J]. 黑龙江畜牧兽医，2022，658 (22)：107－113＋141.

[261] 郭太雷. 光叶紫花苕营养价值及科学利用 [J]. 畜禽业，2013，10：68－70.

[262] 郭旭生，周禾，刘桂霞. 苜蓿青贮过程中蛋白的分解及抑制方法 [J]. 草业科学，2005，22 (11)：50－54.

[263] 郭艳萍，玉柱，顾雪莹等. 不同添加剂对高粱青贮质量的影响 [J]. 草地学报，2010，18 (06)：875－879.

[264] 郭云霞，高双喜，周秀平，等. 新型饲草串叶松香草SOD 提取条件优化及其抗氧化能力 [J]. 中国饲料，2019，(15)：29－35.

[265] 国卫杰，王加启，王晶，等．添加不同水平双乙酸钠对裹包 TMR 贮存效果的影响［J］．西北农林科技大学学报，2009，37（12）：45－50．

[266] 韩春燕，赵金梅，刘富渊，等．不同刈割时期对紫花苜蓿干草调制的影响［J］．中国农业科技导报，2008，10（4）：105－108．

[267] 韩吉雨，王海荣，侯先志，等．PCR－DGGE 方法分析玉米及苜蓿青贮动态发酵体系中菌群多样性．安徽农业科学，2009，37（19）：8888－8892．

[268] 韩立英，张英俊，玉柱．生物添加剂对全株玉米青贮饲料中黄曲霉毒素的影响［J］．中国畜牧杂志，2010，46（23）：63－66．

[269] 韩平安．高丹草杂种优势的比较蛋白质组学研究［D］．蒙古农业大学，2016．

[270] 韩帅琪，蒋娟，胡张涛等．杂交构树青贮饲料在畜禽生产中的应用［J］．家畜生态学报，2023，44（11）：77－80．

[271] 韩伟，王超，李晓敏，等．肠道中 *Akkermansia_muciniphila* 数量影响因素的研究进展［J］．中国微生态学杂志，2019，31（03）：356－359＋364．

[272] 韩学平，刘宏金，胡林勇，等．环湖牦牛瘤胃微生物区系特征及性别之间的差异［J］．动物营养学报．2020，32（01）：234－243．

[273] 韩雪林，史文娇，张娟，等．柠檬酸添加剂对圆叶决明青贮饲料营养品质与发酵特性的影［J］．草业科学，2021，38（09）：1762－1770．

[274] 郝薇．TMR 发酵过程中微生物及其蛋白酶对蛋白降解的作用机理研究［D］．北京：中国农业大学，2015．

[275] 何晓涛，陈杰茹，王坚，等．几种添加剂对矮象草青贮品质的影响［J］．饲料工业，2021，42（8）：10－16．

[276] 何秀，徐美余，辛维岗，等．豆粕添加和发酵时间对甜

象草青贮营养品质与细菌多样性的影响 ［J］. 浙江农业学报，2022，34（10）：2160－2171.

［277］何旭荣. 农作物秸秆综合利用技术 ［J］. 农业科技与信息，2009（9）：48－49.

［278］何振富，贺春贵，王国栋，等. 种植密度对光敏型高丹草营养成分及动态变化的影响 ［J］. 草业学报，2018，27（10）：93－104.

［279］洪梅，刁其玉，姜成钢，闫贵龙，屠焰，张乃锋. 布氏乳杆菌对青贮发酵及其效果的研究进展 ［J］. 草业学报，2011，20（05）：266－271.

［280］侯建建，白春生，张庆，等. 单一和复合乳酸菌添加水平对苜蓿青贮营养品质及蛋白组分的影响 ［J］. 草业科学，2016，33（10）：2119－2125.

［281］侯进慧，刘彤，李同祥. 产纤维素酶菌株 *Pantoea ananatis* P5 的筛选鉴定和活性研究 ［J］. 徐州工程学院学报（自然科学版），2013，28（4）：80－84.

［282］侯进慧，张翔，乔高翔. 菠萝泛菌 β－1，4－内切葡聚糖酶基因克隆、表达与酶活性分析 ［J］. 食品科学，2016，37（23）：211－215.

［283］侯美玲，格根图，孙林等. 甲酸、纤维素酶、乳酸菌剂对典型草原天然牧草青贮品质的影响 ［J］. 动物营养学报，2015，27（09）：2977－2986.

［284］侯明杰. 青贮型饲粮育肥肉羊的胃肠道微生态及健康性能研究 ［D］. 兰州大学，2018.

［285］侯振平，郑霞，陈青，等. 金荞麦的营养价值、提取物生物活性及其在动物生产中的应用 ［J］. 动物营养学报，2021，33（6）：3019－3027.

［286］胡炜东，曹晓娟，武俊英，等. 发酵时间对燕麦青贮发酵品质和微生物群落的影响 ［J］. 饲料研究，2022，45（17）：106－110.

［287］胡张涛，陈书礼，倪洁，等．青贮燕麦和发酵杂交构树对肉牛生长性能、血清生化指标、肉品质以及肌肉组织学特性的影响［J］．动物营养学报，2022，34（7）：4474－4486．

［288］胡宗福，常杰，萨仁呼，等．基于宏基因组学技术检测全株玉米青贮期间和暴露空气后的微生物多样性［J］．动物营养学报，2017，29（10）：3750－3760．

［289］黄德均，冉宏涛，马文，等．7 种禾本科牧草生产性能及营养价值比较研究［J］．草学，2018，（5）：17－23．

［290］黄晓辉，李树成，李东华，等．苦豆子和玉米秸秆的混合青贮［J］．草业科学，2013，30（10）：1633－1639．

［291］黄秀声，冯德庆，黄小云，等．不同添加剂对狼尾草和花生秧混合青贮效果的影响［J］．草学，2017，（S1）：61－63．

［292］黄媛，代胜，梁龙飞等．不同添加剂对构树青贮饲料发酵品质及微生物多样性的影响［J］．动物营养学报，2021，33（03）：1607－1617．

［293］黄祖新，陈由强，陈如凯．甘蔗渣的酶解研究进展［J］．甘蔗，2004，11（4）：52－56．

［294］嵇少泽，勾长龙，张喜庆，等．病死猪堆肥高效降解复合菌系的构建及应用效果评价［J］．应用与环境生物学报，2020，26（3）：528－533．

［295］吉国强，刘瑞霞，杜秀娟．两种牧草在青贮过程中氮转化动力学的比较［J］．中国饲料，2020，（12）：17－20．

［296］纪亚君．青贮添加剂的研究和应用．四川畜牧兽医，1996，3（1）：56－59．

［297］冀旋，玉柱，白春生，等．添加剂对青贮高丹草效果的影响［J］．草地学报，2012，20（03）：571－575．

［298］贾汝敏，张惠霞，谭谦波，等．不同生长时期高丹草营养成分动态研究［J］．中国草食动物，2008（02）：49－51．

［299］贾戍禹，程俊康，辛国荣，等．晾干及青贮时间对高水分多花黑麦草青贮效果的影响研究［J］．草学，2019（6）：13－19．

［300］江波. 青贮饲料加工调制［J］. 四川畜牧兽医，2021，48（09）：44－46.

［301］江明生，唐一波，吴胜钦. 饲喂添加酶制剂的玉米青贮、稻草日粮对奶牛生产性能和经济效益的影响［J］. 中国奶牛，2012（21）：49－50.

［302］江小华，里氏木霉木聚糖酶的分离纯化、酶学特性及降解机理的研究［D］. 南京林业大学：硕士论文.

［303］姜富贵，成海建，刘栋，等. 不同收获期对全株玉米青贮营养价值、发酵品质和瘤胃降解率的影响［J］. 动物营养学报，2019，31（6）：2807－2815.

［304］姜富贵，成海建，魏晨，等. 糖蜜添加量对杂交构树青贮发酵品质和微生物多样性的影响［J］. 生物技术通报，2021，37（9）：68－76.

［305］姜乃文，薛永常. 海洋产纤维素酶草螺菌的筛选及产酶条件优化［J］. 微生物学杂志，2020，40（4）：9－16.

［306］姜义宝. 高丹草不同刈割高度对产量品质及青贮效果的影响［J］. 河南农业科学，2005（03）：78－79.

［307］蒋红琴，李十中，仇磊，等. 添加剂对甜高粱秆酒糟与麸皮混合青贮品质的影响［J］. 中国畜牧杂志，2016，52（23）：34－38.

［308］蒋辉，王华，曹兵等. 构树营养价值分析及饲料技术研究进展［J］. 中国畜牧业，2023（03）：46－47.

［309］蒋剑春. 生物质能源转化技术与应用（Ⅰ）［J］. 生物质化学工程，2007，41（3）：59－65.

［310］蒋玉俭，李新鑫，孙飞飞，等. 竹林土壤中纤维素降解菌的筛选及产酶条件优化［J］. 浙江农林大学学报，2015，32（6）：821－828.

［311］蒋再慧，侯建军，邱胜桥，等. 乳酸菌制剂对苜蓿青贮发酵品质及营养价值的影响［J］. 黑龙江畜牧兽医，2017，（11）：147－150.

［312］金鹿，李胜利，桑丹，等．沙蒿多糖组合制剂对滩羊羔羊瘤胃菌群多样性的影响［J］．动物营养学报，2021，33（01）：317－329.

［313］琚泽亮，赵桂琴，覃方锉，等．含水量对燕麦及燕麦＋箭筈豌豆裹包青贮品质的影响［J］．草业科学，2016，33（7）：1426－1433.

［314］康永刚，廖云琼，朱广琴，等．揉丝微贮玉米秸秆对徐淮山羊生长性能、器官指数及血液生化指标的影响［J］．中国饲料，2021，（17）：129－134.

［315］柯文灿．不同种类添加剂对紫花苜蓿青贮脂肪酸和蛋白质降解的影响［D］．兰州大学，2015.

［316］黎英华．鄂尔多斯高原主要饲用豆科植物青贮特性的研究［D］．内蒙古农业大学，2010.

［317］李彬，赫凤彩，王泓翔，等．不同光照强度对4种禾本科牧草幼苗定居的影响［J］．草原与草业，2022，34（4）：32－37＋52.

［318］李闯，邹苏燕，杨楠，等．饲料青贮对肉羊生产性能及其粪便减排和微生物群体的影响［J］．中国畜牧杂志，2021，57（04）：149－52.

［319］李翠霞．青贮发酵菌对全株玉米青贮品质与微生物消长的影响［D］．北京：中国农业科学院，2009.

［320］李发志，刘学旭，叶钟灼，等．光叶紫花苕草粉饲喂家兔的效果观察［J］．四川动物，1992（02）：40－41.

［321］李锋，黄庶识．白蚁肠道木质素降解菌分离鉴定及其降解特性［J］．生物技术通报，2020，36（8）：61－68.

［322］李锋涛．中草药饲料添加剂在养殖业中的应用进展［J］．畜牧与饲料科学，2008（03）：19－22.

［323］李改英，廉红霞，孙宇等．青贮紫花苜蓿对奶牛生产性能、尿素氮和血液生化指标的影响［J］．草业科学，2015，32（08）：1329－1336.

[324] 李改英. 淋雨对苜蓿霉变的影响与苜蓿优化青贮技术的研究 [D]. 河南农业大学, 2009.

[325] 李海红, 李红艳, 王巧, 等. 一组降解木质纤维高温混合菌相关酶活的研究 [J]. 西南农业学报, 2014, 27 (3): 1049—1053.

[326] 李海萍, 关皓, 贾志锋, 等. 抗冻融乳酸菌的筛选及其对燕麦青贮品质和有氧稳定性的影响 [J]. 草业学报, 2022, 31 (12): 158—170.

[327] 李海萍, 关皓, 贾志锋, 等. 添加麦麸和乳酸菌对川西北高寒地区燕麦裹包青贮品质和有氧稳定性的影响 [J]. 草地学报, 2023, 31 (1): 302—310.

[328] 李剑楠. 青贮技术及其应用的研究进展 [J]. 饲料广角, 2014 (24): 30—33.

[329] 李京蓉. 青海省六种禾本科牧草抗逆性研究及综合评价 [硕士论文]. 青海: 青海师范大学. 2018.

[330] 李静, 张瀚能, 赵翀, 等. 高效纤维素降解菌分离筛选、复合菌系构建及秸秆降解效果分析 [J]. 应用与环境生物学报, 2016, 22 (4): 689—696.

[331] 李娟, 王利, 罗晓林, 等. 舍饲养殖对麦洼牦牛瘤胃微生物宏基因组的影响 [J]. 动物营养学报. 2020, 32 (09): 4185—4193.

[332] 李珏, 韩雪林, 冯启贤等. 益生菌添加剂对紫花苜蓿和杂交狼尾草以及二者混合青贮营养品质、发酵品质的影响 [J]. 动物营养学报, 2023, 35 (06): 4057—4069.

[333] 李君临, 张新全, 玉柱, 等. 含水量和乳酸菌添加剂对多花黑麦草青贮品质的影响 [J]. 草业学报, 2014, 23 (6): 342—348.

[334] 李莉, 王元素, 孔玲, 等. 贵州省35种常见禾本科饲用植物营养成分研究 [J]. 草学, 2018, (3): 13—18.

[335] 李莉, 吴汉葵, 解祥学等. 添加纤维素酶和淀粉对象草

青贮发酵品质的影响［J］. 动物营养学报，2021，33（09）：5025－5035.

［336］李林，赵宇，陈群，等秸秆生物发酵饲料对肉羊生产性能与血液生化指标的影响［J］. 东北农业科学，2017，42（6）：41－44.

［337］李玲，赵秀芬，赵钢. 青贮处理对饲料蛋白质组分的影响［J］. 中国草地学报，2010，32（06）：110－112.

［338］李茂，字学娟，白昌军等. 不同贮藏温度对王草青贮发酵品质的影响［J］. 中国畜牧兽医，2014，41（10）：91－94.

［339］李美锋，陈亚楠，王佳新，等. 罗汉果水提物对非酒精性脂肪肝炎小鼠肠道菌群影响分析［J］. 广东药科大学学报，2017，33（02）：211－216.

［340］李孟伟，杨承剑，彭开屏，等. 添加不同物料对象草青贮品质影响的研究［J］. 家畜生态学报，2019，40（6）：33－37.

［341］李娜. 小麦秸秆替代苜蓿对泌乳奶牛瘤胃消化代谢及生产性能的影响［D］. 山东农业大学，2018.

［342］李平兰，时向东，吕燕妮，等. 常见中草药对两种肠道有益菌体外生长的影响［J］. 中国农业大学学报，2003，8（5）：33－36.

［343］李荣荣，江迪，田朋姣，等. 贮藏温度和青贮时间对高水分苜蓿青贮发酵品质的影响［J］. 草业科学，2020，37（10）：2125－2132.

［344］李旺，马召稳，李元晓，等. 苜蓿青贮优势菌种筛选及应用效果［J］. 动物营养学报，2020，32（4）：1883－1890.

［345］李文静，齐钦，廉红霞，等. 花生秧和麦秸对荷斯坦公牛生长性能和血清生化指标的影响［J］. 家畜生态学报，2021，42（6）：31－35.

［346］李文茹，施庆珊，莫翠云，欧阳友生，陈仪本，段舜山. 几种典型植物精油的化学成分与其抗菌活性［J］. 微生物学通报，2013，40（11）：2128－2137.

[347] 李稳宏，吴大雄，高新等. 麦秸纤维素酶解法产糖预处理过程工艺条件 [J]. 西北大学学报：自然科学版，1997，27（3）：227－230.

[348] 李希，毛杨毅，罗惠娣，等. 饲粮纤维水平对育肥羔羊瘤胃微生物组成及多样性的影响 [J]. 中国畜牧兽医，2021，48（4）：1251－1263.

[349] 李向林，万里强. 苜蓿青贮技术研究进展 [J]. 草业学报，2005，14（2）：9－15.

[350] 李向林，张新跃，唐一国等. 日粮中精料和牧草比例对舍饲山羊增重的影响 [J]. 草业学报，2008，（02）：85－91.

[351] 李小铃，关皓，帅杨等. 单一和复合乳酸菌添加剂对扁穗牛鞭草青贮品质的影响 [J]. 草业学报，2019，28（06）：119－127.

[352] 李新媛，俞联平，张林，等. 奶牛复方中草药饲料添加剂对其产奶性能、乳品质和健康的影响 [J]. 中国牛业科学，2008，34（4）：38－41.

[353] 李鑫琴，樊杨，田静等. 中国南方青贮饲料研究进展 [J]. 中国草地学报，2022，44（06）：106－114. DOI：10.16742/j. zgcdxb. 20210220.

[354] 李旭娇. 紫花苜蓿青贮饲料蛋白降解机制与调控研究 [D]. 中国农业大学，2018.

[355] 李艳芬，程金花，田川尧，等. 双乙酸钠对苜蓿青贮品质、营养成分及蛋白分子结构的影响 [J]. 草业学报，2020，29（2）：163－171.

[356] 李阳阳，陈帅民，范作伟，等. 水稻秸秆降解复合菌系的筛选构建及其田间应用效果 [J]. 植物营养与肥料学报，2021，27（12）：2083－8093.

[357] 李与琦，阳建华，张涛，等. 日粮中添加不同比例微贮棉秆对湖羊瘤胃微生物区系的影响 [J]. 微生物学报，2020，60（08）：1592－1604.

[358] 李宇宇，安江波，孙林等. 乳酸菌和糖蜜对天然牧草发酵品质及营养价值的影响 [J]. 饲料研究，2021，44（18）：87－90.

[359] 李元华. 大力推广优质豆科牧草光叶紫花苕 [J]. 四川农业科技，1998，（06）：28－29.

[360] 李源，谢楠，赵海明，等. 高丹草营养生长饲用品质变化规律分析 [J]. 草地学报，2011，19（05）：813－820.

[361] 李泽民. 多组学解析荷斯坦阉牛育肥效果及其肌内脂肪沉积的调控机理 [D]. 甘肃农业大学，2023.

[362] 李长春，成启明，王志军，等. 饲草型 FTMR 对羔羊生产性能的影响 [J]. 中国草地学报，2017，39（2）：90－95.

[363] 李争艳，徐智明，师尚礼，等. 4 个高丹草品种在江淮地区的生物学及营养学特性比较 [J]. 草原与草坪，2019，39（05）：88－95.

[364] 李争艳，徐智明. 豆科牧草在肉羊生产中的应用 [J]. 北方牧业，2023（21）：15.

[365] 李志鹏. 梅花鹿瘤胃微生物多样性与优势菌群分析 [D]. 中国农业科学院，2014.

[366] 李志强，闫龙凤. 苜蓿干草日粮饲喂高产奶牛的技术经济分析 [C]. 中国草学会、中国畜牧业协会. 第二届中国苜蓿发展大会论文集——S03 苜蓿栽培、加工与利用. 中国草学会、中国畜牧业协会：中国畜牧业协会，2003：30－34.

[367] 李忠秋，刘春龙. 青贮饲料的营养价值及其在反刍动物生产中的应用 [J]. 家畜生态学报，2010，31（03）：95－98.

[368] 梁凡荣. 青贮燕麦对肉牛肉品质影响的研究 [J]. 江西畜牧兽医杂志，2023（01）：28－30.

[369] 廖阳慈，鲍宇红，陈少峰，等. 粗饲料组合效应对斯布牦牛营养物质表观消化率的影响 [J]. 动物营养学报，2018，30（11）：4453－4459.

[370] 林红强，周柏松，谭静，等. 肉桂的化学成分、药理活

性及临床应用研究进展 [J]. 特产研究，2018，65－69.

[371] 林炎丽. 不同加工方式对构树营养价值的影响 [D]. 吉林农业大学，2019.

[372] 刘波，李存彬，吴军. 青贮玉米饲喂肉羊对比试验 [J]. 中国畜牧兽医文摘，2016，(3)：225－226.

[373] 刘超，吕亚军，白存江，等. 带棒青贮饲用玉米饲喂奶牛的增产增收效果初报 [J]. 中国农学通报. 2005. 21 (5)：61－62.

[374] 刘菲菲. 混合比例和生物酶对酒糟与麦麸混贮品质及微生物菌群影响 [D]. 兰州理工大学，2019.

[375] 刘晗璐. 禾本科牧草乳酸菌发现及发酵品质检测与动物生产性能影响研究 [D]. 呼和浩特：内蒙古农业大学，2008.

[376] 刘欢欢，郭雁华，张巧娥，等. 燕麦草营养价值评定方法的研究进展 [J]. 饲料研究，2019，42 (7)：110－113.

[377] 刘建宁，石永红，王运琦，郭锐，吴欣明，郭璞，张燕，高新中. 高丹草生长动态及收割期的研究 [J]. 草业学报，2011，20 (01)：31－37.

[378] 刘建新，杨振海，叶均安等. 青贮饲料的合理调制与质量评定标准 [J]. 饲料工业，1999 (03)：4－7.

[379] 刘洁，李伟，王武兵，等. 不同牧草青贮对绵羊生长性能和消化代谢的影响 [J]. 饲料研究，2019，42 (10)：18－21.

[380] 刘洁. 豆秸、饲用甜高粱饲喂绵羊效果研究 [D]. 保定：河北农业大学，2009.

[381] 刘开朗，卜登攀，王加启，等. 六个不同品种牛的瘤胃微生物群落的比较分析 [J]. 中国农业大学学报，2009，14 (01)：13－18.

[382] 刘乐乐，商振达，王纤纤，等. 西藏林芝地区全株玉米与三叶草混合青贮对微生物多样性的影响 [J]. 饲料研究，2023 (3)：116－120.

[383] 刘丽雪，陈海涛，韩永俊. 沼渣物理特性及沼渣纤维化

学成分测定与分析 [J]. 农业工程学报, 2010, 26 (7): 277-279.

[384] 刘凌, 何萍, 马家林等. 四川凉山州光叶紫花苕良种选育及推广研究 [J]. 草业科学, 1999 (03): 9-13.

[385] 刘培剑. 影响酶制剂在奶牛上应用效果的因素 [J]. 中国奶牛, 2022, (12): 9-15.

[386] 刘秦华, 郭刚, 宋晓欣, 等. 西藏多年生黑麦草与紫花苜蓿混合青贮的研究 [J]. 草地学报, 2013, 21 (5): 985-990.

[387] 刘秦华, 张建国, 卢小良. 乳酸菌添加剂对王草青贮发酵品质及有氧稳定性的影响 [J]. 草业学报, 2009, 18 (04): 131-137.

[388] 刘桃桃, 杨燕燕, 李秋凤, 等. 青贮处理对 3 种燕麦草养分和奶牛瘤胃降解性能的影响 [J]. 饲料工业, 2022, 43 (8): 41-48.

[389] 刘祥圣, 王琳, 宁丽丽, 等. 构树不同部位与奶牛常用粗饲料瘤胃降解特性对比研究 [J]. 动物营养学报, 2019, 31 (8): 3612-3620.

[390] 刘晓燕, 谢丹, 马立志等. 刺梨果渣发酵前后活性成分及抗氧化能力的比较研究 [J]. 食品科技, 2021, 46 (02): 16-24.

[391] 刘艳芳. 奶牛主要粗饲料的营养成分及其瘤胃降解特性比较研究 [D]. 新疆农业大学, 2018.

[392] 刘逸超, 司强, 刘明健, 等. 装填密度对羊草和苜蓿青贮品质及有氧稳定性的影响 [J]. 草地学报, 2023, 31 (1): 263-271.

[393] 刘逸超, 贾玉山, 降晓伟, 等. 纤维素酶和糖蜜对天然牧草青贮品质和微生物组成的影响 [J]. 中国草地学报, 2022, 44 (12): 64-72.

[394] 刘永钢, 徐载春, 王洪桐. 不同比例光叶紫花苕草粉饲喂生长肥育猪的效果 [J]. 中国畜牧杂志, 1992 (01): 4-8.

[395] 刘泽, 严慧, 杨若晨, 等. 不同配比全株玉米青贮与花

生秧对小尾寒羊生长性能、养分表观消化率及能氮代谢的影响 [J]. 饲料研究. 2021. 44 (14)：27－32.

[396] 刘振阳，孙娟娟，姜义宝，等. 双乙酸钠对苜蓿与小麦混合青贮发酵品质和有氧稳定性的影响 [J]. 中国草地学报，2017，39 (2)：85－89.

[397] 刘卓凡，许贵善，李博为，等. 酶制剂调控反刍动物碳氮减量的研究进展 [J]. 饲料工业，2023，44 (04)：17－21.

[398] 柳茜，孙启忠，杨万春，等. 攀西地区冬闲田种植晚熟型燕麦的最佳刈割期研究 [J]. 中国奶牛，2019，1：4－7.

[399] 龙仕和，李雪枫，潘俊歆，等. 不同生长天数'热研4号'王草青贮品质和微生物群落多样性研究 [J]. 草地学报，2022，30 (7)：1900－1908.

[400] 卢强，孙林，任志花，等. 发酵时间对苜蓿青贮品质和微生物群落的影响 [J]. 中国草地学报，2021，43 (1)：111－117.

[401] 陆永祥，赵嫚，陈良寅等. 布氏乳杆菌和甲酸对青藏高原不同物候期燕麦青贮饲料发酵品质和细菌群落的影响 [J]. 草地学报，2020，28 (06)：1736－1743.

[402] 路垚，刘雅辉，孙建平，等. 耐低温降解纤维素菌株的筛选及复合菌系构建 [J]. 安徽农业科学，2022，50 (10)：6－10，27.

[403] 罗庆林，周美亮，陈松树，等. 金荞麦的活性成分和药用价值研究进展 [J]. 山地农业生物学报，2020，39 (2)：1－13.

[404] 罗润博. 糖蜜添加量对苜蓿青贮品质及微生物群落的影响研究 [D]. 北京：中国农业科学院，2021.

[405] 罗天琼，莫本田，王小利，等. 豆科饲用灌木多花木蓝803在贵州喀斯特山区的生产表现 [J]. 草业科学，2016，33 (02)：259－267.

[406] 雒诚龙. 日粮蛋白水平对泌乳奶牛生产性能、瘤胃微生物区系及代谢的影响 [D]. 新疆农业大学，2022.

[407] 吕俊华，邱世翠，张连同，等. 蒲公英体外抑菌作用研

究［J］. 时珍国医国药，2002，13（4）：215－216.

［408］吕文龙，刁其玉，闫贵龙. 布氏乳杆菌对青玉米秸青贮发酵品质和有氧稳定性的影响［J］. 草业学报，2011，20（03）：143－148.

［409］马丰英，景宇超，崔栩，等. 屎肠球菌及其微生态制剂的研究进展. 中国畜牧杂志. 2019，55（07）

［410］马吉锋，于洋，王建东，等. 燕麦草、苏丹草、青贮高丹草对滩羊生产性能及肉品质影响的研究［J］. 饲料工业，2018，39（22）：26－32.

［411］马健，Mujtaba S A，王之盛. 瘤胃微生物区系的影响因素及其调控措施［J］. 动物营养学报，2020，32（5）：1957－1964.

［412］马瑾煜，刘珊瑚，焦顺刚，等. 丁香属植物的化学成分和药理活性研究进展. 中国中药杂志，2020，45（8）：1833－1843.

［413］马晓宇，朱风华，葛蔚，等. 含水率和发酵时间对全株玉米为基础的发酵全混合日粮养分的影响［J］. 动物营养学报，2019，31（5）：2367－2377.

［414］马燕，孙国君. 苜蓿青贮过程中霉菌毒素含量变化初探［J］. 饲料研究，2016，1：1－3.

［415］马勇，罗海玲，王怡平，等. 肌内脂肪含量和脂肪酸组成对绵羊肉品质的影响［J］. 现代畜牧兽医. 2016（9）：25－28.

［416］毛翠，刘方圆，宋恩亮，等. 不同乳酸菌添加量和发酵时间对全株玉米青贮营养价值及发酵品质的影响［J］. 草业学报，2020，29（10）：172－181.

［417］毛丽春，修立辉，胡刚. 产纤维素酶细菌菌株的分离鉴定及产酶条件优化［J］. 中国酿造，2018，37（4）：83－87.

［418］毛胜勇，张瑞阳，里东升，等. 应用454高通量测序研究高精料对奶牛瘤胃微生物组的影响［C］. 第七届中国饲料营养学术研讨会论文集，2014.

［419］米浩. "张杂谷"谷草与花生秧、玉米秸秆组合对羔羊育肥效果的影响研究［D］. 河北工程大学，2019.

[420] 苗芳，张凡凡，唐开婷，等. 同/异质型乳酸菌添加对全株玉米青贮发酵特性、营养品质及有氧稳定性的影响 [J]. 草业学报，2017，26（9）：167－175.

[421] 牟怡晓，张欢，马聪慧，等. 不同添加量枸杞副产物对柠条锦鸡儿发酵特性及微生物多样性的影响 [J]. 动物营养学报，2021，33（9）：5152－5161.

[422] 南丽丽，师尚礼，张建华. 不同根型苜蓿根系发育能力研究 [J]. 草业学报，2014，23（2）：117－124.

[423] 聂柱山，玉兰. 水分含量对袋装苜蓿青贮品质影响的研究 [J]. 中国草地，1990（01）：71－74.

[424] 牛文静. 全株小麦对荷斯坦公牛养分消化、瘤胃发酵及微生物的影响 [D]. 中国农业大学，2018.

[425] 潘香羽. 反刍动物瘤胃功能进化的遗传基础及与微生物互作的研究 [D]. 西北农林科技大学，2020.

[426] 潘雄，邓廷飞，葛丽娟，等. 刺梨果渣资源化利用试验研究 [J]. 农业与技术，2021，41（17）：1－6.

[427] 庞杰，刘月敏，黄永春，等. 1株草螺属植物内生菌R－13的分离鉴定及对龙葵吸收土壤镉的影响 [J]. 环境科学，2021，42（9）：4471－4480.

[428] 彭国华. 家畜饲养学 [M]. 北京：农业出版社. 1993.

[429] 普宣宣，郭雪峰，蒋辰宇，等. 饲粮非纤维性碳水化合物/中性洗涤纤维对卡拉库尔羊营养物质消化和瘤胃菌群结构的影响 [430]. 动物营养学报，2020，32（1）：285－294.

[431] 齐永强，金艳华，李洪根等. 植物单宁在畜牧生产中的应用 [J]. 家畜生态学报，2020，41（12）：79－83.

[432] 钱大刚. 光叶紫花苕子 [M]. 北京：农业出版社，1966. 51.

[433] 乔艳明，杨茉莉，陈文强等. 多菌种复合发酵饲料对杜长大育肥猪生产性能的影响 [J]. 家畜生态学报，2016，37（01）：31－36.

[434] 秦丽萍，柯文灿，丁武蓉等．温度对垂穗披碱草青贮品质的影响 [J]．草业科学，2013，30（09）：1433－1438.

[435] 青杰超，林子然，莫开林．金银花和蒲公英抑菌、抗氧化以及抗紫外作用初探 [J]．四川林业科技，2018，39（6）：55－57.

[436] 邱小燕，姚元枝，潘润泽，等．双乙酸钠和糖蜜对秸秆TMR青贮发酵品质及有氧稳定性的影响 [J]．草业科学，2019，36（10）：2705－2713.

[437] 曲音波．木质纤维素降解酶系的基础和技术研究进展 [J]．山东大学学报（理学版），2011，46（10）：160－169.

[438] 曲音波．木质纤维素降解酶与生物炼制 [M]．北京：化学工业出版社．2011.

[439] 任海伟，王莉，朱朝华，等．白酒糟与菊芋渣混合青贮发酵品质及微生物菌群多样性 [J]．农业工程学报，2020，36（15）：235－244.

[440] 任海伟，窦俊伟，赵拓，等．添加剂对玉米秸秆和莴笋叶混贮品质的影响 [J]．草业学报，2016，25（10）：142－152.

[441] 任建存．单宁的营养特性及其对反刍动物的影响研究 [J]．饲料研究，2021，（20）：146－150.

[442] 任青苗．牦牛瘤胃不同生态位微生物群落结构与功能研究 [D]．兰州大学，2023.

[443] 荣辉，余成群，陈杰，等．添加绿汁发酵液、乳酸菌制剂和葡萄糖对象草青贮发酵品质的影响 [J]．草业学报，2013，22（3）：108－115.

[444] 荣辉，陈杰，余成群等．添加甲酸对象草青贮发酵品质的影响 [J]．草地学报，2012，20（06）：1105－1111.

[445] 荣辉，余成群，陈杰等．添加绿汁发酵液、乳酸菌制剂和葡萄糖对象草青贮发酵品质的影响 [J]．草业学报，2013，22（03）：108－115.

[446] 阮文潇．三种中蒙药材添加剂对牧草青贮品质的影响

[D]. 内蒙古农业大学，2018.

[447] 萨初拉，苏少锋，吴青海等. 微生物青贮添加剂研究进展 [J]. 畜牧与饲料科学，2020，41（01）：48－55.

[448] 上梅，刁其玉. 青贮同型与异型发酵接种剂的研究进展 [J]. 饲料工业，2009，30（22）：58－60.

[449] 邵东东，徐斌. 青贮饲料在生猪养殖上的应用探索 [J]. 广东饲料，2023，32（03）：35－36.

[450] 邵丽玮，刘泽，王亚男，等. 体外法比较谷草和燕麦草的营养价值 [J]. 今日畜牧兽医，2020，36（3）：4－7.

[451] 申成利，陈明霞，李国栋等. 添加乳酸菌和菠萝皮对柱花草青贮品质的影响 [J]. 草业学报，2012，21（04）：192－197.

[452] 申瑞瑞，孙晓玉，刘博，等. 不同复合微生物制剂对薯渣与大豆秸秆混贮发酵品质、营养成分及瘤胃降解率的影响 [J]. 动物营养学报，2019，31（7）：3319－3329.

[453] 沈益新，杨志刚，刘信宝. 凋萎和添加有机酸对多花黑麦草青贮品质的影响 [J]. 江苏农业学报，2004，（02）：95－99.

[454] 圣平，计少石，何力，等. 饲喂杂交构树对于湖羊瘤胃微生物群落组成的影响 [J]. 饲料研究，2021，44（06）：6－10.

[455] 施爱玲，王俊宏，郑向丽，等. 多花木蓝在泉州地区的生态适应性研究 [J]. 福建农业科技，2018，（02）：40－42.

[456] 施翠娥，蒋立科. 黑曲霉抗产毒黄曲霉作用的初步研究 [J]. 食品科学，2009，30（3）：217－221.

[457] 石磊，赵由才，柴晓利. 我国农作物秸秆的综合利用技术进展 [J]. 中国沼气，2005，23（2）：11－19.

[458] 石长波，孙昕萌，赵钜阳，等. 单宁酸和蛋白质相互作用机制及其对蛋白质理化及功能特性影响的研究进展 [J]. 食品工业科技，2022，43（14）：453－460.

[459] 司春灿，林英，韩文华，等. 中草药饲料添加剂对三黄鸡体重及屠宰指标的影响 [J]. 江西农业学报，2020，32（7）：117－120.

［460］宋淑珍，宫旭胤，吴建平．牛至精油对蒙古羊生长性能、血清免疫指标和粪便寄生虫的影响［J］．动物营养学报，2022，34（11）：7210－7219.

［461］宋相杰．中草药饲料添加剂及其在动物生产中的应用［J］．青海畜牧兽医杂志，2017，47（04）：59－61.

［462］宋雨，白红娟，胡锦俊，等．秸秆纤维素降解菌的分离筛选、复合菌系构建及产酶条件优化［J］．中国酿造，2023，42（2）：108－114.

［463］宋云皓，满都拉，郜晋楠，等．玉米秸秆纤维素降解菌的筛选及复合菌系的构建［J］．饲料工业，2017，38（19）：33－37.

［464］苏国鹏．日粮中添加不同比例光叶紫花苕草粉对獭兔生产效果的影响［D］．四川农业大学，2012.

［465］孙浩，卢家顶，史莹华等．全株小麦青贮在动物生产中的应用及前景［J］．草业科学，2022，39（11）：2453－2465.

［466］孙佳丽，董浩，刘郁夫，等．肠道菌群与动物传染病关系研究进展［J］．动物医学进展，2020，41（7）：107－110.

［467］孙剑峰．植物精油产品在鸡上的应用［J］．中国动物保健，2023，25（12）：66－67.

［468］孙迷平，岳竞之，肖兴中，等．饲用小黑麦在济源地区的生产性能和品质研究［J］．安徽农业科学，2021，49（13）：20－22，26.

［469］孙齐英．抗热应激中草药添加剂对奶牛免疫功能和生产性能的影响［J］．安徽农业科学，2010，38（17）：9026－9028.

［470］孙蓉，刘悦，陈婷，等．乳酸菌和糖蜜对构树叶青贮品质和细菌多样性的影响［J］．草地学报，2023，31（1）：280－286.

［471］孙蕊，贾鹏禹，武瑞，等．高效液相色谱法快速测定青贮饲料中4种有机酸的含量［J］．饲料研究，2019，42（4）：77－80.

［472］孙万里，陶文沂．木质素与半纤维素对稻草秸秆酶解的

影响 [J]. 食品与生物技术学报, 2010, 29 (1): 18-22.

[473] 孙秀雯, 李国华, 丁芳等. 全株玉米＋花生秧混合青贮生产利用技术 [J]. 农业知识, 2023 (11): 17-18.

[474] 谭兴和, 甘霖, 秦丹, 等. 串叶松香草营养成分及其营养价值分析 [J]. 保鲜与加工, 2003 (2): 10-12.

[475] 汤磊. 添加剂对西藏农作物秸秆与牧草混合青贮发酵品质的影响 [D]. 南京农业大学, 2014.

[476] 唐德娟, 刘波, 王勋, 等. 青贮玉米盘江 7 号对肉羊增重效果的研究 [J]. 畜牧与饲料科学, 2019, 40 (4): 38-40.

[477] 唐梦琪, 侯沛君, 丁丽, 等. 不同花生品种花生秧产量及营养价值的比较 [J]. 家畜生态学报, 2020, 41 (12): 56-60.

[478] 唐晓龙, 廖超胜, 李茂雅, 等. 添加剂对青藏高原不同成熟期异燕麦青贮发酵特性的研究 [J]. 草学, 2022, 2: 20-27, 35.

[479] 唐泽宇. 紫花苜蓿与皇竹草混合青贮品质及对牛瘤胃体外发酵参数的影响 [D]. 延边大学, 2019.

[480] 唐振华, 杨承剑, 李孟伟, 等. 植物乳杆菌、布氏乳杆菌对甘蔗尾青贮品质及有氧稳定性的影响 [J]. 中国畜牧兽医, 2018, 45 (7): 1824-1832.

[481] 唐振华, 周玲, 邹彩霞等. 青贮甘蔗尾、青贮玉米秸秆对生长水牛生长性能、消化代谢及血液生化指标的影响 [J]. 中国畜牧兽医, 2016, 43 (01): 92-100.

[482] 陶雪, 吕佳顺, 许华杰等. 酒糟综合利用研究进展及茅台实践 [J]. 中国酿造, 2023, 42 (06): 22-27.

[483] 田晋梅, 谢海军. 豆科植物沙打旺、柠条、草木樨单独青贮及饲喂反刍家畜的试验研究 [J]. 黑龙江畜牧兽医, 2000, (06): 14-15.

[484] 王超, 张永虎, 杨飞雁, 等. 添加糖蜜和植物乳杆菌对谷草黄贮发酵品质的影响 [J]. 畜牧与饲料科学, 2021, 42 (3): 28-31.

[485] 王成涛，籍保平，朱桂华，等. 五味中草药对乳酸菌生长及保存活力的影响 [J]. 中国微生态学杂志，2004，16（2）：75－76.

[486] 王成章，王恬. 饲料学 [M]. 北京：中国农业出版社，2003.

[487] 王诚，刘德娟，何荣彦，董桂红，李燕，王玲，赵福平，邢烛，巩倩，刘雨. 植物乳杆菌和布氏乳杆菌对全株玉米青贮发酵品质影响 [J]. 山东畜牧兽医，2022，43（01）：15－18.

[488] 王典，李发弟，张养东，等. 马铃薯淀粉渣－玉米秸秆混合青贮料对肉羊生产性能、瘤胃内环境和血液生化指标的影响 [J]. 草业学报，2012，21（05）：47－54.

[489] 王福成. 西藏不同海拔燕麦青贮发酵特性及发酵品质改善研究 [D]. 西藏农牧学院，2021.

[490] 王福传，韩一超，赵洪恩等. 复方中草药免疫增强剂对鸡免疫器官组织形态学影响的研究 [J]. 中国预防兽医学报，2001（06）：19－21.

[491] 王福金，西野直树，王靖宇. 应用 PCR－DGGE 技术对发酵全混合日粮中可培养乳酸菌的调查. 动物营养学报，2010，22（6）：1636－1643.

[492] 王富伟，曾浩，苏华维，等. 优质苜蓿替代部分精料对泌乳奶牛生产性能、消化代谢和血液生化指标的影响 [J]. 中国畜牧杂志，2011，47（11）：41－44.

[493] 王国良，孙永贵，黄大鹏，等. 双乙酸钠对育肥猪生长性能及肌肉性质的影响 [J]. 黑龙江八一农垦大学学报，2008，20（1）：59－62.

[494] 王海荣. 不同日粮精粗比及氮源对绵羊瘤胃纤维降解菌群和纤维物质降解的影响 [D]. 呼和浩特：内蒙古农业大学，2006.

[495] 王海威，应光耀，杨志欣赏，等. 基于中草药的天然防霉剂的研究进展与剂型开发 [J]. 中国中药杂志，2017，42（7）：1251－1257.

[496] 王海微，郑楠，韩荣伟等. 果渣类非常规饲料在养羊业中应用的研究进展 [J]. 中国畜牧兽医，2013，40（11）：83－87.

[497] 王郝为，戴求仲，侯振平，等. 饲用苎麻青贮特性及其青贮前后营养成分与饲用价值比较 [J]. 动物营养学报，2018，30（1）：293－298.

[498] 王洪媛，范丙全. 三株高效秸秆纤维素降解真菌的筛选及其降解效果 [J]. 微生物学报，2010，50（7）：870－875.

[499] 王鸿泽，王之盛，康坤，等. 玉米粉和乳酸菌对甘薯蔓、酒糟及稻草混合青贮品质的影响 [J]. 草业学报，2014，23（6）：103－110.

[500] 王慧，刘小平，郭鹏，等. 复合菌系 XDC－2 分解未经化学处理的水稻秸秆. 农业工程学报，2011，27（增刊1）：86－90.

[501] 王继莲，李明源，周茜，等. 堆肥中纤维素降解菌的筛选及复配菌降解性能研究 [J]. 核农学报，2023，37（1）：180－187.

[502] 王坚，李雪枫，王学梅，等. 添加剂对柱花草青贮过程中蛋白降解及营养成分影响 [J]. 饲料研究，2020，43（10）：84－89.

[503] 王金飞，杨国义，樊子菡，等. 饲粮中全株玉米青贮比例对杜湖杂交母羔生长性能，瘤胃发酵，养分消化率及血清学指标的影响 [J]. 中国农业科学，2021，54（4）：831－844.

[504] 王晶，王加启，卜登攀，等. 裹包贮存对全混合日粮品质的影响 [J]. 农业工程学报，2009，25（5）：280－283.

[505] 王丽. 构树的饲用价值及在反刍动物上的应用研究进展 [J]. 中国奶牛，2019，（12）：25－28.

[506] 王丽萍，李菊馨，黄显雅，等. 6 株纤维素降解细菌菌株的分离及其酶活性比较 [J]. 农业研究与应用，2018，31（1）：5－8.

[507] 王丽学，韩静，陈龙宾，等. 5 种乳酸菌对苜蓿青贮营

养和发酵品质的影响［J］. 饲料研究, 2019, 42 (1): 104－108.

［508］王林, 孙启忠, 张慧杰. 苜蓿与玉米混贮质量研究［J］. 草业学报, 2011, 20 (4): 202－209.

［509］王隆, 李璟怡, 欧阳可寒, 等. 不同青贮添加剂对去油芳樟枝叶青贮饲料营养成分、青贮发酵品质和瘤胃体外发酵特性的影响［J］. 动物营养学报, 2022, 34 (3): 1789－1799.

［510］王宁, 方青, 吴盾, 等. 2 株草螺菌的鉴定及其对煤矸石胁迫下香根草的促生作用［J］. 微生物学通报, 2021, 48 (8): 2595－2606.

［511］王瑞元. 我国花生生产、加工及发展情况［J］. 中国油脂, 2020, 45 (4): 1－3.

［512］王世博. 杂交构树种植与饲料化利用探究［D］. 宁夏大学, 2020.

［513］王伟, 郑大浩, 杨超博, 等. 高效纤维素分解菌的分离及秸秆降解生物效应［J］. 中国农业科技导报, 2019, 21 (8): 36－46.

［514］王玮, 杨桂英. 优质高产饲料作物——串叶松香草的引种栽培试验［J］. 饲料与畜牧, 2004 (4): 32－33.

［515］王曦, 张赛仕. 农业废弃生物质资源的再利用［J］. 当代农机, 2009 (1): 54－55.

［516］王小娟, 吴海庆. 糖蜜在反刍动物生产及青贮饲料中的应用研究进展［J］. 广东饲料, 2020, 29 (04): 31－33.

［517］王晓彤, 乔安海, 唐俊伟, 等. 乌兰县 7 种禾本科牧草比较试验［J］. 青海草业, 2020, 29 (4): 12－14.

［518］王秀满, 边金刚, 宁淑兰等. 饲料中添加苦参对育肥猪增重效果的影响［J］. 畜牧与兽医, 2002 (07): 16.

［519］王雪郦, 申开卫, 雷超, 等. 废弃菌渣中纤维素降解细菌的筛选及其降解特性分析［J］. 南方农业学报, 2021, 52 (11): 2913－2922.

［520］王雁. 中草药型添加剂对紫花苜蓿青贮品质的影响［D］.

四川农业大学，2012.

　　[521] 王永新，玉柱，许庆方，等. 添加剂对白三叶青贮的影响 [J]. 草业科学，2010，27（12）：148－151.

　　[522] 王宇涛，辛国荣，杨中艺，陈三有. 多花黑麦草的应用研究进展 [J]. 草业科学，2010，27（03）：118－123.

　　[523] 王云洲，陈凤梅，张万明，等. 应用高通量测序技术分析青海牦牛引进山东后瘤胃菌群的变化 [J]. 中国畜牧兽医. 2020，47（07）：2013－2024.

　　[524] 王志敬，吴征敏，葛影影，等. 发酵时间对凤梨渣青贮品质的影响 [J]. 草业科学，2019，36（6）：1668－1673.

　　[525] 王子苑，舒健虹，陈光吉，王小利，李世歌. 添加双乙酸钠对发酵全混合日粮发酵品质和霉菌毒素含量的影响 [J]. 动物营养学报，2020，32（12）：5958－5966.

　　[526] 韦方鸿，付浩，廖胜昌，等. 不同发酵类型乳酸菌对全株玉米青贮发酵品质及营养价值的影响 [J]. 耕作与栽培，2017，220（6）：8－10.

　　[527] 韦兴迪，曾庆飞，韦鑫，等. 贵州岩溶山区多花木蓝根瘤菌及高效菌株筛选 [J]. 草地学报，2021，1－9.

　　[528] 卫莹莹，玉柱. 不同添加剂对青贮高丹草的影响 [J]. 草地学报，2016，24（03）：658－662.

　　[529] 魏晨，刘桂芬，游伟，等. 6种反刍动物常用粗饲料在肉牛瘤胃中的降解规律比较 [J]. 动物营养学报，2019，31（4）：1666－1675.

　　[530] 魏海燕，闫琦，王宪举，等. 添加玉米粉、草粉及乳酸菌对马铃薯淀粉渣青贮发酵品质的影响 [J]. 草业科学，2019，36（6）：1653－1661.

　　[531] 魏晓斌，殷国梅，薛艳林，等. 添加乳酸菌和纤维素酶对紫花苜蓿青贮品质的影响 [J]. 中国草地学报，2019，41（6）：86－90.

　　[532] 闻爱友，原现军，王坚，等. 紫花苜蓿与意大利黑麦草

混合青贮发酵品质研究［J］. 安徽科技学院学报，2011，25（6）：10－14.

［533］翁伯琦，雷锦桂，江枝和等. 东南地区农田秸秆菌业循环利用技术体系构建与应用前景［J］. 土壤与作物，2009，25（2）：228－232.

［534］吴琼，王思珍，张适，等. 基于 16S rRNA 高通量测序技术分析安格斯牛瘤胃微生物多样性和功能预测的研究［J］. 微生物学杂志. 2020，40（02）：49－56.

［535］吴姝菊. 刈割次数与施肥水平对高丹草产量和品质的影响［J］. 黑龙江农业科学，2006，（06）：36－38.

［536］吴仙，韩勇，夏先林，等. 不同饲料饲草营养物质瘤胃降解率研究［J］. 饲料工业，2011，32（15）：39－42.

［537］吴小峰. 基于宏转录组学技术研究饲草类型和季节对麝牛瘤胃微生物组的影响［D］. 四川农业大学，2020.

［538］吴长荣，代胜，梁龙飞，等. 不同添加剂对构树青贮饲料发酵品质和蛋白质降解的影响［J］. 草业学报，2021，30（10）：169－179.

［539］夏洁，薛浩岩，贾祥泽，等. 刺梨果渣水不溶性膳食纤维提取工艺优化［J］. 现代食品科技，2020，36（07）：227－234.

［540］夏明，王育青，吴洪新，等. 不同添加剂处理对苜蓿青贮品质的影响［J］. 家畜生态学报. 2014（10）：30－35.

［541］夏友国. 产纤维素酶菌株的筛选及不同添加剂在青贮饲料中的应用研究［D］. 福建农林大学，2011.

［542］向阳，刘雁，禹利君，等.“金花”散茶中可溶性碳水化合物的浸提及测定方法比较［J］. 茶叶通讯，2021，48（02）：328－332.

［543］项乐，蒙仲举，丁茹等. 不同添加剂对库布齐沙漠 4 种灌木青贮 pH 值和有机酸的影响［J］. 内蒙古林业科技，2022，48（01）：1－4.

［544］谢国芳，徐小燕，王瑞，等. 金刺梨果实和叶中酚类、

Vc 含量及其抗氧化能力分析 [J]. 植物科学学报，2017，35 (01)：122-127.

[545] 谢华德，谢芳，梁辛，等. 乳酸菌和啤酒糟对象草青贮发酵品质及营养价值的影响 [J]. 饲料研究，2021，44 (9)：99-103.

[546] 谢士敏，周长征. 蒲公英药理作用及临床应用研究进展 [J]. 辽宁中医药大学学报，2020，5：138-142.

[547] 谢婉，杨喜珍，杨利，等. 添加物料和菌剂对日喀则地区马铃薯茎叶青贮品质的影响 [J]. 草业科学，2017，34 (1)：17-185.

[548] 谢小峰，周玉明. 燕麦草青贮和全株玉米青贮对奶牛产奶量和乳成分的影响 [J]. 畜牧与兽医，2013，45 (9)：35-37.

[549] 谢小来，马逢春，焦培鑫，等. 添加单宁酸对紫花苜蓿青贮品质及瘤胃体外产气量的影响 [J]. 东北农业大学学报，2021，52 (08)：48-56.

[550] 谢长校，孙建中，李成林，等. 细菌降解木质素的研究进展 [J]. 微生物学通报，2015，42 (6)：1122-1132.

[551] 辛亚芬，陈晨，曾泰儒，等. 青贮添加剂对微生物多样性影响的研究进展 [J]. 生物技术通报，2021，37 (9)：24-30.

[552] 徐春城，杨富裕，张建国. 现代青贮理论与技术 [M]. 北京：科学出版社，2013.

[553] 徐进益，那彬彬，刘顺，等. 青贮饲料的优良乳酸菌及其应用. 生物技术通报. 2021，37 (09).

[554] 徐文龙. 我国中草药饲料添加剂的研究概述 [J]. 畜牧与饲料科学，2009，30 (02)：21-22.

[555] 徐杨. 一天内不同收获时间对象草、杂交狼尾草和多花黑麦草青贮发酵品质的影响 [D]. 南京农业大学，2012.

[556] 徐智明，李争艳，郭旭生，等. 蛋白酶抑制剂对苜蓿绿汁发酵液中蛋白降解的影响 [J]. 中国草地学报，2015，37 (04)：21-26.

[557] 徐忠，汪群慧，姜兆华. 氨预处理对大豆秸秆纤维素酶解产糖影响的研究［J］. 高校化学工程学报，2004，18（6）：773-776.

[558] 许兰娇，王福春，王家迎，等. 乳酸粪肠球菌处理油菜秸秆与皇竹草青贮混合料对锦江黄牛生产性能及养分消化率影响［J］. 江西饲料，2016（6）：1-3，13.

[559] 许兰娇，赵二龙，柏峻，等. 不同比例苎麻和象草混合青贮饲料品质比较研究［J］. 动物营养学报，2019，31（6）：2830-2841.

[560] 许庆方，玉柱. 接种乳酸菌对苜蓿青贮发酵品质的影响［J］. 湖西农业科学，2004，32（3）：81-85.

[561] 许庆方，韩建国，玉柱. 青贮渗出液的研究进展［J］. 草业科学，2005（11）：94-99.

[562] 许庆方，玉柱. 接种乳酸菌对苜蓿青贮发酵品质的影响［J］. 山西农业科学，2004（03）：81-85.

[563] 许庆方，张翔，崔志文，等. 不同添加剂对全株玉米青贮品质的影响［J］. 草地学报，2009，17（2）：157-161.

[564] 许庆方，周禾，玉柱，等. 贮藏期和添加绿汁发酵液对袋装苜蓿青贮的影响［J］. 草地学报，2006，14（2）：129-133.

[565] 许庆方. 影响苜蓿青贮品质的主要因素及苜蓿青贮在奶牛日粮中应用效果的研究［D］. 北京：中国农业大学，2005.

[566] 续元申，晁洪雨. 添加不用水平玉米粉对杞柳皮青贮品质的影响［J］. 中国畜牧兽医，2016，43（1）：128-133.

[567] 薛祝林，罗富成，匡崇义，等. 高丹草与紫花苜蓿的混合青贮效果分析［J］. 云南农业大学学报（自然科学），2013，28（03）：340-345.

[568] 闫庆忠. 燕麦草的饲用价值及加工方式［J］. 特种经济动植物，2022，25（12）：138-140.

[569] 杨保奎，刘信宝，沈益新等. 不同青贮饲料对肉牛生长性能及血清生化指标的影响［J］. 畜牧与兽医，2016，48（11）：

5—9.

[570] 杨成勇，胡萍，杨兰香，等，广元山区多花黑麦草高产栽培与利用 [J] 草业与畜牧，2010，(8)：22—23.

[571] 杨富裕，周禾，韩建国等. 添加甲醛对草木樨青贮品质的影响 [J]. 中国草地，2004 (01)：40—44＋57.

[572] 杨君，陈合，彭丹，等. 十种中草药对乳酸发酵菌生长的影响 [J]. 食品科技，2008，34 (3)：17—20.

[573] 杨俊卿. 饲草新秀——高丹草 [J]. 云南农业科技，2004，01：34

[574] 杨丽，许芸，魏莲清. 果渣营养特性及发酵后在猪饲料中的作用 [J]. 今日畜牧兽医，2023，39 (11)：68—70.

[575] 杨尚谕. 收获时期20种燕麦品种性状以及加工前后营养价值研究 [硕士论文]. 哈尔滨：东北林业大学. 2022.

[576] 杨文才，拉巴，魏巍. 氮磷配施对西藏河谷农区燕麦与箭筈豌豆混播产量及品质的影响 [J]. 作物杂志，2016，(5)：75—80.

[577] 杨文琦，龙宣杞，崔卫东. 玉米青贮中细菌多样性分析 [J]. 新疆农业科学，2013，50 (8)：1424—1433.

[578] 杨晓阳. 葡萄残渣及其提取物在畜牧生产中的应用 [J]. 广东饲料，2017，26 (02)：40—41.

[579] 杨秀梅，王新强，倪长生，等. 不同添加剂对高寒地区紫花苜蓿青贮品质的影响 [J]. 中国奶牛，2015 (Z2)：10—13.

[580] 杨艳，瞿明仁，欧阳克蕙，等. 反刍动物瘤胃微生物区系研究进展 [J]. 江西农业学报，2020，32 (10)：110—115.

[581] 杨雨鑫，王成章，廉红霞，等. 紫花苜蓿草粉对产蛋鸡生产性能、蛋品质及蛋黄颜色的影响 [J]. 养殖与饲料，2004，23 (9)：4—9

[582] 杨玉玺，王木川，玉柱，等. 不同添加剂和原料含水量对紫花苜蓿青贮品质的互作效应 [J]. 草地学报，2017，25 (5)：1138—1144.

[583] 杨致玲，王亚茹，樊子菡，等. 全株玉米青贮饲粮营养价值改进技术对肉牛生长性能及血清生化指标的影响 [J]. 动物营养学报，2020，32（9）：4148－4157.

[584] 姚燕，马金萍，宋德荣. 玉米秸秆青贮饲料及青干草饲喂贵州黑马羊效果试验 [J]. 饲料博览，2015，（4）：5－7.

[585] 易启轩，王鹏. 生物性添加剂在青贮饲料中的研究进展 [J]. 动物营养学报，2023，35（3）：1475－1488.

[586] 易文凯，黄兴国，汪加明等. 柑橘皮渣饲料资源化研究与应用 [J]. 中国农学通报，2010，26（02）：16－20.

[587] 易政宏，商振达，陈鑫艳，等. 玉米粉对西藏巨菌草青贮发酵品质及微生物多样性的影响 [J]. 饲料研究，2023，46（6）：85－89.

[588] 于海燕，刘向阳. 秸秆饲料加工机械现状及进展 [J]. 粮油加工与机械，2003，（6）：53－55.

[589] 于秀芳，刘海燕，于维. 玉米秸秆及青贮饲料的细胞壁成分体外消化性能比较 [J]. 中国畜牧兽医，2008，35（5）：155－156.

[590] 余行，潘洪彬，程燕东等. 三种植物精油对肠道主要致病菌生长和颗粒饲料霉变的抑制作用 [J]. 饲料工业，2020，41（08）：20－25.

[591] 於江坤. 宏基因组学解析瘤胃微生物组成和功能特性及外源添加剂调控瘤胃微生物发酵的研究 [D]. 华中农业大学，2021.

[592] 袁媛，邢福国，刘阳. 植物精油抑制真菌生长及毒素积累的研究 [J]. 核农学报，2013，27（8）：1168－1172.

[593] 岳碧娥，孙飞飞，付东青，等. 同/异型发酵乳酸菌对全株玉米青贮营养特征变化的影响 [J]. 黑龙江畜牧兽医，2022（3）：7－14.

[594] 张丹，韦广鑫，曾凡坤. 贵州不同产地无籽刺梨的基本营养成分及香气物质比较 [J]. 食品科学，2016，32（22）：166－172.

[595] 张德玉，李忠秋，刘春龙. 影响青贮饲料品质因素的研究进展 [J]. 家畜生态学报，2007（01）：109－112.

[596] 张丁华，王艳丰，刘健，等. 多花黑麦草与紫花苜蓿混合青贮发酵品质和体外消化率的研究 [J]. 动物营养学报，2019，31（4）：1725－1732.

[597] 张铎. 柑橘果渣主要功能成分及抗氧化活性的研究 [J]. 中国食品添加剂，2022，33（04）：81－88.

[598] 张凡凡，张玉琳，王旭哲，等. 纤维素分解菌与布氏乳杆菌联合接种对青贮玉米发酵品质、有氧稳定性和瘤胃降解参数的影响 [J]. 动物营养学报，2021，33（3）：1735－1746.

[599] 张放，蔡海莹，王志耕，等. 不同品种全株饲用大麦青贮发酵品质及其营养成分动态变化研究 [J]. 中国奶牛，2014，23（24）：6－13.

[600] 张峰，吴占军，刘小虎，等. 甘薯秧、花生秧的营养特点及其在奶牛养殖中的应用 [J]. 中国奶牛，2009，（5）：58－60.

[601] 张根，陈宝锐，陈涛，等. 农作物秸秆木质纤维素生物降解酶及降解菌的研究进展 [J]. 农学学报，2023，13（2）：24－32.

[602] 张国立，贾纯良，杨维山等. 青贮饲料的发展历史、现状及其趋势 [J]. 辽宁畜牧兽医，1996（03）：19－21.

[603] 张红，陈凤鸣，黄兴国，等. 构树叶的营养价值及其在动物生产中的应用研究进展 [J]. 动物营养学报，2020，32（09）：4086－4092.

[604] 张红涛. 不同玉米青贮水平对荷斯坦后备牛瘤胃液微生物组及其代谢组的影响 [D]. 中国农业大学，2017.

[605] 张华峰，张晓宁，陈天华，等. 丙酸和丙酸盐在饲料中的应用及其生产工艺 [J]. 中国饲料，2005（7）：20－22.

[606] 张洁，顾启超，邹承武，等. 青贮时间对不同水溶性碳水化合物含量甘蔗尾青贮品质的影响 [J]. 动物营养学报，2022，34（11）：7291－7306.

［607］张金霞，刘雨田，梁万鹏，等．不同生育期对燕麦青贮品质的影响［J］．饲料研究，2021，10：79－82．

［608］张俊．奶牛瘤胃原虫引物设计优化及其在日粮效应评价中的应用［D］．中国农业科学院，2016．

［609］张磊，刘东燕，邵涛．黑麦草的饲用价值及其应用前景［J］．草业科学，2008，（04）：64－69

［610］张立霞，李艳玲，屠焰，等．纤维素分解菌的筛选及其不同组合对秸秆降解的效果［J］．饲料工业，2013，34（22）：29－36．

［611］张丽英．饲料分析及饲料质量检测技术［M］．3 版．北京：中国农业大学出版社，2007．

［612］张冉，杨蔚，任健，等．不同燕麦品种在迪庆高寒牧区的青贮潜力［J］．草业科学，2022，39（3）：597－605．

［613］张涛，崔宗均，高丽娟，等．绿汁发酵液和乳酸菌剂 MMD3 在不同含水率苜蓿青贮中的添加试验［J］．中国农业大学学报，2004，9（5）．

［614］张涛，李蕾，张燕忠，等．青贮菌剂在苜蓿裹包青贮中的应用效果［J］．草业学报，2007，16（1）：100－104．

［615］张文洁，董臣飞，丁成龙等．收获期对多花黑麦草营养成分和青贮品质的影响［J］．中国草地学报，2016，38（05）：32－37．DOI：10．16742/j．zgcdxb．2016－05－06．

［616］张霞，付晓悦，王虎成等．饲用甜高粱裹包青贮料对肉羊生产性能及血清指标的影响［J］．动物营养学报，2018，30（05）：1771－1780．

［617］张霞．青贮饲草营养价值评定及其育肥肉牛研究［D］．兰州大学，2019．

［618］张晓庆，金艳梅，李发弟，等．麻叶荨麻与玉米粉混贮对青贮品质的影响［J］．草业学报，2015，24（1）：190－195．

［619］张晓庆，王梓凡，参木友，等．中国农作物秸秆产量及综合利用现状分析［J］．中国农业大学学报，2021，26（9）：30－

41.

［620］张晓庆，李鹏，郑琛，等. 添加甲酸对麻叶荨麻青贮品质的影响［J］. 草地学报，2013，21（3）：618－621.

［621］张心钊. 燕麦草与稻秸混合裹包青贮制作及其对湖羊瘤胃发酵、生长性能和羊肉品质的影响［D］. 扬州：扬州大学. 2021.

［622］张新慧，张永根，赫英飞. 添加两种乙酸钠盐对玉米青贮品质及有氧稳定性的影响［J］. 中国农业科学，2008，41（6）：1810－1815.

［623］张新慧，张永根，赫英飞. 添加两种乙酸钠盐对玉米青贮品质及有氧稳定性的影响［J］. 中国农业科学，2008，（6）：1810－1815.

［624］张新平，万里强，李向林，等. 添加乳酸菌和纤维素酶对苜蓿青贮品质的影响［J］. 草业学报，2007，16（3）：139－143.

［625］张新跃，李元华，苟文龙，等. 多花黑麦草研究进展［J］. 草业科学，2009，26（01）：55－60.

［626］张鑫，贺仪，刘素娟，等. 陈皮"陈久者良"原因探究［J］. 食品科技，2017，42（1）：90－95.

［627］张养东，杨军香，王宗伟，等. 青贮饲料理化品质评定研究进展［J］. 中国畜牧杂志，2016，52（12）：37－42.

［628］张一为，王鸿英，王显国，孟庆江，王振国，曹学浩，郑桂亮，孙志强. 不同类型饲用高粱属作物营养价值比较［J］. 饲料研究，2020，43（10）：101－104.

［629］张瑜，张叁保，申玉建等. 2个品种山羊瘤胃菌群结构比较及其功能预测分析［J］. 南方农业学报，2022，53（06）：1724－1733.

［630］张悦. 高效纤维素降解复合菌系的筛选及其降解功能的研究：［硕士学位论文］［D］. 天津：天津大学，2019.

［631］张增欣，邵涛. 丙酸对多花黑麦草青贮发酵动态变化的影响［J］. 草业学报，2009，18（2）：102－107.

［632］张志飞，王青兰. 牧草青贮乳酸菌研究进展［J］. 湖南

生态科学学报，2021，8（1）：70－76.

[633] 张志国，王丹，高阳，等．添加复合益生菌对全混合日粮发酵品质的影响[J]．中国畜牧兽医，2017，44（12）：3536－3542.

[634] 张志恒，王玉琴，任国艳，等．基于主成分分析和隶属函数分析评价不同添加剂处理的玉米秸秆青贮的发酵品质[J]．动物营养学报，2022，34（4）：2677－2688.

[635] 张子仪．中国饲料学[M]．北京：中国农业出版社，2000.

[636] 赵鸿飞．不同生长阶段肉牛饲喂光叶紫花苕的用量和方法[J]．草学，2017（02）：67－68.

[637] 赵杰，尹雪敬，王思然等．贮藏时间对甜高粱青贮发酵品质、微生物群落组成和功能的影响[J]．草业学报，2023，32（08）：164－175.

[638] 赵晶云，王长春，吕新云，等．添加玉米粉对牧草大豆青贮品质的影响[J]．山西农业科学，2020，48（10）：1676－1678，1700.

[639] 赵苗苗，王显国，玉柱．苜蓿与全株玉米的混合青贮[J]．中国畜牧杂志，2015，51（21）：20－24.

[640] 赵苗苗，玉柱．添加乳酸菌及纤维素酶对象草青贮品质的改善效果[J]．草地学报，2015，23（01）：205－210.

[641] 赵庭辉，李树清，邓秀才，等．高海拔地区光叶紫花苕不同生育时期的营养动态及适宜利用期[J]．中国草食动物，2010，30（03）：54－56.

[642] 赵亚星，张兴夫，宋利文，等．全株玉米青贮对肉羊生长性能，屠宰性能和肉品质的影响[J]．动物营养学报，2020，32（01）：253－258.

[643] 郑林峰，任红阳，王红亮等．全株玉米混合青贮对其营养品质的影响[J]．动物营养学报，2023，35（08）：4827－4839.

[644] 郑玮才，张宏祥，苏锐等．沙棘果渣营养成分及其肉羊

瘤胃降解率的研究 [J]. 中国畜牧杂志，2019，55（01）：91—96.

[645] 钟华配，赵朝步，韦科龙，等. 日粮中添加燕麦草对 6 月龄水牛犊牛生长性能及血清生化指标的影响 [J]. 畜牧兽医杂志，2020，39（6）：22—24+27.

[646] 钟书，张晓娜，杨云贵，等. 乳酸菌和纤维素酶对不同含水量紫花苜蓿青贮品质的影响 [J]. 动物营养学报，2017，29（5）：1821—1830.

[647] 种玉婷，李文哲，郑国香，等. 稻秆降解复合菌系的筛选及其生长特性的研究 [J]. 东北农业大学学报，2011，42（8）：56—61.

[648] 周娟娟，魏巍，秦爱琼，等. 水分和添加剂对辣椒秸秆青贮品质的影响 [J]. 草业学报，2016，25（2）：231—239.

[649] 周禹佳，樊卫国. 刺梨果渣的营养、保健成分及利用价值评价 [J]. 食品与发酵工业，2021，47（07）：217—224.

[650] 朱建春，李荣华，杨香云，等. 近 30 年来中国农作物稻巧资源量的时空分布 [J]. 西北农林科技大学学报（自然科学版），2012（4）：139—145.

[651] 庄苏，丁立人，周建国，王恬. 甲酸与纤维素酶和木聚糖酶对多花黑麦草与白三叶混合青贮料发酵品质的影响 [J]. 江苏农业学报，2013，29（01）：140—146.

[652] 邹松岩，申瑞瑞，李秋凤，等. 不同含水量及原料组合对薯渣混贮效果的影响 [J]. 动物营养学报，2023，35（2）：1338—1348.

[653] 左鑫，陈哲，谢强，等. 不同产地构树叶粉和构树枝叶粉营养成分及其鹅代谢能的测定 [J]. 动物营养学报，2018，30（7）：2823—2830.